国家出版基金项目
NATIONAL PUBLICATION FOUNDATION

移动粒子半隐式方法及在核动力系统热工安全中的应用

田文喜 陈荣华 秋穗正 苏光辉 著

先进核科学技术出版工程

丛书主编 于俊崇

移动粒子半隐式方法及在核动力系统热工安全中的应用

田文喜 陈荣华 秋穗正 苏光辉 著

图书在版编目(CIP)数据

移动粒子半隐式方法及在核动力系统热工安全中的应用 / 田文喜等著
. —西安 ：西安交通大学出版社，2019.10
先进核科学技术出版工程 / 于俊崇主编
ISBN 978-7-5693-1152-5

Ⅰ.①移… Ⅱ.①田… Ⅲ.①计算方法-应用-核动力-动力系统-热工学-核安全保障—研究 Ⅳ.①TL99

中国版本图书馆 CIP 数据核字(2019)第 083459 号

书　　名　移动粒子半隐式方法及在核动力系统热工安全中的应用
YIDONG LIZI BANYINSHI FANGFA JI ZAI HEDONGLI XITONG REGONG ANQUAN ZHONG DE YINGYONG
著　　者　田文喜　陈荣华　秋穗正　苏光辉
策划编辑　田　华　曹　昳
责任编辑　王　欣
责任校对　陈　昕
责任印制　张春荣　刘　攀
版式设计　程文卫
装帧设计　伍　胜

出版发行　西安交通大学出版社
（西安市兴庆南路 1 号　邮政编码 710048）
网　　址　http://www.xjtupress.com
电　　话　(029)82668357　82667874(市场营销中心)
(029)82668315(总编办)
传　　真　(029)82668280
印　　刷　中煤地西安地图制印有限公司

开　　本　720mm×1000mm　1/16　印张　15　彩页　2　字数　260 千字
版次印次　2019 年 10 月第 1 版　2019 年 10 月第 1 次印刷
书　　号　ISBN 978-7-5693-1152-5
定　　价　198.00 元

发现印装质量问题，请与本社市场营销中心联系。
订购热线：(029)82665248　(029)82667874
投稿热线：(029)82664954　QQ：190293088
读者信箱：190293088@ qq.com

“先进核科学技术出版工程”编委会

前言 PREFACE

无网格粒子法，是一种基于拉格朗日近似的数值方法，直接对流体和固体的物质本身进行离散，并非离散空间。发展得较为成熟的粒子法包括光滑粒子流体动力学(Smoothed Particle Hydrodynamics，SPH)方法及移动粒子半隐式(Moving Particle Semi-implicit，MPS)方法。SPH 方法是最早出现的无网格方法之一，起初是为解决无边界天体物理问题而提出的。MPS 方法是粒子法的一种，由日本东京大学 Koshizuka 和 Oka 教授于 1996 年提出，该算法通过求解压力泊松方程获得流体的压力场，并通过压力梯度修正预测的流体速度。MPS 方法在提出后的很长时间内都存在很多底层的数值稳定性问题，主要体现在压力场不符合物理实际的波动。后来很多学者对该方法做出了修正和改进，并将 MPS 方法的应用扩展到多个研究领域，取得了一系列显著的研究成果。

本书著者田文喜从 2007 年在日本东京大学原子力国际专攻做博士后期间开始从事 MPS 方法研究，并利用该方法开展了两相气泡动力学的相关模拟研究，获得了气泡生长、滑移、脱离、冷凝溃灭、聚合等复杂动力学行为，揭示了常规网格方法难以揭示的局部现象和规律。2009 年田文喜回到西安交通大学后，与课题组的同仁和研究生继续针对 MPS 方法进行了深入和扩展研究，开发了多相流模型、流固耦合模型、共晶反应模型以及 Lagrangian - Eulerian 耦合 MPS 模型，将粒子法应用于核动力系统复杂的热工安全现象的模拟，取得了显著成果。

本书内容是著者十余年来在 MPS 方法领域研究工作的结晶，全书共分六章。第 1 章介绍了 MPS 方法的起源、特征及应用，第 2 章对 MPS 的算法进行了详细的介绍，第 3—6 章介绍使用 MPS 方法针对特定的模拟研究领域开发的相应程序，包括传热相变分析程序、气液两相流模拟程序、共晶反应分析程序和流固耦合分析程序。

著者想通过此书，让广大读者了解粒子法特别是 MPS 方法的基本原理，掌握 MPS 基本程序的使用，并能够针对相关的问题着手开发计算程序。同时，著者还希望通过本书让读者了解和掌握两相气泡动力学、材料共晶反应、核反应堆严重事故下熔融物行为等相关现象和机理，这些现象和机理在本书中都利用 MPS 方法得到了很好的模拟和分析。著者更希望通过本书能够让更多的青年科研工作者关注和使用粒子法这一先进的数值计算工具，去揭示更多的物理机理和规律，去解决更复杂的工程技术问题。

本书的研究工作得到国家自然科学基金、国防科学技术预先研究基金及教育部高等学校博士学科点专项科研基金等项目的资助，包括：基于 MPS 方法的液态铅铋内气泡上升流模拟及气泡泵提升自然循环机理研究（国家自然科学基金，10905045），先进核反应堆多尺度物理热工耦合设计及安全分析（国家自然科学基金，11622541），基于 MPS 方法的 UO_2－Zr 弥散型板状燃料元件化学消熔、高温熔化及熔融物迁徙行为机理研究（国家自然科学基金，11505134），基于 MPS 方法的铅基反应堆严重事故下燃料元件失效熔化及燃料迁徙行为研究（国家自然科学基金，11875217）；基于 MPS 方法的堆芯熔化及熔融物迁移行为研究（国防科学技术预先研究基金）；基于 MPS 方法的液态重金属内气泡动力学模拟及两相流压降预测研究（教育部高等学校博士学科点专项科研基金，20090201120002）；基于粒子法的堆芯熔融物与混凝土相互作用研究（中国博士后科学基金，2018M633522）。

感谢西安交通大学核反应堆热工水力研究室的研究生左娟莉、李昕、郭凯伦、李勇霖、蔡庆航等，他们为本书的研究内容做了大量工作，正是他们在读期间的出色工作及完成的学位论文极大地丰富了本书的内容。在本书统稿和图片准备中，研究生李勇霖和蔡庆航付出了艰辛的劳动，在此表示感谢。

著者

2019 年 10 月

目录 CONTENTS

>>> 第 1 章　移动粒子半隐式方法概述

20 世纪后期，随着计算机运算能力的提高，数值模拟技术得到了飞速的发展。数值模拟技术从对物理问题的数学描述出发，使用各种数值方法求得物理问题的数值解、分析数值解进而探求物理问题的本质规律。数值模拟的实现关键在于有效算法的开发，在计算流体力学（Computational Fluid Mechanics，CFD）领域尤其如此。现有传统的数值方法如有限差分法（Finite Difference Method，FDM）、有限元法（Finite Element Method，FEM）及有限体积法（Finite Volume Method，FVM）等都是在求解区域划分网格后进行数值求解。传统的数值算法虽已日趋成熟，但在处理高速撞击、流固耦合及自由面追踪等特殊问题时，还面临着网格扭曲畸变等挑战性问题[1]。

1.1　移动粒子半隐式方法的起源

20 世纪 70 年代后，国际计算力学界涌现出了一些新型数值方法，如无网格方法（Meshless Method）。无网格方法通过在计算区域内部及边界上布置一系列离散节点（或粒子），并在这些节点上建立近似函数，然后再以配点形式或伽辽金（Galerkin）形式等对控制方程进行等效变换，将控制方程离散为代数方程组的形式，求解代数方程组即可得到无网格近似解。

最早出现的无网格方法为 Lucy[2] 与 Gingold[3] 等人于 1977 年为解决无边界天体物理问题而提出的光滑粒子流体动力学（SPH）方法。20 世纪 90 年代中期，日本东京大学 Koshizuka 等[4] 在 SPH 方法的基础上，提出了一种新型的无网格方法——移动粒子半隐式（MPS）方法。无网格粒子法有很多种：从粒子代表的流体尺度上看，可以分为微观、介观和宏观；从数学模型上看，可以分为确定性的和不确定性的。在流体力学领域，一些常用的粒子法及其研究尺度如表 1 - 1 所示，其中 SPH 方法和 MPS 方法是应用最广的两种方法。

表 1-1 流体力学中常见的无网格粒子法

研究方法	研究尺度
分子动力学(Molecular Dynamics, MD)方法	微观
耗散粒子动力学(Dissipative Particle Dynamics, DPD)方法	介观
无网格有限元法(Meshless Finite Element Method, MFEM)	宏观
有限体积粒子法(Finite Volume Particle Method, FVPM)	宏观
光滑粒子流体动力学(Smoothed Particle Hydrodynamics, SPH)方法	宏观
移动粒子半隐式(Moving Particle Semi-implicit, MPS)方法	宏观

1.2 移动粒子半隐式方法的特征

SPH 方法一般被认为是最早的无网格方法,也是无网格粒子法中最具有代表性的。后来出现的许多粒子法都借鉴了 SPH 方法的基本思想。在 SPH 方法的计算框架下,整个流体域由一系列离散的粒子表示,这些粒子具有拉格朗日特征,携带着质量、密度、温度、能量等物理量。粒子间的相互影响通过一个"光滑函数"实现,控制方程中的函数、积分和微分项都转化成粒子形式,控制方程被离散成粒子形式的常微分方程。计算过程可以简单描述成[5]:①计算粒子的受力;②计算粒子的加速度;③更新粒子的速度;④移动粒子。通过追踪粒子的运动来模拟整个流动过程。SPH 方法中压力的计算是通过状态方程实现的,这使 SPH 方法具有较高的计算效率。由于具有拉格朗日特征,SPH 方法在处理大变形问题时具有很好的灵活性,因此从诞生起即备受关注。

MPS 方法是在 SPH 方法基础上发展起来的,用来求解不可压缩流动问题。MPS 方法继承了 SPH 方法的无网格思想,其粒子具有和 SPH 方法相似的拉格朗日特征,携带着空间流场信息,粒子间的相互影响通过核函数体现,控制方程采用拉格朗日形式。近年来,Koshizuka 等对 MPS 方法进行了改进、发展,相继提出了各类粒子作用模型,使其在核工程、船舶海洋、化工和生命科学等领域都得到了应用[4,6-9]。

SPH 和 MPS 方法的区别主要在离散方式和压力项求解方面。在离散方式方面,SPH 方法采用先光滑后求导的方式离散,通过核函数的导数形式求解变量的空间导数[10-12];MPS 方法直接采用粒子差分格式求解变量空间导数,核函数只起到加权平均的作用[6,13]。在压力项求解方面,SPH 方法采用显式算法求解状态方程得到压力项;MPS 方法则采用半隐式算法,隐式迭代求解压力泊松方程得到压力项。需要注意的是,这两种方法的基本理论相似,相关方法理论可以通过一定处理相互转化。例如,Cummins 和 Rudman[14] 在 SPH 方法中也引入了半隐式算法(投影法),形成了 ISPH 方法[15-16];Shakibaeinia、Jin[17] 和 Wang[18] 等人在 MPS 中引入了显式压力计算模型,形成了 EMPS 方法。

MPS 方法提出的时间较 SPH 晚，但由于其显著的特点和优势很快受到了人们的关注。MPS 方法目前已被成功应用到许多流动问题中，如：Koshizuka 等[6]首次将 MPS 用于研究波浪破碎问题，分析了不同的破碎形式，并计算了一个带有浮体的流动问题。为了提高计算效率，Koshizuka 等[6]还提出了一个加快粒子搜索的方法，即采用两套邻点粒子列表，一个用来记录当前作用域范围内的邻点粒子，另一个记录更大范围内的粒子，这些粒子有可能在下一时刻成为邻点粒子，因此下一时刻的邻点粒子就可以从这些准邻点粒子中寻找，该准邻点粒子列表每隔一段时间更新一次。这种处理方式较传统的全场配对搜索法快很多，将计算量从 $N^{2.0}$ 降到了 $N^{1.5}$。这种改进的粒子搜寻方式在后来的 MPS 方法中逐渐被链表法[19]取代，相对来说，链表法能够达到更快的速度，更适合粒子数较多的计算。

SPH 和 MPS 方法作为两种具有代表性的无网格粒子法都有各自的独特之处，各有优缺点，表 1－2 列出了 SPH 和 MPS 方法特点的对比。SPH 和 MPS 方法代表了两种流体计算方式：弱可压缩和完全不可压缩。SPH 方法中流体是弱可压缩的，压力通过状态方程得到。计算中通过指定一个较大的声速，来保证流体密度的压缩率小于 1%，简单地讲就是将流体以弱可压缩的方式达到近似不可压缩的特性。而在 MPS 中，流体是完全不可压缩的，因此压力的计算不是基于状态方程获得，而是通过求解一个隐式的压力泊松方程（Pressure Poisson Equation, PPE）得到。正是因为对流体的处理方式不一样，SPH 和 MPS 方法在时间积分上也存在区别，SPH 方法可以在计算上采用显式求解，方法较为简单，而 MPS 方法则采用投影法，在每个时间步长内首先根据质量力和黏性力更新粒子的速度和位置，在该速度场中求解压力泊松方程，然后再根据压力修正粒子的速度和位置。从每个时间步长的计算量上看，MPS 方法的计算量较 SPH 方法的大，因为 MPS 方法需要求解压力泊松方程，该部分的耗时能够达到整个计算时间的 70%之多。相对而言，SPH 方法的计算效率较高，但较大的声速决定了 SPH 方法必须使用很小的时间步长。SPH 方法的时间步长有时要较 MPS 方法小一个量级，因此 SPH 方法花费的计算时间可能与 MPS 方法相近。

表 1－2　SPH 和 MPS 方法特点比较

项目	SPH	MPS
流体	可压缩	不可压缩
时间积分	显式	半隐式
压力	状态方程	压力泊松方程
CFL(Courant-Friedrichs-Lewy，柯朗-弗里德里希斯-列维)条件	基于声速	基于最大流体速度

从压力的计算效果来看,压力泊松方程求解意味着流场中粒子之间存在相互的耦合影响,压力瞬间传递到全场。而弱可压缩的处理方法则意味着流场中一点的脉动压力需要经过一段时间才能从一个位置传递到其他位置,传递速度取决于声速。相对而言,求解压力泊松方程的计算方式更符合不可压缩流体的特性,且全场联立求解理论上能获得更好的压力场。

随着应用的日益广泛,MPS 方法自身存在的一些问题也逐渐被人们注意到,其中压力振荡现象引起了学术界的极大关注[6,20-28]。需要说明的是,粒子法不同于网格类方法,即使在模拟一个静力学问题时,流场中的粒子也在不停地进行着微小的运动,粒子法是在运动中达到平衡。振荡现象导致计算得到的压力值和理论值存在很大的差别。压力振荡问题让 MPS 方法在许多涉及压力载荷的问题中受到很大限制。为此,一些学者试图减缓和解决压力振荡问题。这些研究工作很大程度上推进了 MPS 方法的发展和应用。

1.3 移动粒子半隐式方法的应用

MPS 方法是基于粒子近似的配点型纯拉格朗日方法,通过追踪粒子运动还原宏观流体的运动状态。由于 MPS 方法具备无网格、拉格朗日特征等特性,因此其在捕捉自由表面和界面运动、模拟相态变化、固体变形等方面具有独特的优势。自提出以来,MPS 方法得到了广泛的关注[29]。

MPS 方法主要被应用于涉及以下四个方面的问题中:流体运动、固体变形、传热相变和物质变化。在流体运动方面的应用主要包括三大类:自由表面流动、多相流动和流固耦合问题。在 MPS 方法中,自由表面流动问题可以简化为仅对液相模拟,通过控制方程和自由表面粒子的处理,实现相对压力下流体运动过程的模拟,获得自由表面流动情况。针对不可压缩流体的自由表面流动问题,众多学者展开了研究。MPS 方法的提出者 Koshizuka 和 Oka[4] 最早采用溃坝流动问题对 MPS 方法进行了验证,证明了 MPS 方法模拟不可压缩流体自由表面流动问题的可行性。Koshizuka 又进一步将 MPS 方法应用于流体破碎问题,成功模拟了不同的波浪破碎形式,且与实验结果符合较好。之后,MPS 方法成功应用于摇晃问题(地震、船舶等应用)[21,30-32]、射流问题[33-34]、表面张力主导的流体问题(液滴变形)[35-38]、液体与液体的相互作用[39-40]、喷雾问题[41]等。

在多相流流动问题方面,着重解决相界面不连续问题。Koshizuka[36] 最早将 MPS 方法应用于核反应堆严重事故蒸汽爆炸的研究中,并分析了两相密度差对结果的影响,这是首次公开发表的 MPS 方法应用于大密度比的气液两相流模拟。通过模拟发现,气液相变过程中无法保证严格的质量守恒。因此,有学者将MPS方法与其他方法耦合实现液相和气相的耦合求解，开发了MPS-MAFL(Meshless Advection using Flow-directional Local-grid)[42]和MPS-FVM(Finite Volume Method，有限体积法)[43]。MPS-MAFL是一种解决有进出口流动边界条件的粒子无网格线混合方法，西安交通大学田文喜及其所在课题组团队[44-48]使用这种方法进行了一系列气泡动力学的模拟。MPS-FVM将粒子法与网格法耦合，气相使用欧拉网格进行表示，液相通过拉格朗日粒子进行离散，Liu等[43]人使用这种方法进行了许多两相流方面的模拟。与此同时，部分学者针对MPS多相流模拟存在的问题，不断提出改进和创新。Shirakawa等[49]提出TF-MPS(Two-Phase MPS，两相移动粒子半隐式)方法，成功模拟了沸水堆内的复杂气液两相流。Gotoh和Sakai[50]开发多相流模型，成功模拟了气液和固液两相运动。随后，Khayyer和Gotoh[25]实现了相界面密度的光滑处理，成功模拟了大密度比的气泡摇晃问题。Li[51-52]针对不同密度液体的分层现象，改进了黏度模型。Duan[53-55]在Khayyer等人的研究基础上，提出了MMPS(Multiphase Moving Particle Semi-implicit，多相移动粒子半隐式)-HD(Harmonic Density，调和平均密度)和MMPS-CA(Continuous Acceleration，连续加速度)方法，其中MMPS-CA方法能够实现大密度比(1∶1000)的多相流体运动模拟。Duan[56]还将MPS和SPH方法耦合，开发了沸腾模型。此外，Chen等人[57]、Dong等人[58]、Basit等人[59]、Guo等人[60-61]均对MPS在多相流中的应用展开了大量的研究，拓宽了应用范围(不相溶液体夹带、海洋条件下气泡运动、气泡融合等)。随着MPS多相流模型的不断改进，采用粒子法同时实现气相和液相模拟的精度和稳定性不断提高，使得MPS方法成为多相流分析的重要工具。

在流固耦合问题方面，MPS方法广泛应用于海洋工程研究领域[62-63]。在MPS方法中，流体和固体均以粒子配点形式在拉格朗日体系下求解，流固界面易于捕捉，通过对界面相互作用力的处理，很容易实现固液耦合。在固液相互作用力的计算中，通常是将固体表面粒子视为流体粒子，令其一起参与压力泊松方程的计算，通过压力梯度计算固液法向相互作用力。此外，根据固体边界条件的不同，还需要考虑黏性力的影响。在固体运动方面，一般将固体处理为刚体和结构体。刚体在模拟过程中始终不发生变形，结构体则需要考虑固体的应力应变。Wang等人[64]、Nodoushan等人[65]、Suzuki等人[66-68]将泥沙视为黏性流体，采用多相流MPS方法实现了流体与泥沙的相互作用。Huang和Zhu[69]采用改进的MPS方法模拟了海啸冲击海岸堤坝的问题。为了精确计算固体和固体之间的作用力及大固体的运动行为，Guo等人[70]、Harada等人[71]、

Li 等人[72]将 MPS 方法与离散单元法(Discrete Element Method, DEM)耦合,成功计算了钢球在溃坝中的运动、河床沉积物运动等问题。Kim 等人[73]对固体和固体间的摩擦力进行了修正,模拟结果与 DEM 计算结果相符。

在流固耦合方面,往往还涉及固体变形问题。Sun 等人[74]基于 MPS-DEM 实现了流固作用下浮动板变形的模拟。由于网格法发展历史悠久,其在固液耦合和固体变形方面的模型和方法较为成熟,有些学者将 MPS 方法与有限元法(FEM)耦合。Zhang 等人[75]、Zheng 等人[63]、Chen 等人[76]采用 MPS-FEM 分别模拟了悬浮板在水上的变形、海啸冲击汽轮机厂房、弹性储存罐内液池的摇晃问题。由于拉格朗日粒子法相比于网格法,能够有效避免网格畸变的问题,后续大量研究在拉格朗日体系下建立粒子离散格式的结构体模型。Chikazawa 等[77]最早为 MPS 提出了一种流体与黏弹性/黏塑性结构体之间相互作用的方法,成功模拟了液体冲击弹性悬臂梁。基于粒子法的钠冷快堆安全分析程序 COMPASS 程序中开发了结构体模型,包括弹性结构模型、弹塑性模型、塑性模型和热膨胀模型[78],并成功模拟了钠冷快堆内熔融物/冷却剂与结构材料的相互作用[79]。Hwang 等人[80-81]、Khayyer 等人[82-83]、Sun 等人[84-86]、Iida 和 Higaki[87]、Yang[88-89]基于弹性模型模拟了大量液体与弹性体相互作用的算例,得到的弹性体应力应变分布与实验结果或解析解符合得较好,证明了纯拉格朗日弹性结构模型的准确性。Falahaty 等人[90]将应力点法引入 MPS 中,成功模拟了不可压缩流体与非线性弹性结构体的相互作用,并提高了弹性结构模型的稳定性。

在 MPS 方法中采用粒子模拟宏观物质,根据粒子物性参数的变化即可捕捉对应物质的相态或组分的改变。鉴于 MPS 方法在模拟传热相变和物质变化方面的独特优势,其已被广泛应用于核反应堆严重事故分析领域。西安交通大学陈荣华及其所在课题组在 MPS 方法中引入传热相变模型、黏度变化模型[91]和共晶反应模型,从而对反应堆堆芯材料共晶反应[92-93]、反应堆燃料元件熔化[94-95]、反应堆堆芯熔融物管内流动凝固[96-98]、沸水堆燃料支撑件内的熔融物流动凝固[99-100]、铅铋平板消熔[100]、熔融物与混凝土相互作用[101-102]、锆水氧化反应[103]、加速器驱动次临界系统(Accelerator Driven Sub-critical System, ADS)颗粒靶熔化[104]等核反应堆严重事故关键现象展开了模拟研究,验证了 MPS 方法在传热相变和物质变化中应用的可行性和准确性,大大拓宽了 MPS 方法的应用范围。上海交通大学熊进标及其团队对表面张力模型和传热相变模型进行了改进,实现了伍德合金熔化[105]、燃料棒熔化[106]、U-Fe 共晶反应[107]的模拟研究。此外,在堆芯材料低温熔化领域,Mustari 等人[108]针对 TREAT 实验(熔融铀-固体铁侵蚀实验)展开模拟;Shota 等人[109]模拟了 B_4C

真实材料的共晶反应实验。在熔融物流动凝固领域，Duan 等人[110]改进算法流程，实现大黏性流体运动过程的模拟，成功再现了 VULCANO VE - U7 实验中的熔融物流动凝固现象；Kawahara[111]和 Yasumura[112]等人也成功模拟了 VULCANO VE - U7 实验。在熔融物与冷却剂相互作用领域，Ikeda 等人[113]、Shibata 等人[114]、Park 等人[115-116]模拟了射流冲击高密度液池的行为；Koshizuka[36]模拟了蒸汽爆炸的过程，Liu [117]和 Duan[53]等人在其基础上改进了沸腾模型。在熔融芯与混凝土相互作用(Molten Core Concrete Interaction, MCCI)领域，Koshizuka等人[118-119]首次将 MPS 应用于 MCCI 的研究，成功模拟了 SWISS - 2 和 MACE - M0 实验，还原了熔融物对混凝土的烧蚀过程；Watanabe 等人[120]、Li 等人[121-125]、Chai 等人[126-128]、Li 等人[129]对 MCCI 展开了大量的模拟研究，完善了 MCCI 相关模型(渣膜模型、混合模型、气体喷射模型等)，完成了 MCCI 关键现象(如各向异性烧蚀现象和不可凝气体的影响)的机理研究。

随着 MPS 方法应用范围的拓宽，原始 MPS 方法精度和稳定性的水平已经不能满足要求，为此，众多学者在算法改进方面进行了大量的研究。Suzuki[130]、Khayyer 和 Gotoh[21,23,131]、Tamai[132]、Duan[57]等人提出了高阶精度的粒子离散模型(梯度模型、散度模型和拉普拉斯模型)，通过减小数值积分/微分过程中引入的截断误差、流体不可压缩假设引入的模型误差和粒子排布各向同性假设引入的模型误差，使得流体运动更加逼近真实情况。MPS 求解采用半隐式算法，压力计算的准确性对模拟的精度和稳定性影响很大。针对压力泊松方程源项，Kondo 和 Koshizuka[24]、Khayyer 和 Gotoh[20,23]、Adami 等人[133]通过减小粒子数密度对时间微分的数值误差和添加误差补偿项等方式提高压力求解精度。此外，Tamai 和 Koshizuka[134]还推导了具有更精确边界条件的高阶最小二乘 MPS 公式。MPS 方法应用过程中还存在数值稳定性的问题，如高阶项缺失导致的不稳定、拉伸不稳定和压缩不稳定等。需要指出的是，随着高阶精度模型的引入，粒子会更加趋向流线排布，更易发生畸变，导致流体偏离不可压缩状态，引发模拟的不稳定[135-136]。为了提高 MPS 方法的稳定性，Koshizuka[6]提出了一种保守的压力梯度模型，引入 $p_{i,\min}$ 项。与原始压力梯度模型相比，相当于引入微小的力，驱使粒子由密集区向稀疏区运动，从而提高模拟的稳定性。Khayyer 等人[137-138]和 Duan 等人[55]先后参考 SPH 稳定性策略思想，提出了粒子移位(Particle Shifting)法，并对自由表面粒子进行优化处理，修正粒子的位置场，提高了数值稳定性。通过以上研究，使得在应用高精度离散模型时能够保证模拟的稳定性。MPS 方法精度和稳定性的提高使其具备模拟更加复杂的实际物理问题的能力，为进一步扩大其应用范围奠定了坚实的基础。

1.4 本书的主要内容

自移动粒子半隐式方法提出以来，国内外学者对其展开了大量的研究，增强了 MPS 方法的模拟精度及稳定性，丰富和拓宽了 MPS 方法的应用范围。本书首先针对 MPS 方法的基本理论及目前国内外最新的研究进展进行总结及介绍。随后，阐述著者及其研究团队十余年来在移动粒子半隐式方法及应用方面取得的研究成果，主要包括传热相变分析、气液两相流模拟、共晶反应分析及流固耦合分析领域。这些成果涵盖了核反应堆热工水力及安全分析领域内的关键热点及难点问题的研究，特别是核反应堆两相流动沸腾传热、严重事故现象和机理学，针对这些难点问题，团队基于 MPS 方法，结合开发的数学物理模型，完成了相关的模拟研究工作。

本书的主要内容为 MPS 方法的基本理论和应用，共六章，包括移动粒子半隐式方法概述、移动粒子半隐式方法基础、传热相变分析程序、气液两相流模拟程序、共晶反应分析程序和流固耦合分析程序。在第 2 章移动粒子半隐式方法基础中，介绍了 MPS 的基本理论模型，包括控制方程、粒子相互作用模型、压力求解方法和算法稳定性策略，并以溃坝算例简单介绍了 MPS 方法的应用效果。在第 3 章传热相变分析程序中，介绍了传热相变分析中所需的数值计算模型、验证及其在金属熔化过程和严重事故分析领域的应用。在第 4 章气液两相流模拟程序中，介绍了 MPS - MAFL 和 MMPS 方法的基本理论及其在气泡动力学和瑞利-泰勒不稳定性(Rayleigh - Taylor Instability)中的应用。在第 5 章共晶反应分析程序中，介绍了共晶反应模型、验证及其在锆水反应和燃料棒材料高温消熔中的应用。在第 6 章流固耦合分析程序中，介绍了 MPS 方法和 DEM 的耦合方法，验证了 DEM 模型和耦合方法，并将其用于 ADS 颗粒靶流动模拟应用中。希望本书，能够帮助读者了解 MPS 方法在不同研究领域的应用，有助于 MPS 方法在国内的推广。

参考文献

[1] 项利峰. 基于无网格算法的移动粒子半隐式方法研究及应用[D]. 西安：西安交通大学，2005.

[2] LUCY L B. A numerical approach to the testing of the fission hypothesis [J]. The Astronomical Journal, 1977, 82(12): 1013 - 1024.

[3] GINGOLD R A, MONAGHAN J J. Smoothed particlehy drodynamics: Theory and application to non-spherical stars [J]. Monthly Notices of the Royal Astronomical Society, 1977, 181: 375 - 389.

[4] KOSHIZUKA S, OKA Y. Moving-particle semi-implicit method for fragmentation of incompressible fluid [J]. Nuclear Science and Engineering, 1996, 123: 421 - 434.

[5] 刘桂荣,刘谋斌,韩旭,等.光滑粒子流体动力学:一种无网格粒子法[M].长沙:湖南大学出版社,2005.

[6] KOSHIZUKA S, NOBE A, OKA Y. Numerical analysis of breaking waves using the moving particle semi-implicit method [J]. International Journal for Numerical Methods in Fluids, 1998, 26: 751 - 769.

[7] KOSHIZUKA S, YOON H Y, YAMASHITA D, et al. Numerical analysis of natural convection in a square cavity using MPS - MAFL [J]. International Journal of Computational Fluid Dynamics, 2000, 8: 485 - 494.

[8] YOON H Y, KOSHIZUKA S, OKA Y. A particle-gridless hybrid method for incompressible flows [J]. International Journal For Numerical Method in Fluids, 1999, 30: 407 - 424.

[9] YOON H Y, KOSHIZUKA S, OKA Y. A mesh-free numerical method for direct simulation of gas-liquid phase interface [J]. Nuclear Science and Engineering, 1999, 133: 192 - 200.

[10] MONAGHAN J J. Smoothed particle hydrodynamics [J]. Annual Review of Astronomy and Astrophysics, 1992, 30(1): 543 - 574.

[11] MONAGHAN J J. Smoothed particle hydrodynamics [J]. Reports on Progress in Physics, 2005, 68(8): 1703.

[12] LIU M B, LIU G R. Smoothed particle hydrodynamics(SPH): An overview and recent developments [J]. Archives of Computational Methods in Engineering, 2010, 17(1): 25 - 76.

[13] 越塚诚一.粒子法[M].东京:丸善株式会社,2005.

[14] CUMMINS S J, RUDMAN M. An SPH projection method [J]. Journal of Computational Physics, 1999, 152(2): 584 - 607.

[15] SHAO S, LO E Y M. Incompressible SPH method for simulating Newtonian and non-Newtonian flows with a free surface [J]. Advances in Water Resources, 2003, 26(7): 787 - 800.

[16] KHORASANIZADE S, SOUSA J M M. A detailed study of lid-driven cavity flow at moderate Reynolds numbers using Incompressible SPH [J]. International Journal for Numerical Methods in Fluids, 2014, 76(10): 653 - 668.

[17] SHAKIBAEINIA A, JIN Y. A weakly compressible MPS method for modeling of open-boundary free-surface flow [J]. International Journal for Numerical Methods in Fluids, 2010(63):1208 - 1232.

[18] WANG Z, SHIBATA K, KOSHIZUKA S. Verification and validation of explicit mo-

ving particle simulation method for application to internal flooding analysis in nuclear reactor building [J]. Journal of Nuclear Science and Technology, 2017, 55(5): 461 -477.

[19] CAIR, XU L, ZHENG J, et al. Modified cell-linked list method using dynamic mesh for discrete element method [J]. Powder Technology, 2018, 340: 321 - 330.

[20] KHAYYER A, GOTOH H. Modified moving particle semi-implicit methods for the prediction of 2D wave impact pressure [J]. Coastal Engineering, 2009, 56 (4): 419 -440.

[21] KHAYYER A, GOTOH H. A higher order Laplacian model for enhancement and stabilization of pressure calculation by the MPS method [J]. Applied Ocean Research, 2010, 32(1): 124 - 131.

[22] TANAKA M, MASUNAGA T. Stabilization and smoothing of pressure in MPS method by quasi-compressibility [J]. Journal of Computational Physics, 2010, 229(11): 4279 - 4290.

[23] KHAYYER A, GOTOH H. Enhancement of stability and accuracy of the moving particle semi-implicit method [J]. Journal of Computational Physics, 2011, 230 (8): 3093 -3118.

[24] KONDO M, KOSHIZUKA S. Improvement of stability in moving particle semi-implicit method [J]. International Journal for Numerical Methods in Fluids, 2011, 65(6): 638 - 654.

[25] KHAYYER A, GOTOH H. Enhancement of performance and stability of MPS meshfree particle method for multiphase flows characterized by high density ratios [J]. Journal of Computational Physics, 2013, 242: 211 - 233.

[26] CHEN X, XI G, SUN Z. Improving stability of MPS method by a computational scheme based on conceptual particles [J]. Computer Methods in Applied Mechanics and Engineering, 2014, 278: 254 - 271.

[27] SHIBATA K, MASAIE I, KONDO M, et al. Improved pressure calculation for the moving particle semi-implicit method [J]. Computational Particle Mechanics, 2015, 2(1): 91 - 108.

[28] TSURUTA N, KHAYYER A, GOTOH H. Space potential particles to enhance the stability of projection-based particle methods [J]. International Journal of Computational Fluid Dynamics, 2015, 29(1): 100 - 119.

[29] KOSHIZUKA S. Current achievements and future perspectives on particle simulation technologies for fluid dynamics and heat transfer [J]. Journal of Nuclear Science and Technology, 2011, 48(2): 155 - 168.

[30] 卫媛媛,陆道纲. 基于移动粒子法的快堆自由表面流体对容器顶盖冲击现象的数值模拟[J]. 原子能科学技术,2009,43(10):910 - 914.

[31] 文萧，万德成. MPS方法数值模拟减摇水舱晃荡流动问题[J]. 水动力学研究和进展，2019，34(4)：489－493.

[32] JENA D, BISWAL K C. A numerical study of violent sloshing problems with modified MPS method [J]. Journal of Hydrodynamics, 2017, 29(4)：659－667.

[33] ZHU J, LI W, LIN D, et al. Study on water jet trajectory model of fire monitor based on simulation and experiment [J]. Fire Technology, 2019, 55：773－787.

[34] ILHAM M, YULINATO Y, MUSTRARI A P A. Simulation on relocation of non-compressed fluid flow using Moving Particle Semi-Implicit (MPS) method [J]. Materials Science and Engineering, 2018, 407：012100.

[35] 张勇，孙中国，何家宸，等. 表面疏水强化纹理设计及数值模拟[J]. 工程热物理学报，2020, 41(7)：1660－1665.

[36] KOSHIZUKA S, IKEDA H, OKA Y. Numerical analysis of fragmentation mechanisms in vapor explosions [J]. Nuclear Engineering and Design, 1999, 189(1)：423－433.

[37] SUN Z, XI G, CHEN X. Numerical simulation of binary collisions using a modified surface tension model with particle method [J]. Nuclear Engineering and Design, 2009, 239(4) 619－627.

[38] XIONG J, KOSHIZUKA S, SAKAI M. Numerical analysis of droplet impingement using the Moving Particle Semi-implicit method [J]. Journal of Nuclear Science and Technology, 2010, 47(3)：314－321.

[39] ZHANG S, MORITA K, FUKUDA K, et al. A new algorithm for surface tension model in moving particle methods [J]. International Journal for Numerical Methods in Fluids, 2007, 55(3)：225－240.

[40] XIE H, KOSHIZUKA S, OKA Y. Modeling the wetting effects in droplet impingement using particle method [J]. Computer Modeling in Engineering and Sciences, 2007, 18 (1)：1－16.

[41] 勾文进，陈明慧，张帅，等. 基于移动粒子半隐式方法的旋流液膜破碎过程模拟[J]. 推进技术，2020，41(7)：1529－1534.

[42] YOON H Y, KOSHIZUKA S, OKA Y. Direct calculation of bubble growth, departure, and rise in nucleate pool boiling [J]. International Journal of Multiphase Flow, 2001, 27(2)：277－298.

[43] LIU J, KOSHIZUKA S, OKA Y. A hybrid particle-mesh method for viscous, incompressible, multiphase flows [J]. Journal of Computational Physics, 2005, 202(1)：65－93.

[44] TIAN W, ISHIWATARI Y, IKEJIRI S, et al. Numerical simulation on void bubble dynamics using moving particle semi-implicit method [J]. Nuclear Engineering & Design, 2009, 239(11)：2382－2390.

[45] TIAN W, ISHIWATARI Y, IKEJIRI S, et al. Numerical computation of thermally controlled steam bubble condensation using Moving Particle Semi-implicit (MPS) method [J]. Annals of Nuclear Energy, 2010, 37(1): 5-15.

[46] CHEN R, TIAN W, SU G, et al. Numerical investigation on coalescence of bubble pairs rising in a stagnant liquid [J]. Chemical Engineering Science, 2011, 66(21): 5055-5063.

[47] XIN L, TIAN W, CHEN R, et al. Numerical simulation on single Taylor bubble rising in LBE using moving particle method [J]. Nuclear Engineering and Design, 2013, 256(4): 227-234.

[48] ZUO J, TIAN W, CHEN R, et al. Two-dimensional numerical simulation of single bubble rising behavior in liquid metal using moving particle semi-implicit method [J]. Progress in Nuclear Energy, 2013, 64(12): 31-40.

[49] SHIRAKAWA N, YAMAMOTO Y, HORIE H, et al. Analysis of flows around a BWR spacer by the two-fluid particle interaction method [J]. Journal of Nuclear Science and Technology, 2002, 39(5): 572-581.

[50] GOTOH H, SAKAI T. Key issues in the particle method for computation of wave breaking [J]. Coastal Engineering, 2006, 53(2): 171-179.

[51] LI G, OKA Y, FURUYA M. Experimental and numerical study of stratification and solidification/melting behaviors [J]. Nuclear Engineering and Design, 2014, 272: 109-117.

[52] LI G, OKA T, FURUYA M, et al. Experiments and MPS analysis of stratification behavior of two immiscible fluids [J]. Nuclear Engineering and Design, 2013. 265: 210-221.

[53] DUAN G, CHEN B, KOSHIZUKA S, et al. Stable multiphase moving particle semi-implicit method for incompressible interfacial flow [J]. Computer Methods in Applied Mechanics and Engineering, 2017, 318: 636 - 666.

[54] DUAN G, CHEN B, ZHANG X, et al. A multiphase MPS solver for modeling multi-fluid interaction with free surface and its application in oil spill [J]. Computer Methods in Applied Mechanics and Engineering, 2017, 320: 133 - 161.

[55] DUAN G, KOSHIZUKA S, YAMAJI A, et al. An accurate and stable multiphase moving particle semi-implicit method based on a corrective matrix for all particle interaction models [J]. International Journal for Numerical Methods in Engineering, 2018, 115(10): 1287-1314.

[56] DUAN G, YAMAJI A, SAKAI M. An incompressible-compressible lagrangian particle method for bubble flows with a sharp density jump and boiling phase change [J]. Computer Methods in Applied Mechanics and Engineering, 2020, 372: 113425.

[57] CHEN R, DONG C, GUO K, et al. Current achievements on bubble dynamics analysis using MPS method [J]. Progress in Nuclear Energy, 2020, 118: 103057.

[58] DONG C, GUO K, CAI Q, et al. Simulation on mass transfer at immiscible liquid interface entrained by single bubble using particle method [J]. Nuclear Engineering and Technology,2020, 52: 1172-1179.

[59] BASIT M A, TIAN W, CHEN R, et al. Numerical study of laminar flow and friction characteristics in narrow channels under rolling conditions using MPS method [J]. Nuclear Engineering and Technology, 2019, 51: 1186-1896.

[60] GUO K, CHEN R, LI Y, et al. Numerical simulation of Rayleigh-Taylor Instability with periodic boundary condition using MPS method [J]. Progress in Nuclear Energy, 2018, 109: 130-144.

[61] GUO K, CHEN R, QIU S, et al. An improved Multiphase Moving Particle Semi-implicit method in bubble rising simulations with large density ratios [J]. Nuclear Engineering and Design, 2018, 340: 370-387.

[62] MITSUHIRO M, KIYOKAZU M, KOICHI M. A fundamental study on the damage of wash up to the quay of the moored vessel in tsunamis using the MPS method considered the fender influences [C]// ASME, Proceedings of the ASME 2019 38th International Conference on Ocean, Offshore and Arctic Engineering, Madrid, Spain, 2018.

[63] ZHENG H, SHIOYA R. Verifications for large-scale parallel simulations of 3D fluid-structure interaction using moving particle simulation (MPS) and finite element method (FEM)[J]. International Journal of Computational Methods, 2018, 15: 1840014.

[64] WANG L, JIANG Q, KHAYYER A, et al. A multiphase particle method for interaction between sluicing water and fluvial mud beds [C]// ISOPE, Honolulu, USA, 2019.

[65] NODOUSHAN E J, SHAKIBAEINIA A. Multiphase mesh-free particle modeling of local sediment scouring with $\mu(I)$ rheology [J]. Journal of Hydroinfomatics, 2019, 21(3): 279-294.

[66] SUZUKI T, HOTTA N. Development of modified particles method for simulations of debris flows based on constitutive equations and its application to deposition process: Journal of the Japan [J]. Society of Erosion Control Engineering, 2015, 68(1): 13-24.

[67] SUZUKI T, HOTTA N. Development of modified particles method for simulation of debris flow using constitutive equations [J]. International Journal of Erosion Control Engineering, 2016, 9(4): 165-173.

[68] SUZUKI T, HOTTA N, TSUNETAKA H, et al. Application of an MPS-based model to the process of debris-flow deposition on alluvial fans [C]// 7th International Conference on Debris-Flow Hazards Mitigation, Golden, USA, 2019.

[69] HUANG Y, ZHU C. Numerical analysis of tsunami-structure interaction using a modi-

fied MPS method [J]. Natural Hazards, 2015, 75(3): 2847 - 2862.

[70] GUO K, CHEN R, LI Y, et al. Numerical investigation of the fluid-solid mixture flow using the FOCUS code [J]. Progress in Nuclear Energy, 2017, 97: 197 - 213.

[71] HARADA E, IKARI H, SHIMIZU Y, et al. Numerical investigation of the morphological dynamics of a Step-and-Pool riverbed using DEM-MPS [J]. Journal Hydraulic Engineering, 2018, 144(1): 04017058.

[72] LI J, QIU L, TIAN L, et al. Modeling 3D non-Newtonian solid-liquid flows with a free-surface using DEM-MPS [J]. Engineering Analysis with Boundary Elements, 2019, 105: 70 - 77.

[73] KIM K S, KIM M-H, JANG H, et al. Simulation of solid particle interactions including segregated lamination by using MPS method [J]. Computer Modeling in Engineering and Sciences, 2018, 116(1): 11 - 29.

[74] SUN Y, XI G, SUN Z. A fully Lagrangian method for fluid-structure interaction problems with deformable floating structure [J]. Journal of Fluids and Structures, 2019, 90: 379 - 395.

[75] ZHANG G, CHEN X, WAN D. MPS-FEM coupled method for study of wave-structure interaction [J]. Journal of Marine Science and Application, 2019, 18: 387 - 399.

[76] CHEN X, ZHANG Y, WAN D. Numerical study of 3D liquid sloshing in an elastic tank by MPS-FEM coupled method [J]. Journal of Ship Research, 2019, 63(3): 143 - 153.

[77] CHIKAZAWA Y, KOSHIZUKA S, OKA Y. A particle method for elastic and visco-plastic structures and fluid-structure interactions [J]. Computational Mechanics, 2001, 27(2): 97 - 106.

[78] SHIRAKAWA N, UEHARA Y, NAITOH M, et al. Next generation safety analysis methods for SFRS(5) structural mechanics models of compass code and verification analyses [C]// ICONE, Brussels, Belgium, 2009.

[79] MORITA K, ZHANG S, KOSHIZUKA S, et al. Detailed analyses of key phenomena in core disruptive accidents of sodium-cooled fast reactors by the COMPASS code [J]. Nuclear Engineering and Design, 2011, 241(12): 4672 - 4681.

[80] HWANG S C, KHAYYER A, GOTOH H, et al. Development of a fully Lagrangian MPS-based coupled method for simulation of fluid-structure interaction problems [J]. Journal of Fluids and Structures, 2014, 50: 497 - 511.

[81] HWANG S C, PARK J C, GOTOH H, et al. Numerical simulations of sloshing flows with elastic baffles by using a particle-based fluid-structure interaction analysis method [J]. Ocean Engineering, 2016, 118: 227 - 241.

[82] KHAYYER A, GOTOH H. Advanced fully-lagrangian mesh-free computational methods for hydroelastic fluid-structure interactions in ocean engineering [C]// Pro-

ceedings of the Thirteenth (2018) Pacific-Asia Offshore Mechanics Symposium, Jeju, Korea, 2018.

[83] KHAYYER A, GOTOH H, FALAHATY H, et al. Towards development of enhanced fully-Lagrangian mesh-free computational methods for fluid-structrure interaction [J]. Journal of Hydrodynamics, 2018, 30(1): 49 - 61.

[84] SUN Z, DJIDJELI K, XING J. Modified MPS method for the 2D fluid structure interaction problem with free surface [J]. Computers and Fluids, 2015, 122: 47 - 65.

[85] SUN Z, DJIDJELI K, XING J, et al. Coupled MPS-modal superposition method for 2D nonlinear fluid-structure interaction problems with free surface [J]. Journal of Fluids and Structures, 2016, 61: 295 - 323.

[86] SUN Z, ZHANG G, ZONG Z, et al. Numerical analysis of violent hydroelastic problems based on a mixed MPS mode superposition method [J]. Ocean Engineering, 2019, 179: 285 - 297.

[87] IIDA T, HIGAKI T. MPS for free surface flow with elastic and destructible structures [C]// Proceedings of the Twenty-ninth (2019) International Ocean and Polar Engineering Conference, Honolulu, Hawaii, USA, 2019.

[88] YANG C, ZHANG H, SU H, et al. Numerical simulation of sloshing using the MPS-FSI method with large eddy simulation [J]. China Ocean Engineering, 2018, 32(3): 278 - 287.

[89] YANG C, ZHANG H. Numerical simulation of the interactions between fluid and structure in application of the MPS method assisted with the large eddy simulation method [J]. Ocean Engineering, 2018, 155: 55 - 64.

[90] FALAHATY H, KHAYYER A, GOTOH H. Enhanced particle method with stress point integration for simulation of incompressible fluid-nonlinear elastic structure interaction [J]. Journal of Fluids and Structures, 2018, 81: 325 - 360.

[91] RAMACCIOTTI M, JOURNEAU C, SUDREAU F, et al. Viscosity models for corium melts [J]. Nuclear Engineering and Design, 204, 204(1): 377 - 389.

[92] CHEN R, LI Y, GUO K, et al. Numerical investigation on the dissolution kinetics of ZrO_2 by molten zircaloy using MPS method [J]. Nuclear Engineering and Design, 2017, 319: 117 - 125.

[93] LI Y, CHEN R, GUO K, et al. Numerical analysis of the dissolution of uranium dioxide by molten zircaloy using MPS method [J]. Progress in Nuclear Energy, 2017, 100: 1 - 10.

[94] 李勇霖,陈荣华,蔡庆航,等.基于MPS方法的燃料棒熔化行为分析[C]// 中核核反应堆系统设计技术重点实验室学术年会,成都,2019.

[95] 蔡庆航,陈荣华,肖鑫坤,等.弥散型板状燃料元件熔化行为MPS数值模拟研究[C]//

中核核反应堆热工水力技术重点实验室学术年会，成都，2020.

[96] CHEN R, OKA Y. Numerical analysis of freezing controlled penetration behavior of the molten core debris in an instrument tube with MPS [J]. Annals of Nuclear Energy, 2014, 71: 322 - 332.

[97] CHEN R, OKA Y, LI G, et al. Numerical investigation on melt freezing behavior in a tube by MPS method [J]. Nuclear Engineering and Design, 2014, 273: 440 - 448.

[98] CHEN R, OKA Y, MATSUURA T. Analysis of melt behavior in a cold tube by MPS method [C]// ICONE, Prague, Czech Republic, 2014.

[99] CHEN R, CHEN L, TIAN W, et al. Numerical analysis of the corium behavior within the fuel support piece by MPS [C]// ICONE, Charlotte, North Carolina, USA,2016.

[100] CHEN R, CHEN L, GUO K, et al. Numerical analysis of the melt behavior in a fuel support piece of the BWR by MPS [J]. Annals of Nuclear Energy, 2017, 102: 422 -439.

[101] CHEN R, CAI Q, ZHANG P, et al. Three-dimensional numerical simulation of the HECLA-4 transient MCCI experiment by improved MPS method [J]. Nuclear Engineering and Design, 2019, 347: 95 - 107.

[102] CAI Q, ZHU D, CHEN R, et al. Three-dimensional numerical study on the effect of sidewall crust thermal resistance on transient MCCI by improved MPS method [J]. Annals of Nuclear Energy, 2020, 144: 107525.

[103] WANG D, ZHANG Y, CHEN R, et al. Numerical simulation of zircaloy-water reaction based on the moving particle semi-implicit method and combined analysis with the MIDAC code for the nuclear-reactor core melting process [J]. Progress in Nuclear Energy, 2020, 118: 103083.

[104] 李晨曦，文彦，郭凯伦，等. 基于 FOCUS 程序的 ADS 颗粒流靶熔化事故分析[J]. 原子能科学技术，2018，52(8)：1431 - 1437.

[105] XIONG J, ZHU Y, ZHANG T, et al. Lagrangian simulation of three-dimensional macro-scale melting based on enthalpy method [J]. Computers and Fluids, 2019, 190: 168 - 177.

[106] 王红燕，熊进标，刘余. 3×3 棒束湍流流动的数值模拟研究[J]. 核动力工程，2014，35(4)：110 - 113.

[107] ZHU Y, XIONG J, YANG Y. MPS eutectic reaction model development for severe accident phenomenon simulation [J]. Nuclear Engineering and Technology, 2021, 53: 833 - 841.

[108] MUSTARI A P A, OKA Y. Molten uranium eutectic interaction on iron-alloy by MPS method [J]. Nuclear Engineering and Design, 2014, 278: 387 - 394.

[109] SHOTA U, HIROSHI M, MASAHIRO K, et al. Numerical analysis on eutectic melting of boron carbide control rod materials with a particle method [J]. Transactions

of JSCES, 2018, 2: 20182002.

[110] DUAN G, YAMAJI A, KOSHIZUKA S. A novel multiphase MPS algorithm for modeling crust formation by highly viscous fluid for simulating corium spreading [J]. Nuclear Engineering and Design, 2019, 343: 218 - 231.

[111] KAWAHARA T, OKA Y. Ex-vessel molten core solidification behavior by moving particle semi-implicit method [J]. Journal of Nuclear Science and Technology, 2012, 49(12): 1156 - 1164.

[112] YASUMURA Y, YAMAJI A, FURUYA M, et al. Investigation on influence of crust formation on VULCANO VE - U7 corium spreading with MPS method [J]. Annals of Nuclear Energy, 2017, 107: 119 - 127.

[113] IKEDA H, KOSHIZUKA S, OKA Y, et al. Numerical analysis of jet injection behavior for fuel-coolant interaction using particle method [J]. Journal of Nuclear Science and Technology, 2001, 38(3): 174 - 182.

[114] SHIBATA K, KOSHIZUKA S, OKA Y. Numerical analysis of jet breakup behavior using particle method [J]. Journal of Nuclear Science and Technology, 2004, 41(7): 715 - 722.

[115] PARK S, JEUN G. Coupling of rigid body dynamics and moving particle semi-implicit method for simulating isothermal multi-phase fluid interactions [J]. Computer Methods in Applied Mechanics and Engineering, 2011, 200(1 - 4): 130 - 140.

[116] PARK S, PARK H S, JANG B, et al. 3D simulation of plunging jet penetration into a denser liquid pool by the RD-MPS method [J]. Nuclear Engineering and Design, 2016, 299: 154 - 162.

[117] LIU X, MORITA K, ZHANG S. Direct numerical simulation of incompressible multiphase flow with vaporization using moving particle semi-implicit method [J]. Journal of Computational Physics, 2021, 425: 109911.

[118] KOSHIZUKA S, MATSUURA S, SEKINE M, et al. Numerical analysis of crust formation in molten core-concrete interaction using MPS method [C]// ICONE, Nice, France, 2001.

[119] KOSHIZUKA S, MATSUURA S, SEKINE M, et al. Numerical analysis of molten core-concrete interaction using MPS method [C]// JAERI-Conf, Tokyo Japan, 2000.

[120] WATANABE T, OKA Y. Numerical analysis of crust behavior of molten core and concrete interaction by using MPS method [C]// ICONE, Prague, Czech Republic, 2014.

[121] LI X, OKA Y. Numerical simulation of the SURC-2 and SURC-4 MCCI experiments by MPS method [J]. Annals of Nuclear Energy, 2014, 73: 46 - 52.

[122] LI X, YAMAJI A. A numerical study of isotropic and anisotropic ablation in MCCI by

MPS method [J]. Progress in Nuclear Energy, 2016, 90: 46 - 57.

[123] LI X, YAMAJI A. Three-dimensional numerical study on the mechanism of anisotropic MCCI by improved MPS method [J]. Nuclear Engineering and Design, 2017, 314: 207 - 216.

[124] LI X, YAMAJI A. Numerical simulation of anisotropic ablation of siliceous concrete-analysis of CCI-3 MCCI experiment by MPS method [C]// NURETH-16, Chicago, USA, 2015.

[125] LI X, SATO I, YAMAJI A, et al. Three-Dimensional numerical study on pool stratification behavior in molten corium-concrete interaction (MCCI) with MPS method [C]// 26th International Conference on Nuclear Engineering, London, England, 2018.

[126] CHAI P, KONDO M, ERKAN N, et al. Numerical simulation of 2D ablation profile in CCI-2 experiment by moving particle semi-implicit method [J]. Nuclear Engineering and Design, 2016, 301: 15 - 23.

[127] CHAI P, KONDO M, ERKAN N, et al. Numerical simulation of MCCI based on MPS method with different types of concrete [J]. Annals of Nuclear Energy, 2017, 103: 227 - 237.

[128] CHAI P, ERKAN N, KONDO M, et al. Experimental research and numerical simulation of moving molten metal pool [J]. Mechanical Engineering Letters, 2015, 1: 1500367.

[129] LI G, LIU M, CHONG D, et al. Crust behavior and erosion rate prediction of EPR sacrificial material impinged by core melt jet [J]. Nuclear Engineering and Design, 2017, 314: 44 - 55.

[130] SUZUKI Y. Studies on improvement in particle method and multiphysics simulator using particle method [D]. Tokyo: The University of Tokyo, 2008.

[131] KHAYYER A, GOTOH H. A 3D higher order Laplacian model for enhancement and stabilization of pressure calculation in 3D MPS-based simulations [J]. Applied Ocean Research, 2012, 37: 120 - 126.

[132] TAMAI T, MUROTANI K, KOSHIZUKA S. On the consistency and convergence of particle-based meshfree discretization schemes for the Laplace operator [J]. Comput Fluids, 2017, 142: 79 - 85.

[133] ADAMI S, HU X Y, ADAMS N A. A transport-velocity formulation for smoothed particle hydrodynamics [J]. Journal of Computational Physics, 2013, 241: 292 - 307.

[134] TAMAI T, KOSHIZUKA S. Least squares moving particle semi-implicit method [J]. Computational Particle Mechanics, 2014, 1: 277 - 305.

[135] MATSUNAGA T, SHIBATA K, MUROTANI K, et al. Hybrid grid-particle method for

fluid mixing simulation [J]. Computational Particle Mechanics, 2015, 2: 233 - 246.

[136] OGER G, MARRONE S, LE TOUZÉ D, et al. SPH accuracy improvement through the combination of a quasi-Lagrangian shifting transport velocity and consistent ALE formalisms [J] Journal of Computational Physics, 2016, 313: 76 - 98.

[137] KHAYYER A, GOTOH H, SHIMIZU Y. Comparative study on accuracy and conservation properties of two particle regularization schemes and proposal of an optimized particle shifting scheme in ISPH context [J]. Journal of Computational Physics, 2017, 332: 236 - 256.

[138] TSURUTA N, KHAYYER A, GOTOH H. A short note on dynamic stabilization of Moving Particle Semi-implicit method [J]. International Journal For Numerical Methods in Fluids, 2013, 82: 158 - 164.

>>> 第 2 章　移动粒子半隐式方法基础

本章将对 MPS 方法的理论基础进行介绍，包括原始 MPS 粒子相互作用模型及改进的 MPS 粒子相互作用模型。此外，将对 MPS 计算中的边界条件的处理、MPS 求解算法，以及求解器[包括共轭梯度（Conjugate Gradient，CG）求解器和稳定双共轭梯度（Biconjugate Gradient Stabilized，BiCGStab）求解器]进行详细的介绍。

2.1　控制方程

传统 MPS 方法是一种基于连续介质假设的流体力学数值方法，控制方程包括质量守恒方程和动量守恒方程。在流体力学中，通常采用欧拉（Euler）方法和拉格朗日（Lagrange）方法来描述流体的运动。Euler 方法以空间为参照，通过描述空间各点上流体运动随时间变化的情况而得到整个流场的流动信息；Lagrange 方法以流体质点为参照，将坐标系建立在流体质点之上，通过在整个流体流动的过程中，对所有流体质点的位置、速度、压力等信息随时间变化的追踪来获取流场的流动信息。MPS 方法具有 Lagrange 特性，其控制方程如下所示。

质量守恒方程：

$$\frac{\mathrm{d}\rho}{\mathrm{d}t}+\rho\nabla\cdot\boldsymbol{u}=0 \tag{2-1}$$

动量守恒方程：

$$\frac{\mathrm{d}\boldsymbol{u}}{\mathrm{d}t}=-\frac{1}{\rho}\nabla p+\frac{1}{\rho}\nabla\cdot(\mu\nabla\boldsymbol{u})+\frac{\boldsymbol{F}_{\mathrm{S}}}{\rho}+\boldsymbol{g} \tag{2-2}$$

式中，$\boldsymbol{u}$ 是速度，m/s；ρ 是密度，kg/m^3；t 是时间，s；p 是压强，Pa；μ 是流体的动力黏度，Pa·s；$\boldsymbol{F}_{\mathrm{S}}$ 是表面张力，N/m^3；$\boldsymbol{g}$ 是重力加速度，m/s^2。

2.2 粒子间相互作用模型

2.2.1 核函数

在 MPS 方法中，每个粒子均会与其相邻的粒子发生一定的相互作用，因此定义核函数来表征粒子间相互作用的程度。核函数是粒子间距离的函数，粒子间距离越小，粒子间的相互作用就越大；相反，粒子间距离越大，粒子间相互作用就越小。当粒子间距离超过一定值时，粒子间相互作用很小，认为可以忽略，这个值被定义为粒子作用域半径，即只有在粒子作用域半径以内的粒子才会与该粒子发生相互作用。粒子作用域半径示意图如图 2-1 所示。

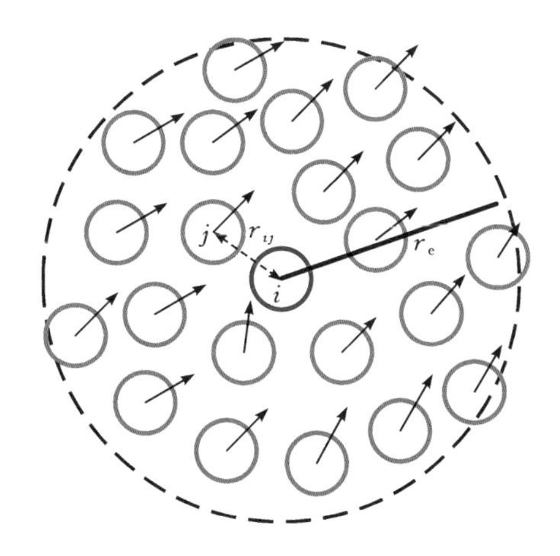

图 2-1 粒子作用域半径示意图

Koshizuka 等人[1]推荐的核函数形式如下

$$w(r_{ij})=\begin{cases}\dfrac{r_e}{r_{ij}}-1, & r_{ij}<r_e\\ 0, & r_{ij}\geq r_e\end{cases} \tag{2-3}$$

式中，r_{ij} 表示粒子 i 与粒子 j 之间的距离，可由 $r_{ij}=\|\boldsymbol{r}_j-\boldsymbol{r}_i\|$ 计算，$\boldsymbol{r}_i$、$\boldsymbol{r}_j$ 分别表示粒子 i 和粒子 j 的位置矢量；r_e 为粒子作用域半径。对于某一类相互作用，粒子 i 受到的总作用，可以通过对作用域内全部的其他粒子进行积分得到。

图 2-2 展示了式(2-3)核函数的形状，由图可知，核函数值随着粒子间距的减小而增大，且当粒子间距过小时，核函数值呈现急剧上升趋势，当粒子间距为 0 时，其值趋于无穷大，体现为粒子间无穷大的斥力。该类型核函数能够有效避免粒子间的碰撞，提高不可压缩模型的数值稳定性。除了该核函数外，常见的核函数形式还包括高斯函数、指数函数、双曲函数及样条函数等。

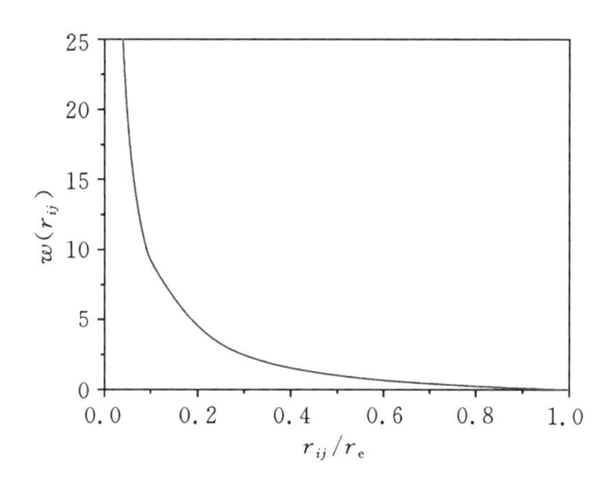

图 2-2 核函数示意图

2.2.2 粒子数密度

粒子数密度(Particle Number Density,PND)定义如下

$$\langle n\rangle_i = \sum_{j\neq i} w_{ij} \tag{2-4}$$

式中,$\langle n\rangle_i$ 表示粒子 i 的粒子数密度,简写为 n_i;$w_{ij}=w(r_{ij})$。PND 是衡量粒子聚集或分散情况的参数:当粒子发生聚集时,该处的粒子数密度将会增加,反之则减小。对于不可压缩流体,流体密度保持恒定。MPS 方法通过维持 PND 为常数来保持流体的不可压缩性。

2.2.3 梯度模型

1.原始模型

基于一阶泰勒展开,某处的标量参数可以由周围的标量参数求解得到,即

$$\varphi_j = \varphi_i + \nabla\varphi_{ij}\cdot(\boldsymbol{r}_j - \boldsymbol{r}_i) \tag{2-5}$$

式中:φ_j 是 j 粒子的标量参数;φ_i 是 i 粒子的标量参数。该式可以转化为如下形式

$$\nabla\varphi_{ij} = (\varphi_j - \varphi_i)\frac{(\boldsymbol{r}_j - \boldsymbol{r}_i)}{\|\boldsymbol{r}_j - \boldsymbol{r}_i\|^2} \tag{2-6}$$

对上式引入核函数进行归一化处理,获得如下梯度模型

$$\langle\nabla\varphi\rangle_i = \frac{d}{n^0}\sum_{j\neq i}\frac{\varphi_j - \varphi_i}{\|\boldsymbol{r}_j - \boldsymbol{r}_i\|^2}(\boldsymbol{r}_j - \boldsymbol{r}_i)w_{ij} \tag{2-7}$$

式中:d 是空间维度;n^0 是初始恒定的流体内部的 PND。空间维度的引入是为了补偿由初始粒子数密度对梯度矢量的规范化处理导致其在各方向上分量的缺失[2]。

图 2－3 为压力梯度模型的示意图，将式(2－7)中的标量参数 φ 改为压强 p 即为压力梯度模型。图中将粒子 i 处的压强定义为中压区 M，则比其压强更高的区域定义为高压区 H，更低的区域定义为低压区 L。由图可知，压力的方向总是由压强高的区域指向压强相对较低的区域，即在压强的作用下，粒子 i 由高压区向低压区运动。

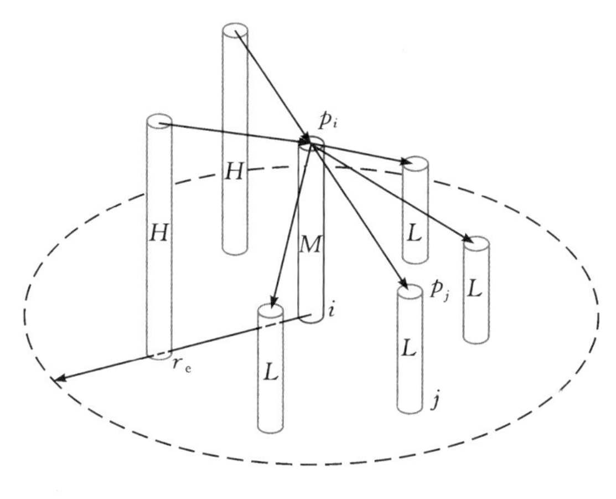

图 2－3　压力梯度模型

在式(2－7)形式的压力梯度模型中，粒子 j 和粒子 i 之间可能存在吸引力，即当 $p_j < p_i$ 时，粒子 j 和粒子 i 会在吸引力的作用下相互靠近，可能引发数值不稳定性。为此，Koshizuka 等人[3]引入采用 $p_{i,\min}$ 的粒子稳定项(Particle Stabilizing Term，PST)，使得粒子间的压力始终保持为斥力，模型如下：

$$\langle \nabla p \rangle_i = \frac{d}{n^0} \sum_{j \neq i} \frac{(p_j - p_{i,\min})(\boldsymbol{r}_j - \boldsymbol{r}_i)}{\| \boldsymbol{r}_j - \boldsymbol{r}_i \|^2} w_{ij} \tag{2-8}$$

式中，$p_{i,\min}$ 为粒子 i 作用域范围内的粒子的最小压力值，保证 $p_j - p_{i,\min} \geqslant 0$，规避了粒子持续接近的可能性，进而有效提高了算法的稳定性。但是，式(2－8)相对于式(2－7)存在一定误差，段广涛[4]通过误差项分析发现，当粒子分布基本均匀时，误差项基本为零，但当粒子分布不完全均匀时，误差项不为零，其方向总是指向粒子分布密集的一侧。因此，动量方程中压力梯度前的负号会使得误差项的方向始终驱使粒子由密集区向稀疏区运动，从而保证粒子分布的均匀性和模拟的稳定性。

2. 改进的压力梯度模型

Khayyer 和 Gotoh[5] 以及 Jeong 等[6]都推荐了如下精度更高的压力梯度模型以提高计算精度：

$$\langle \nabla p \rangle_i = \frac{d}{n^0} \sum_{j \neq i} \frac{(p_j - p_i)(\boldsymbol{r}_j - \boldsymbol{r}_i)}{\| \boldsymbol{r}_j - \boldsymbol{r}_i \|^2} \boldsymbol{C}_i w_{ij} \tag{2-9}$$

式中，$\boldsymbol{C}_i$ 是一个无量纲的修正矩阵，以二维计算为例，表达式如下：

$$\boldsymbol{C}_i^{-1} = \frac{d}{n^0} \begin{pmatrix} \sum_{j \neq i} \frac{x_{ij}^2}{r_{ij}^2} w_{ij} & \sum_{j \neq i} \frac{x_{ij} y_{ij}}{r_{ij}^2} w_{ij} \\ \sum_{j \neq i} \frac{y_{ij} x_{ij}}{r_{ij}^2} w_{ij} & \sum_{j \neq i} \frac{y_{ij}^2}{r_{ij}^2} w_{ij} \end{pmatrix} \tag{2-10}$$

式中，$x_{ij} = x_j - x_i, y_{ij} = y_j - y_i, r_{ij}^2 = x_{ij}^2 + y_{ij}^2$。为了能够更直观学习 MPS 压力梯度模型的改进，方便对其他模型进行比较学习，将式(2-9)改写为

$$\langle \nabla p \rangle_i = \frac{d}{n^0} \sum_{j \neq i} \left\{ \frac{p_j - p_i}{\| \boldsymbol{r}_j - \boldsymbol{r}_i \|} \left(\boldsymbol{C}_i \frac{\boldsymbol{r}_j - \boldsymbol{r}_i}{\| \boldsymbol{r}_j - \boldsymbol{r}_i \|} \right) w_{ij} \right\} \tag{2-11}$$

可以看到，改进的梯度模型对于原始梯度模型而言只是多了一个无量纲的修正矩阵 $\boldsymbol{C}_i$，该矩阵的引入可使式(2-11)具备一阶精度。然而上述的梯度模型[式(2-11)]并没有使用由 Koshizuka 等[3]提出的采用 $p_{i,\min}$ 的粒子稳定项。实际上，当周围邻点粒子的分布基本均匀时，$\boldsymbol{C}_i$ 也近似为一个单位矩阵，因此它对 PST 的方向和大小的影响很小，不会影响其稳定作用。当采用 $p_{i,\min}$ 的稳定项后，式(2-11)可以写成

$$\langle \nabla p \rangle_i = \frac{d}{n^0} \sum_{j \neq i} \left\{ \frac{p_j - p_{i,\min}}{\| \boldsymbol{r}_j - \boldsymbol{r}_i \|} \left(\boldsymbol{C}_i \frac{\boldsymbol{r}_j - \boldsymbol{r}_i}{\| \boldsymbol{r}_j - \boldsymbol{r}_i \|} \right) w_{ij} \right\} \tag{2-12}$$

2.2.4 散度模型

散度可用于表征空间各点矢量场发散的强弱程度，在 MPS 方法中散度项采用散度模型进行离散，其形式与梯度模型相似：

$$\langle \nabla \cdot \boldsymbol{\varphi} \rangle_i = \frac{d}{n^0} \sum_{j \neq i} \frac{(\boldsymbol{\varphi}_j - \boldsymbol{\varphi}_i)(\boldsymbol{r}_j - \boldsymbol{r}_i)}{\| \boldsymbol{r}_j - \boldsymbol{r}_i \|^2} w_{ij} \tag{2-13}$$

式中：$\boldsymbol{\varphi}_j$ 是 j 粒子的矢量参数；$\boldsymbol{\varphi}_i$ 是 i 粒子的矢量参数。图 2-4 以速度的散度为例描述了散度模型的物理意义。$(\boldsymbol{u}_j - \boldsymbol{u}_i) \cdot (\boldsymbol{r}_j - \boldsymbol{r}_i) / \| \boldsymbol{r}_j - \boldsymbol{r}_i \|^2$ 表示粒子 i 和粒子 j 之间的线变形率。当 $\boldsymbol{u}_j - \boldsymbol{u}_i$ 与 $\boldsymbol{r}_j - \boldsymbol{r}_i$ 之间的夹角小于 90°，即粒子相互疏远时，该线变形率为正。同理，当粒子相互靠近时，该线变形率为负。因此，将粒子 i 作用域内所有粒子的线变形率加权平均求和，即可表征粒子 i 被疏远或靠近的情况。当散度为正时，粒子 i 作用域内的粒子整体上远离粒子 i，引起 PND 的降低；反之，当散度为负时，粒子 i 作用域内的粒子整体上靠近粒子 i，引起 PND 的增大。

类似于压力梯度模型，修正的具有一阶精度的散度模型可以写为[7]：

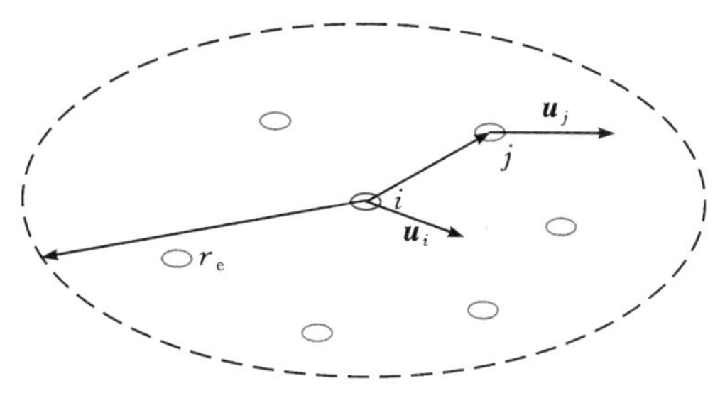

图 2-4　散度模型

$$\langle \nabla \cdot \boldsymbol{\varphi} \rangle_i = \frac{d}{n^0} \sum_{j \neq i} \left\{ \frac{\boldsymbol{\varphi}_j - \boldsymbol{\varphi}_i}{\| \boldsymbol{r}_j - \boldsymbol{r}_i \|} \left(\boldsymbol{C}_i \frac{\boldsymbol{r}_j - \boldsymbol{r}_i}{\| \boldsymbol{r}_j - \boldsymbol{r}_i \|} \right) w_{ij} \right\} \tag{2-14}$$

式中的修正矩阵 $\boldsymbol{C}_i$ 也可由式(2-10)计算。

2.2.5　拉普拉斯模型

1.原始模型

拉普拉斯算子是二阶导数项，在 MPS 方法中可根据扩散理论完成拉普拉斯算子的离散，如图 2-5 所示。以粒子作用形式表示则可得到 MPS 方法的拉普拉斯模型，表达式如下：

$$\langle \nabla^2 \varphi \rangle_i = \frac{2d}{n^0 \lambda} \sum_{j \neq i} (\varphi_j - \varphi_i) w_{ij} \tag{2-15}$$

式中，$\lambda = \dfrac{\sum\limits_{j \neq i} w(\| \boldsymbol{r}_j - \boldsymbol{r}_i \|) \| \boldsymbol{r}_j - \boldsymbol{r}_i \|^2}{\sum\limits_{j \neq i} w(\| \boldsymbol{r}_j - \boldsymbol{r}_i \|)} \cong \dfrac{\int_V w(r_{ij}) r_{ij}^2 \mathrm{d}V}{\int_V w(r_{ij}) \mathrm{d}V}$。

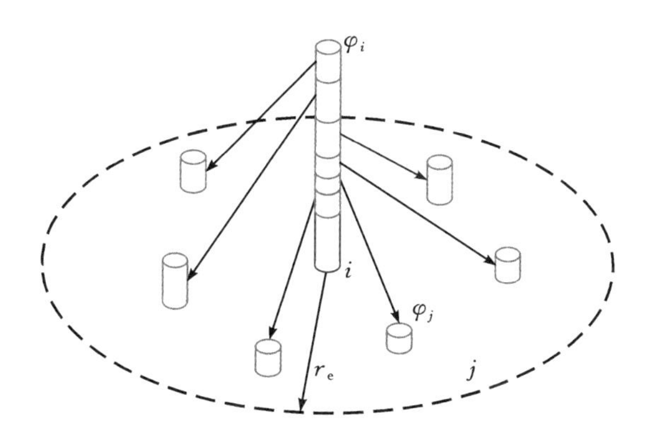

图 2-5　拉普拉斯模型

2. 高阶精度的拉普拉斯模型

为了提高 MPS 方法计算压力的精度，Khayyer 和 Gotoh[8] 通过对求解梯度模型的散度，导出了高阶精度的拉普拉斯(Higher-order Laplacian，HL)模型，HL 模型是通过以下公式建立的：

$$\begin{aligned}\nabla\cdot\langle\nabla\varphi\rangle_i &= \frac{1}{\sum_{j\neq i}w_{ij}}\sum_{j\neq i}(\nabla\varphi_{ij}\cdot\nabla w_{ij}+\varphi_{ij}\nabla^2 w_{ij}) \\ &= \frac{1}{n^0}\sum_{j\neq i}(\nabla\varphi_{ij}\cdot\nabla w_{ij}+\varphi_{ij}\nabla^2 w_{ij})\end{aligned} \tag{2-16}$$

考虑二维的情况，$\nabla\varphi_{ij}$ 和 ∇w_{ij} 可由下式计算：

$$\begin{aligned}\nabla\varphi_{ij} &= \frac{\partial\varphi_{ij}}{\partial r_{ij}}\frac{\partial r_{ij}}{\partial x_{ij}}\boldsymbol{i}+\frac{\partial\varphi_{ij}}{\partial r_{ij}}\frac{\partial r_{ij}}{\partial y_{ij}}\boldsymbol{j} \\ \nabla w_{ij} &= \frac{\partial w_{ij}}{\partial r_{ij}}\frac{\partial r_{ij}}{\partial x_{ij}}\boldsymbol{i}+\frac{\partial w_{ij}}{\partial r_{ij}}\frac{\partial r_{ij}}{\partial y_{ij}}\boldsymbol{j}\end{aligned} \tag{2-17}$$

对于 $\nabla\varphi_{ij}\cdot\nabla w_{ij}$，有：

$$\nabla\varphi_{ij}\cdot\nabla w_{ij} = \frac{\partial\varphi_{ij}}{\partial r_{ij}}\frac{\partial w_{ij}}{\partial r_{ij}} \approx \frac{\varphi_{ji}-\varphi_{ij}}{r_{ij}}\frac{\partial w_{ij}}{\partial r_{ij}} = \frac{2\varphi_{ji}}{r_{ij}}\frac{\partial w_{ij}}{\partial r_{ij}} \tag{2-18}$$

而对于 $\nabla^2 w_{ij}$，有：

$$\nabla^2 w_{ij} = \nabla\cdot\nabla w_{ij} = \frac{\partial^2 w_{ij}}{\partial r_{ij}^2}+\frac{1}{r_{ij}}\frac{\partial w_{ij}}{\partial r_{ij}} \tag{2-19}$$

将式(2-18)和式(2-19)代入式(2-16)即可得到二维计算中的高阶精度的拉普拉斯模型：

$$\nabla\cdot\langle\nabla\varphi\rangle_i = \frac{1}{n^0}\sum_{j\neq i}\left(\varphi_{ij}\frac{\partial^2 w_{ij}}{\partial r_{ij}^2}-\frac{\varphi_{ij}}{r_{ij}}\frac{\partial w_{ij}}{\partial r_{ij}}\right) \tag{2-20}$$

HL 模型优于基于扩散概念推导的 MPS 方法的标准拉普拉斯模型。除了一个差分近似[$\partial\varphi_{ij}/\partial r_{ij}\approx(\varphi_{ji}-\varphi_{ij})/r_{ij}$]以及一个合理的假设(在一个不可压缩的流体体系中，$\sum_{j\neq i}w_{ij}$ 等于 n^0)，推导 HL 的过程中出现的其他项都采用了精确的表达式。但是，HL 方案还存在一个明显的问题，这个问题源于使用的梯度模型在计算中的不完全性或称为不一致性。因此，HL 格式在不完全致密的计算域的边界附近，或存在高度无序的粒子分布时，计算中会出现结果的不准确性。在自由表面流体流动的模拟中，由于自由表面的边界条件是动态变化的，即压力泊松方程的源项取为零，这使得 HL 格式引起的自由表面处关于支撑域片段丢失而引起的误差并不占主导地位。然而，如果将 HL 格式应用于单相表面张力计算中的颜色函数等的处理，产生的误差可能会变得相当显著。

3.进一步修正的拉普拉斯模型

Duan 等人[7,9]采用最小二乘(Least Square, LS)法[10]来提高离散化精度，采用粒子移位(Particle Shifting,PS)法来保证计算的稳定性。LS 方法采用以下的二阶泰勒级数展开作为拟合函数：

$$\frac{\varphi_{ij}}{r_{ij}} \approx \varphi_x \frac{x_{ij}}{r_{ij}} + \varphi_y \frac{y_{ij}}{r_{ij}} + \varphi_z \frac{z_{ij}}{r_{ij}} + \frac{l_0}{2}\varphi_{xx} \frac{x_{ij}^2}{l_0 r_{ij}} + \frac{l_0}{2}\varphi_{yy} \frac{y_{ij}^2}{l_0 r_{ij}} + \frac{l_0}{2}\varphi_{zz} \frac{z_{ij}^2}{l_0 r_{ij}} + l_0\varphi_{xy} \frac{x_{ij} y_{ij}}{l_0 r_{ij}} + l_0\varphi_{xz} \frac{x_{ij} z_{ij}}{l_0 r_{ij}} + l_0\varphi_{yz} \frac{y_{ij} z_{ij}}{l_0 r_{ij}} \tag{2-21}$$

式中，l_0 是初始的粒子间距，是一个恒定值；下标 x、y、z 表示对 x、y、z 求偏导数。

以无量纲的 w_{ij}/n^0 表示一对粒子(粒子 i 和粒子 j)的权重，LS 可以近似所有的一阶偏导数和二阶偏导数，由此可以重新建立梯度、散度和拉普拉斯模型。为了方便起见，离散化模型按以下方式排列。首先，定义每一对粒子 i 和粒子 j 之间的广义列向量 $\boldsymbol{P}$ 为

$$\begin{aligned}\boldsymbol{P} &= \left(\frac{x_{ij}}{r_{ij}},\ \frac{y_{ij}}{r_{ij}},\ \frac{z_{ij}}{r_{ij}},\ \frac{x_{ij}^2}{l_0 r_{ij}},\ \frac{y_{ij}^2}{l_0 r_{ij}},\ \frac{z_{ij}^2}{l_0 r_{ij}},\ \frac{x_{ij} y_{ij}}{l_0 r_{ij}},\ \frac{x_{ij} z_{ij}}{l_0 r_{ij}},\ \frac{y_{ij} z_{ij}}{l_0 r_{ij}}\right)^{\mathrm{T}} \\ &= (P_1,\ P_2,\ P_3,\ P_4,\ P_5,\ P_6,\ P_7,\ P_8,\ P_9)^{\mathrm{T}}\end{aligned} \tag{2-22}$$

二阶精度的修正矩阵(Second-order Corrective Matrix,SCM)可以从下式计算：

$$\boldsymbol{C} = \begin{bmatrix} (P_1,P_1) & (P_1,P_2) & \cdots & (P_1,P_9) \\ (P_2,P_1) & (P_2,P_2) & \cdots & (P_2,P_9) \\ \vdots & \vdots & & \vdots \\ (P_9,P_1) & (P_9,P_2) & \cdots & (P_9,P_9) \end{bmatrix}^{-1} \tag{2-23}$$

式中，(P_α,P_β) 是粒子 i 作用域范围内所有的邻点粒子和粒子 i 的关于 P_α 和 P_β 的内积和，可用下式表示：

$$(P_\alpha,P_\beta) = \sum_{j\neq i} P_\alpha \cdot P_\beta \frac{w_{ij}}{n^0} \tag{2-24}$$

式中，$\alpha,\beta \in [1,9]$。

上述分析中的广义列向量 $\boldsymbol{P}$ 和修正矩阵 $\boldsymbol{C}$ 都是无量纲的。在 $\boldsymbol{P}$ 和 $\boldsymbol{C}$ 中考虑了粒子不规则分布时对结果的影响。根据 SCM 的定义，压力梯度模型可以重新定义为

$$\langle \nabla p \rangle_i = \frac{1}{n^0} \sum_{j \neq i} \left\{ w_{ij} \frac{p_j - p_i}{r_{ij}} \left(\begin{bmatrix} \boldsymbol{C}_1 \\ \boldsymbol{C}_2 \\ \boldsymbol{C}_3 \end{bmatrix} \boldsymbol{P} \right) \right\} \tag{2-25}$$

式中，$\boldsymbol{C}_1$、$\boldsymbol{C}_2$ 和$\boldsymbol{C}_3$ 分别是矩阵 $\boldsymbol{C}$ 的第一行、第二行和第三行。注意式(2-25)中 $[\boldsymbol{C}_1 \quad \boldsymbol{C}_2 \quad \boldsymbol{C}_3]^{\mathrm{T}}$ 和列向量 $\boldsymbol{P}$ 的内积刚好对应于式(2-25)的方向向量。类似的，由一阶偏导数推导的速度散度模型为

$$\langle \nabla \cdot \boldsymbol{u} \rangle_i = \frac{1}{n^0} \sum_{j \neq i} \left\{ w_{ij} \frac{\boldsymbol{u}_j - \boldsymbol{u}_i}{r_{ij}} \cdot \left(\begin{bmatrix} \boldsymbol{C}_1 \\ \boldsymbol{C}_2 \\ \boldsymbol{C}_3 \end{bmatrix} \boldsymbol{P} \right) \right\} \tag{2-26}$$

矩阵 $\boldsymbol{C}$ 的第四至第六分量的和与列向量 $\boldsymbol{P}$ 的乘积对应所有拉普拉斯函数的二阶偏导数，即拉普拉斯模型为

$$\langle \nabla^2 \varphi \rangle_i = \frac{2}{n^0} \sum_{j \neq i} \left\{ w_{ij} (\varphi_j - \varphi_i) \frac{[\boldsymbol{C}_4 + \boldsymbol{C}_5 + \boldsymbol{C}_6] \boldsymbol{P}}{l_0 r_{ij}} \right\} \tag{2-27}$$

需要注意的是，式(2-27)中 $[\boldsymbol{C}_4 + \boldsymbol{C}_5 + \boldsymbol{C}_6]$与 $\boldsymbol{P}$ 的乘积是一个无量纲标量。应用 SCM 后，梯度模型和散度模型为二阶精度，拉普拉斯模型为一阶精度。对于二维计算，Duan[7] 提出的一阶精度的拉普拉斯模型为

$$\langle \nabla^2 \varphi \rangle_i = \frac{d}{n^0} \sum_{j \neq i} \left\{ (\varphi_j - \varphi_i) \left(\frac{2}{\lambda} - \frac{\boldsymbol{L}_i \boldsymbol{C}_i (\boldsymbol{r}_j - \boldsymbol{r}_i)}{\| \boldsymbol{r}_j - \boldsymbol{r}_i \|^2} \right) w_{ij} \right\} \tag{2-28}$$

式中，修正矩阵 $\boldsymbol{C}_i$ 也可由式(2-10)计算，列向量 $\boldsymbol{L}_i$ 则由下式计算，

$$\boldsymbol{L}_i = \left(\frac{2d}{n^0 \lambda} \sum_{j \neq i} x_{ij} w_{ij}, \quad \frac{2d}{n^0 \lambda} \sum_{j \neq i} y_{ij} w_{ij} \right) \tag{2-29}$$

事实上，式(2-28)也可由式(2-27)推导得到。

为了比较上述模型的精确性和收敛性，使用标量函数

$$f(x,y) = 5x + 3y + 10x^2 + 30xy + 20y^2 + 15x^3 + 30x^2 y + 40xy^2 + 25y^3 \tag{2-30}$$

和向量函数

$$\begin{cases} u(x,y) = 2x + 9y + 20x^2 + 30xy + 10y^2 + 15x^3 + 30x^2 y + 40xy^2 + 25y^3 \\ v(x,y) = 8x + 4y + 30x^2 + 10xy + 20y^2 + 25x^3 + 40x^2 y + 30xy^2 + 15y^3 \end{cases} \tag{2-31}$$

来测试原始及改进后的梯度模型、散度模型和拉普拉斯模型。算例中使用了不规则的粒子分布，粒子位置的最大相对随机性为 0.15。每个模型对上述标量函数或向量函数都计算了 500 次，图 2-6 比较了各模型的平均误差。

原始梯度模型是零阶收敛的，而修正的梯度模型是一阶收敛的。散度模型的情况与梯度模型的情况相似，因为散度只是不同梯度分量的组合。对于拉普

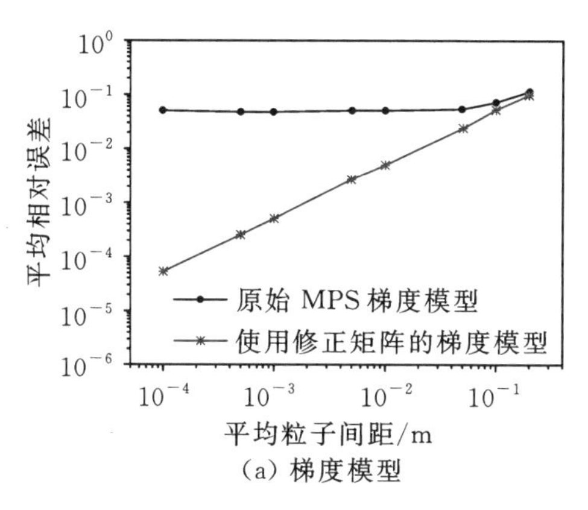

(a) 梯度模型

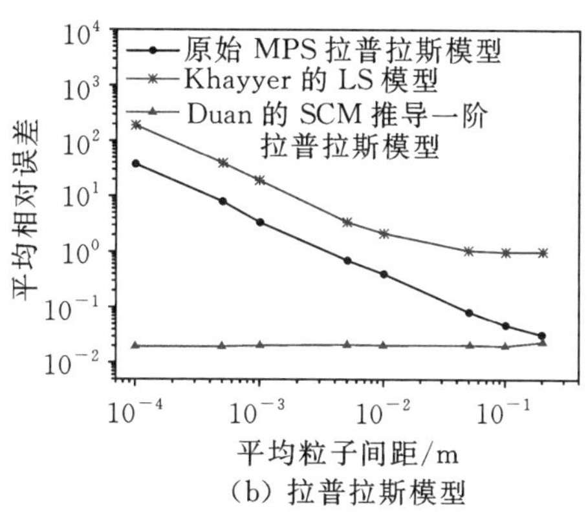

(b) 拉普拉斯模型

图 2-6 不同离散化模型的平均误差

拉斯模型，原始的模型、Khayyer 和 Gotoh 提出的 HL 模型的收敛阶都在－1 附近，说明一阶导数误差占主导地位。应用修正矩阵 $\boldsymbol{C}_i$ 和列向量 $\boldsymbol{L}_i$ 后，修正的拉普拉斯模型比传统模型的精度有了显著的提高，特别是在空间分辨率(l_0)较小的情况下。由于二阶导数误差的存在，修正后的拉普拉斯模型仍然具有零阶收敛性。综上所述，修正矩阵在任何情况下都能显著提高修正模型的精度。

2.2.6 不可压缩模型

MPS 方法是针对不可压缩流体的，因此在质量守恒方程中忽略密度变化带来的影响，但可以在压力计算模型中添加弱可压缩项来考虑流体的弱可压缩性，以拓宽 MPS 方法的应用范围。质量守恒方程为

$$\frac{\mathrm{d}\rho}{\mathrm{d}t}=0 \tag{2-32}$$

在流体运动计算过程中，采用 PND 替代流体的真实密度。由于 PND 能够表征粒子的分布情况，粒子的局部聚集会使得该处的 PND 增大，从而导致该处求解得到的压力升高，由压力梯度驱动粒子相互排斥，使得 PND 恢复至定值。这既保证了流体的不可压缩性，还能够有效阻止粒子的聚集行为。为了确定 PND 的变化情况，在初始时刻，计算规则的粒子布置情况下的 PND，即初始粒子数密度 n^0。二维计算和三维计算的初始 PND 不同。

在 MPS 方法中采用半隐式时间推进算法。基于预估-校正法的思想，在每个时层下，先显式计算粒子的重力、黏性力、表面张力，获得粒子的速度估算值 $\boldsymbol{u}_i^*$ 和位置估算值 $\boldsymbol{r}_i^*$，此时粒子的 PND 偏离了初始 PND。因此需要采用压力与速度的耦合关系实现 PND 的校正过程，采用的压力泊松方程如下：

$$\langle \nabla^2 p^{n+1} \rangle_i = \frac{\rho}{\Delta t^2} \frac{n^0 - \langle n^* \rangle_i}{n^0} \tag{2-33}$$

压力泊松方程源项的正负由 $n^0 - \langle n^* \rangle_i$ 决定，实现 $\langle n^* \rangle_i$ 向 n^0 的修正过程。隐式求解压力泊松方程，通过压力梯度项修正粒子的速度和位置，由 2.2.3 节中的分析可知，压力梯度会驱使粒子由密集区向稀疏区运动，即使得 PND 趋向初始 PND，从而保证流体的不可压缩性。

2.2.7 边界条件

由于压力梯度项计算的需要，需要对 MPS 计算对象的边界条件进行设定。MPS 中的边界条件主要包括自由表面边界、固体壁面边界和进出口边界。

1. 自由表面边界条件

对于自由表面边界粒子，由于 MPS 方法中不对自由表面的外部区域进行粒子建模，自由表面粒子的 PND 会小于初始 PND。因此，可以通过 PND 的大小识别自由表面粒子，通常采用如下判定条件：

$$\langle n^* \rangle_i < \beta_1 n^0 \tag{2-34}$$

式中，β_1 是一个小于 1 的常数，通常设置为 $\beta_1 = 0.97$[1]。自由表面粒子的识别效果受 β_1 的影响较大，如果 β_1 取值较小，可能无法正确识别自由表面边界，从而导致边界处计算错误；如果 β_1 取值过大，可能导致内部粒子被误判为自由表面粒子，降低模拟精度。自由表面粒子的 PND 始终偏离初始 PND，无法用 PND 表示自由表面处流体的密度，因此无法正确计算自由表面粒子 PPE 的源项，自由表面粒子不能参与 PPE 的计算。为了正确获得流体内部的压力场，将自由表面粒子的压力值设置为零，即认为环境压力为零。通过该处理方法获得的流体压力场为相对压力场。

因为原始自由表面判定条件[式(2-34)]的精度不高，Jeong 等[6]提出将邻点粒子的数目也作为检测条件之一，当粒子 i 同时满足如下两个条件时才会被检测为自由表面粒子：

$$\langle n^* \rangle_i < \beta_1 n^0, \quad N_i < \beta_2 N_0 \tag{2-35}$$

式中，$\beta_1 = 0.97$，$\beta_2 = 0.75$；N_i 为粒子 i 的邻点粒子数目；N_0 为均匀布置情况下的初始邻点粒子数目。下面使用溃坝算例计算比较这两种判定条件的区别，如图 2-7 所示。其中红色粒子为识别到的自由表面粒子，蓝色粒子表示流体内部的粒子。图 2-7(a)中，在流场的某些区域，原始的自由表面粒子判定条件将相当一部分的流体内部粒子检测为了表面粒子，这显然是不够精确的，达不到计算一些复杂问题时的要求。而改进后的自由表面判定条件对自由表面粒子的检测效果显著提升[图 2-7(b)]，尽管仍有个别内部流体粒子被检测为自由表面粒子，但对于整体流动的影响已经可以忽略。

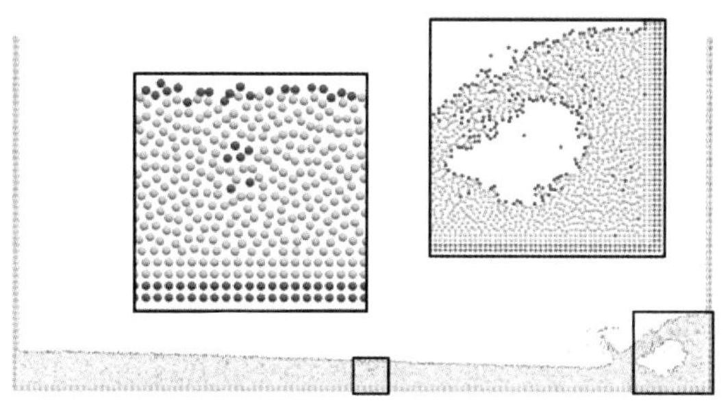

(a) 原始自由表面判定条件[式(2－34)]

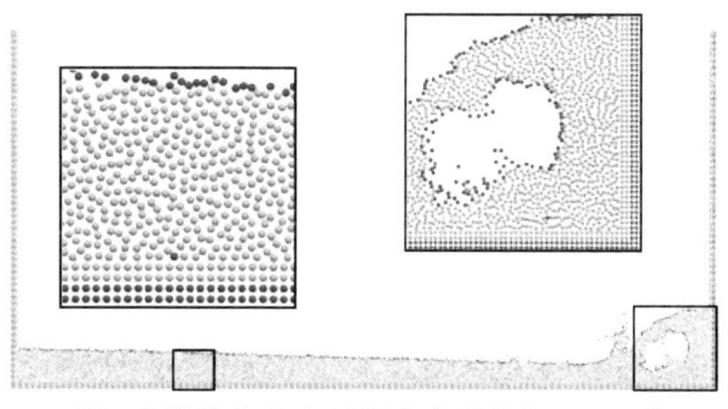

(b) 改进的自由表面判定条件[式(2－35)]

图 2－7　不同自由表面判定条件下的自由表面粒子的识别效果

当然，对于更为复杂的自由表面变形问题（比如漏油问题等），上述条件仍不够精确。Tamai 和 Koshizuka[10] 提出了一种较为简洁的特殊区域检测法来判定粒子是否为自由表面粒子：对于满足式(2－35)的粒子，需要进一步借助特殊区域法来判定其是否为自由表面粒子。特殊区域法的原理如图 2－8 所示。主要是检测红色扇形区域内是否存在邻点粒子，若存在，则粒子 i 不是自由表面粒子，反之，则是。

图 2－8 中的向量 $\boldsymbol{n}$ 是指向自由表面外侧的单位向量，可由下式计算：

$$\boldsymbol{n}=\frac{\boldsymbol{N}}{\|\boldsymbol{N}\|},\quad \boldsymbol{N}=\frac{1}{n_i}\sum_{j\neq i}\left\{\frac{\boldsymbol{r}_j-\boldsymbol{r}_i}{\|\boldsymbol{r}_j-\boldsymbol{r}_i\|}w_{ij}\right\} \tag{2-36}$$

在计算得到单位向量 $\boldsymbol{n}$ 之后，如果粒子 i 作用域范围内的任何一个邻点粒子 j 满足

$$\begin{cases}\|\boldsymbol{r}_j-\boldsymbol{r}_i\|\geqslant\sqrt{2}l_0\\ \|(\boldsymbol{r}_i+l_0\boldsymbol{n})-\boldsymbol{r}_j\|<l_0\end{cases}\quad 或 \quad\begin{cases}\|\boldsymbol{r}_j-\boldsymbol{r}_i\|<\sqrt{2}l_0\\ \dfrac{\boldsymbol{r}_j-\boldsymbol{r}_i}{\|\boldsymbol{r}_j-\boldsymbol{r}_i\|}\cdot\boldsymbol{n}>\dfrac{1}{\sqrt{2}}\end{cases} \tag{2-37}$$

则粒子 i 都会被判定为流体内部粒子；否则，才会被最终检测为自由表面粒子。特殊区域检测法能够有效地保证只将最外层的粒子检测为自由表面粒子。

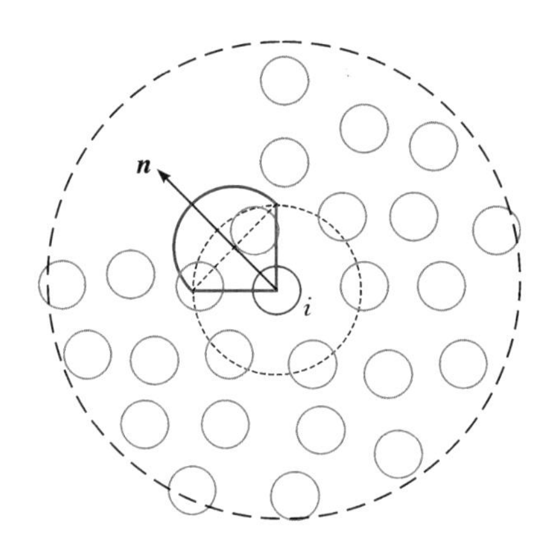

图 2-8　特殊区域法检测粒子 i 是否为自由表面粒子

除此之外，有些学者还提出了一些精度更高的自由表面检测方法。Dilts[11] 提出采用圆弧的覆盖程度来判定粒子是否为自由表面粒子，该方法完全基于粒子的几何分布来检测，所以检测精度非常高，但是将其扩散到三维却十分困难。Marrone 等[12] 提出了一种基于 Level-Set 函数的自由表面检测方法，该方法能够在不明显增加计算量的前提下提高检测精度。Shibata 等[13] 则将中心粒子作为光源，将邻点粒子当作障碍物，基于中心粒子的照亮区域来检测自由表面，该方法的精度也很高，但方法的三维扩展同样复杂且耗时。在实际应用中，特殊区域检测法准确度较高，已经能够满足很多的计算要求。

2. 固体壁面边界条件

在 MPS 方法中，固体壁面边界条件的处理方法是在固体边界处设置一层壁面压力粒子，并将这层壁面压力粒子视为流体粒子进行计算，但忽略其受到的流体作用力所产生的速度和位置变化。特殊情况下，对于固定的固体壁面边界条件，意味着固体壁面边界条件的位置始终保持不变。为了正确计算壁面压力粒子的压力，需要在壁面一侧布置均匀的虚拟壁面粒子，以保证壁面压力粒子的 PND 等于初始 PND。虚拟壁面粒子不参与实际的物理计算，仅作为壁面压力粒子的邻点粒子参与其 PND 的计算。虚拟壁面粒子所需布置的层数与粒子作用域半径有关，虚拟壁面粒子层数必须大于粒子作用域半径才能保证壁面压力粒子的 PND 满足要求。图 2-9 展示了 1 层壁面压力粒子和 3 层虚拟壁面粒子的结构，该壁面条件适用于 $r_e \leqslant 3.1 l_0$ 的情况。

根据固体壁面压力粒子黏度项的处理方法，可以将固体壁面边界设置为无滑移壁面和自由滑移壁面。图 2-9 (a)为无滑移壁面的设置方法,其将虚拟壁面粒子的速度设置为它关于壁面压力粒子中心对称点处速度的相反数,即壁面压力粒子的速度始终为零。在该壁面条件下,需要考虑壁面与流体之间的速度梯度所引起的黏性力。图 2-9 (b)为自由滑移壁面的设置方法,其将壁面压力粒子和虚拟壁面粒子的速度均设置为流体的速度,即壁面与流体之间不存在相对速度梯度,因此可以忽略壁面对流体的黏性力。

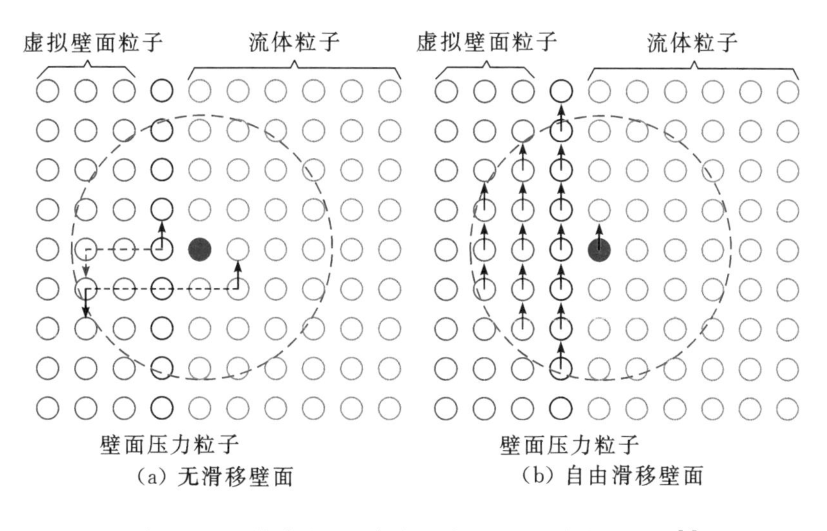

图 2-9 无滑移壁面和自由滑移壁面边界条件的设置[4]

由于壁面压力粒子正常参与流体的压力计算,当流体粒子接近壁面时,壁面压力粒子的 PND 增大,压力增大,从而对接近的流体粒子产生较大的斥力,防止粒子穿透壁面。此外,对于壁面压力粒子 j,存在压力梯度模型[式(2-8)]中的 $p_j - p_{i,\min} \neq 0$ 的情况,即壁面压力粒子对误差项有贡献的,能够有效防止粒子穿透壁面和保证壁面处的稳定性。此外,Zhang 等[14]采用类似于网格法中的附加源项法改进了固体壁面边界条件的处理方式,使得 MPS 更加容易处理复杂边界问题。

3.进出口边界条件

在 MPS 方法中,很难实现严格的进出口边界条件,因为粒子在特定边界处的流进和流出,会受到边界处周围粒子的影响,从而导致边界条件偏离设定条件。进出口边界条件的设定根据实际问题可以设计两种不同复杂度的布置方案:自由进出口边界条件和稳定进出口边界条件。自由进出口边界条件仅提供持续的粒子注入,着重控制注入粒子的速度条件,仅适用于边界处不存在较大扰动的情况,如熔融物由上往下的浇注过程。稳定进出口边界条件不仅需要提供持续的粒子注入,还需要保证进出粒子的流动状态受边界处周围粒子的影响较小,如充满流体的通道内的注入过程。

自由进出口边界条件如图 2-10 (a)所示,进口压力粒子布置在进口边界上,设置进口压力粒子的速度,当进口压力粒子累计的运动路程大于等于粒子直径时,将进口压力粒子类型转化为流体粒子,流体粒子的速度等于进口压力粒子速度,流体粒子的物性参数由流体粒子自身决定。同时,将预先存储好的 GHOST 粒子转化为进口压力粒子,位置为进口边界上的初始位置,速度为设置的进口速度。GHOST 粒子为储备空间,不参与实际的求解过程。当需要产生粒子时,则将 GHOST 粒子转化为相应的粒子;当粒子消失时,则将消失的粒子转化为 GHOST 粒子。自由进出口边界条件只适用于边界流体不影响进口流体运动的情况,否则,设置的进口速度不等于实际的流体流入速度,且可能存在流体粒子逆流穿透进口边界的情况。

稳定进出口边界条件采用循环粒子法[15]实现,如图 2-10 (b)所示。进口边界的布置类似于固体壁面边界,一层进口压力粒子参与压力计算,三层进口粒子不参与压力计算,用于补足进口压力粒子的粒子数密度,保证进口压力粒子压力计算正确。进口压力粒子和进口粒子的速度相同,均为设置的进口速度。当进口压力粒子完全穿过进口线 1 时,将进口压力粒子转化为流体粒子。此时,第一层进口粒子也完全穿过了进口线 2,将其转化为进口压力粒子。同时将 GHOST 粒子转化为进口粒子,补足三层的进口粒子结构。粒子通过这种方式自然地注入计算区域,不会在进口处引起较大的速度波动[4],且该设计能够有效防止流体逆流渗透的情况。

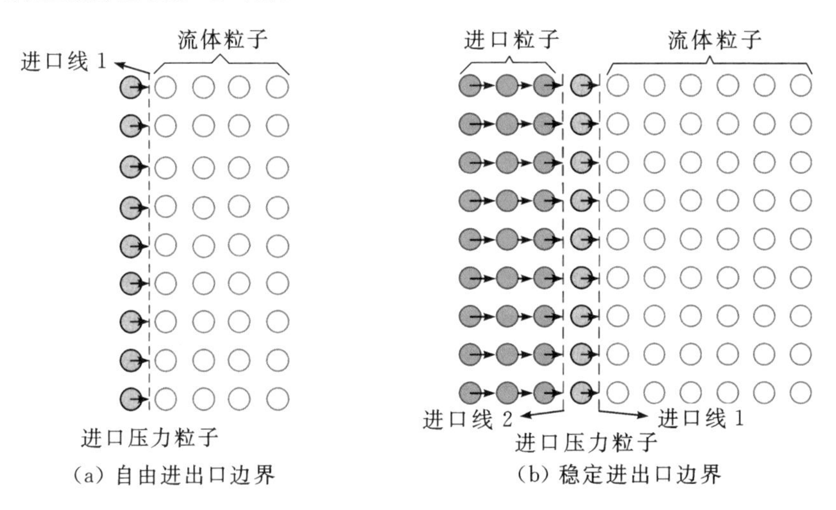

图 2-10　进出口边界条件的设置

4. 周期性边界条件

周期性边界条件的示意图如图 2-11 所示，计算区域两侧设置为周期性边界，将计算区域按照粒子作用半径为边长划分为若干个正方形子区域，将每一列的子区域从左至右编号为 0 到 N。假设粒子存在于 iX 列子区域中，其中的粒子只可能与其右侧的 $iX+1$ 列子区域与左侧的 $iX-1$ 列子区域中的粒子发生作用。当最左侧的第 0 列子区域为 iX 时，其左侧并不存在 bucket，为了实现周期性边界，需要将计算区域最右侧的第 N 列子区域以虚拟 bucket 的形式拼接在 0 列左侧，虚拟 bucket 中的粒子与实际粒子的位置的差值为计算区域的宽度。需要注意的是，在初始划分 bucket 时，由于 bucket 的宽度并不能总是保证每个 bucket 都正好布满粒子，如图中绿色的区域所示，此时需要将 $N-1$ 列 bucket 也拼接到计算区域左侧，作为 $iX-2$ 列子区域。这样，我们就实现了左侧计算区域的周期性边界。对于右侧的周期性边界，原理相同，只是不需要将第 1 列 bucket 也进行拼接，因为程序可以保证第 0 列 bucket 中总是充满粒子的。

这样布置周期性边界的优点是计算量小，不需要对全局粒子进行搜索，只需要识别到处于计算边界的最多两列 bucket，对其中的粒子实施上述过程。并且这一方法的计算精度高，不会出现粒子的误判。

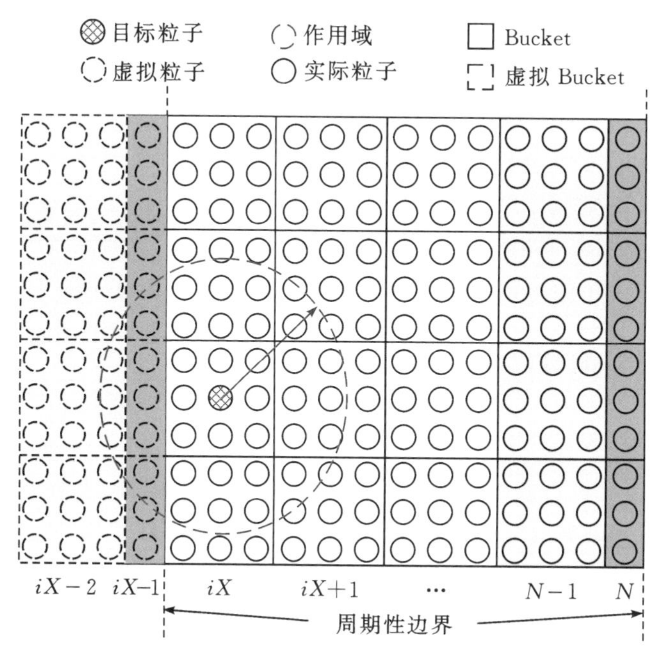

图 2-11 周期性边界条件示意图

2.2.8 粒子作用域半径

在 MPS 方法中采用核函数插值和粒子近似的方法实现控制方程的离散，将核函数插值的积分转化为紧支域内有限粒子求和的离散形式，从而获得对应的场函数或场函数空间导数的离散格式。该离散格式的精度由紧支域内的所有粒子决定。当紧支域内的粒子数过少时，数值解与实际值差别较大。为了满足精度要求，要求紧支域内粒子数必须大于某个阈值。目前，常用的判定条件是设置紧支域的大小，即定义粒子作用域半径 r_e，在流体计算中通常取 $r_e \geq 3.1l_0$。但是，当粒子作用域半径过大时，邻点粒子数过多，相应增加了计算成本，因此需要根据实际情况确定 r_e 的值，一般取 $r_e = 3.1l_0$。此外，针对不同的物理模型，可以采用不同的粒子作用域半径，关键是保证计算的稳定性和准确性。

2.2.9 邻点粒子搜索

确定粒子作用域半径后，每个粒子只和该作用域半径内的邻点粒子发生相互作用，因此计算过程中，每个粒子需要检索与其发生相互作用的邻点粒子。最简单的检索方法为检索所有粒子，将满足条件 $0 < r < r_e$ 的粒子设为邻点粒子。但该方法效率较低，每次检索需要进行 N^2（N 为粒子总数）次。在粒子总数较多的大规模算例中，该检索方法会耗费大量的时间，一般不采用。

为了提高邻点粒子检索的效率，参考 SPH 方法中的粒子链表搜索法，在计算域内建立背景网格，背景网格均匀布置，网格为正方形或正方体，边长为最大的粒子作用域半径 $r_{e,\max}$。所有粒子均在背景网格内，且每个粒子只能与包括它所处的网格在内的相邻网格内的粒子发生作用。不同的维度所需检索的网格数不同，一维、二维和三维问题所需检索的网格数分别为 3、9 和 27。当粒子位置发生改变时，只需要确定 N 个粒子所处的网格位置，之后每个粒子仅需检索有限网格内的粒子即可，大大降低了所需的检索次数，提高了检索效率。

2.3 压力泊松方程

2.3.1 压力泊松方程的离散形式

MPS 方法计算资源的消耗主要集中在压力泊松方程的求解。

在 2.2.6 节不可压缩模型中，导出了压力泊松方程[式(2-33)]，将其左端项以原始拉普拉斯模型[式(2-15)]替换：

$$\frac{2d}{n^0\lambda}\sum_{j\neq i}\left[(p_j - p_i)w_{ij}\right] = \frac{\rho}{\Delta t^2}\frac{n^0 - \langle n^* \rangle_i}{n^0} \qquad (2-38)$$

再做等效替换可得：

$$\sum_{j\neq i}(p_j w_{ij})-\sum_{j\neq i}(p_i w_{ij})=\frac{n^0\lambda}{2d}\cdot\frac{\rho}{\Delta t^2}\cdot\frac{n^0-\langle n^*\rangle_i}{n^0}=\frac{\lambda\rho}{2d\Delta t^2}[n^0-\langle n^*\rangle_i] \tag{2-39}$$

$$\sum_{j\neq i}(p_i w_{ij})-\sum_{j\neq i}(p_j w_{ij})=\frac{\lambda\rho}{2d\Delta t^2}[\langle n^*\rangle_i-n^0] \tag{2-40}$$

将离散后的 PPE 写成 $\boldsymbol{Ap}=\boldsymbol{b}$ 的形式，$\boldsymbol{A}$ 是线性方程组的系数矩阵，$\boldsymbol{p}$ 是未知的压力向量，$\boldsymbol{b}$ 是 PPE 右侧的源项，则代数方程组的系数矩阵为

$$\boldsymbol{A}=\begin{bmatrix}\sum_{j\neq 1}w(\|\boldsymbol{r}_j-\boldsymbol{r}_1\|) & -w(\|\boldsymbol{r}_2-\boldsymbol{r}_1\|) & \cdots & -w(\|\boldsymbol{r}_N-\boldsymbol{r}_1\|)\\ -w(\|\boldsymbol{r}_1-\boldsymbol{r}_2\|) & \sum_{j\neq 2}w(\|\boldsymbol{r}_j-\boldsymbol{r}_2\|) & \cdots & -w(\|\boldsymbol{r}_N-\boldsymbol{r}_2\|)\\ \vdots & \vdots & & \vdots\\ -w(\|\boldsymbol{r}_1-\boldsymbol{r}_N\|) & -w(\|\boldsymbol{r}_2-\boldsymbol{r}_N\|) & \cdots & \sum_{j\neq N}w(\|\boldsymbol{r}_j-\boldsymbol{r}_N\|)\end{bmatrix} \tag{2-41}$$

设 a_{ii}、a_{ij} 分别为系数矩阵 $\boldsymbol{A}$ 中第 i 行的对角元素和第 i 行第 j 列元素，b_i 为右端项向量 $\boldsymbol{b}$ 的第 i 行元素，即：

$$a_{ii}=\sum_{j\neq i}w_{ij} \tag{2-42}$$

$$a_{ij}=-w_{ij} \tag{2-43}$$

$$b_i=\frac{\lambda\rho}{2d\Delta t^2}[\langle n^*\rangle_i-n^0] \tag{2-44}$$

求解代数方程组 $\boldsymbol{Ap}=\boldsymbol{b}$ 即可得到各粒子压力值 p_i。

上述的 PPE 描述的只是最简单的一种情况，即原始的 MPS 方法[1]中仅包含 PND 的相对变化值，PND 的波动会导致较大的压力波动。Khayyer 和 Gotoh[16]、Kondo 和 Koshizuka[3]、Tanaka 和 Masunaga 等[17]诸多学者都提出将临时速度的散度作为 PPE 源项的主要部分以保证压力分布光滑，并将 PND 的相对变化量作为源项的次要部分以保证不可压缩性，此时耦合 Ikeda 等[18]提出的人工压缩性模型的压力泊松方程为

$$\langle\nabla^2 p\rangle_i^{n+1}=(1-\gamma)\frac{\rho_0}{\Delta t}\nabla\cdot\boldsymbol{u}^*-\gamma\frac{\rho_0}{\Delta t^2}\left(\frac{n^*-n^0}{n^0}\right)+\alpha\frac{\rho_0}{\Delta t^2}p_i^{n+1} \tag{2-45}$$

式中，$\gamma\in(0.01,0.05)$ 是一个调节系数；$\alpha\in(10^{-9},10^{-6})$ 是人工压缩性系数。

当采用原始拉普拉斯模型[式(2-15)]离散 PPE[式(2-45)]时，粒子 i 处

离散的 PPE 为

$$\begin{aligned}&\left(\frac{2d}{n^0\lambda}\sum_{j\neq i}w_{ij}+\alpha\frac{\rho_0}{\Delta t^2}\right)p_i^{n+1}-\sum_{j\neq i}\left(\frac{2d}{n^0\lambda}w_{ij}p_j^{n+1}\right)\\&=(1-\gamma)\frac{\rho_0}{\Delta t}\nabla\cdot\boldsymbol{u}^*-\gamma\frac{\rho_0}{\Delta t^2}\left(\frac{n^*-n^0}{n^0}\right)\end{aligned}\tag{2-46}$$

由于压力是全场统一求解的，因此粒子 i 的压力跟其邻点粒子 j 的压力是密切相关的；这与显式算法中粒子 i 的压力只和它本身的密度相关的情况完全不同。因此，半隐式粒子法的并行难度要远远高于显式粒子法。同样地，可以将式(2-46)写成矩阵形式的线性方程组 $\boldsymbol{Ap}=\boldsymbol{b}$，$\boldsymbol{A}$ 也是一个大型稀疏矩阵。方程组只能通过迭代法求解，因为直接法求解会消耗难以承受的存储空间。

求解线性方程组采用的收敛条件是基于质量守恒的误差。假设 $\boldsymbol{p}'$ 是方程组的一个近似解，可以采用如下方式通过 $\boldsymbol{p}'$ 计算一个相应的源项 $\boldsymbol{b}'$：

$$\boldsymbol{b}'=\boldsymbol{Ap}'\tag{2-47}$$

定义残差 $\boldsymbol{r}=\boldsymbol{b}'-\boldsymbol{b}$。考虑到源项 $\boldsymbol{b}$ 是由 PND 的偏差 $\Delta\boldsymbol{n}$ 计算得到：

$$\boldsymbol{b}=\frac{\rho_0}{\Delta t^2}\frac{\Delta\boldsymbol{n}}{n^0}\tag{2-48}$$

式中，$\Delta\boldsymbol{n}=\boldsymbol{n}^*-n^0$，其中矢量 $\boldsymbol{n}^*$ 代表所有粒子的临时粒子数密度。残差 $\boldsymbol{r}$ 和 PND 的偏差 $\Delta\boldsymbol{n}$ 之间的关系是：

$$\boldsymbol{r}=\frac{\rho_0}{\Delta t^2}\frac{\Delta\boldsymbol{n}'-\Delta\boldsymbol{n}}{n^0}\tag{2-49}$$

MPS 方法中的质量守恒是通过求解 PPE 保持 PND 恒定来实现的，所以可以对 PND 的偏差 $\Delta\boldsymbol{n}$ 指定一个容差系数 ε 来判定 PPE 的收敛性。当满足如下条件时，

$$\|\Delta\boldsymbol{n}'-\Delta\boldsymbol{n}\|_\infty<\varepsilon\tag{2-50}$$

就认为求解的压力场已经收敛。基于式(2-49)，上述的收敛条件可以转换为

$$\|\boldsymbol{r}\|_\infty\Delta t^2=\frac{\rho_0}{n^0}\|\Delta\boldsymbol{n}'-\Delta\boldsymbol{n}\|_\infty<\frac{\rho_0}{n^0}\varepsilon\tag{2-51}$$

对于不可压缩流动，流体密度 ρ_0 和粒子数密度 n^0 在计算中都是常数。为简便起见，上述收敛性条件可以简写为

$$\|\boldsymbol{r}\|_\infty\Delta t^2<\varepsilon_0,\quad \varepsilon_0<\frac{\rho_0}{n^0}\varepsilon\tag{2-52}$$

在本书的计算中，$\varepsilon_0=10^{-9}$，并且残差 $\boldsymbol{r}$ 被直接定义为 $\boldsymbol{r}=\boldsymbol{Ap}'-\boldsymbol{b}$。在时间步长 Δt 减小的时候，式(2-52)可以使压力场更快收敛。换句话说，压力场的收敛速度会随着时间步长的减小而提高，但却能始终保证质量守恒的容差在一定的范

围内。

2.3.2　PPE 求解器

由 PPE 离散后得到的代数方程组系数矩阵 $\boldsymbol{A}$ 的表达式可以看出，$a_{ij}=a_{ji}$，且 $a_{ij}\leqslant 0, a_{ii}\geqslant |a_{ij}|$，所以 $\boldsymbol{A}$ 是对称正定矩阵。且由于核函数的紧支集特性，系数矩阵 $\boldsymbol{A}$ 为稀疏矩阵，其中存在大量 0 元素。在 MPS 方法的经典文献中，Koshizuka 和 Oka[1] 采用的是不完全乔莱斯基共轭梯度（Incomplete Cholesky Conjugate Gradient，ICCG）求解器求解 PPE 离散后的线性方程组。由于 ICCG 算法求解速度快并且稳定收敛，因此是一个理想的求解器。但是，由于不完全乔莱斯基分解（IC）算法中上/下三角矩阵的直接求解过程是串行递归操作，因此 ICCG 算法难以并行。此外，系数矩阵 $\boldsymbol{A}$ 中非零元的位置随机分布，递归操作的信息传递十分困难。所以，MPS 的并行化相关研究中均未直接采用 ICCG 作为并行求解器。不过为了能够尽可能全面地介绍 MPS 方法基础，本书仍然对 ICCG 求解器进行了介绍，此外，还介绍了便于并行处理的 CG 求解器和 BiCGStab 求解器。

1. CG 求解器

考虑最小化二次函数

$$\varphi(\boldsymbol{x})=\frac{1}{2}\boldsymbol{x}^{\mathrm{T}}\boldsymbol{A}\boldsymbol{x}-\boldsymbol{x}^{\mathrm{T}}\boldsymbol{b} \tag{2-53}$$

式中，$\boldsymbol{x},\boldsymbol{b}\in\mathbf{R}^{N\times 1}$，$\boldsymbol{A}\in\mathbf{R}^{N\times N}$，且假设矩阵 $\boldsymbol{A}$ 是对称正定（Symmetric Positive Definite，SPD）的，该函数的极小点 $\boldsymbol{x}^*$ 可以根据一阶最优条件得到，即导数为零：

$$\nabla\varphi(\boldsymbol{x}^*)=\boldsymbol{A}\boldsymbol{x}^*-\boldsymbol{b}=\boldsymbol{0} \tag{2-54}$$

或

$$\boldsymbol{A}\boldsymbol{x}^*=\boldsymbol{b} \tag{2-55}$$

这也意味着最小化 $\varphi(\boldsymbol{x})$ 等价于求解线性方程组 $\boldsymbol{A}\boldsymbol{x}=\boldsymbol{b}$。由于二次函数的 Hessian 矩阵是半正定的，该解具有唯一性。

线搜索方法是一类迭代优化方法，其中迭代由下式给出，

$$\boldsymbol{x}_{k+1}=\boldsymbol{x}_k+\alpha_k\boldsymbol{p}_k \tag{2-56}$$

它的思想是选择一个初始位置 $\boldsymbol{x}_0$，然后每一步沿着一个方向走一步，使得函数满足 $\varphi(\boldsymbol{x}_{k+1})<\varphi(\boldsymbol{x}_k)$，不同的方法在选择搜索方向 $\boldsymbol{p}_k$ 和步长 α_k 时有不同的策略。

最速下降法是最直观和最基本的线搜索法之一。函数的梯度是一个向量，它给出了函数增加最多的方向。最速下降法的策略是：在任何给定点 $\boldsymbol{x}$ 中，函

数 $\varphi(\boldsymbol{x})$ 的负梯度给出的搜索方向是最速下降的方向。换句话说，负梯度方向是局部最优的搜索方向。注意，对于二次函数而言，它的梯度为 $\boldsymbol{Ax}-\boldsymbol{b}$，也将其标记为 $\boldsymbol{r}$，称为系统的残差。

当有了搜索方向后，紧接着需要知道沿着这个方向搜索的距离。显然，这个距离是沿着这个方向函数值不再下降所能达到的距离。最佳步长 α_k 的表达式可以很容易得到(将 $\boldsymbol{x}_{k+1}=\boldsymbol{x}_k+\alpha_k\nabla\varphi(\boldsymbol{x}_k)$ 代入二次函数后关于 α 最小化)

$$\alpha_k=\frac{\boldsymbol{r}_k^{\mathrm{T}}\boldsymbol{r}_k}{\boldsymbol{r}_k^{\mathrm{T}}\boldsymbol{A}\boldsymbol{r}_k} \tag{2-57}$$

重复执行找梯度、找步长直到收敛。从图 2-12 可以看到最速下降法的相邻搜索方向是正交的，但是最速下降法走的路很曲折。这种曲折的路径显然不是最优最快的。所以就需要使用共轭梯度法来提高效率。

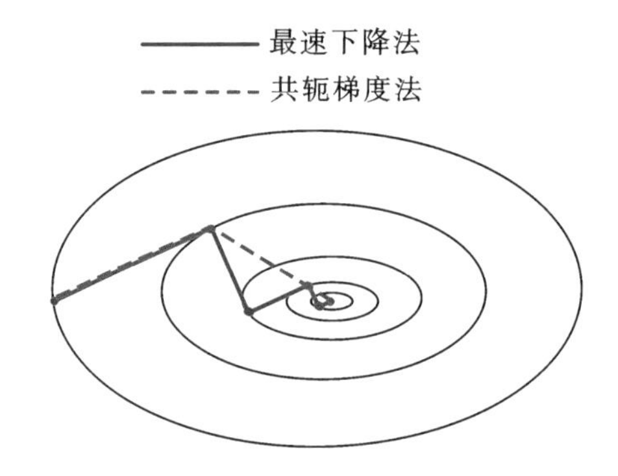

图 2-12　求解路径图

首先介绍一下共轭梯度法。一组向量 $(\boldsymbol{p}_0,\boldsymbol{p}_1,\cdots,\boldsymbol{p}_{N-1})$ 关于 SPD 矩阵 $\boldsymbol{A}$ 是共轭的可以表示为如下的共轭条件：

$$\boldsymbol{p}_i^{\mathrm{T}}\boldsymbol{A}\boldsymbol{p}_j=\boldsymbol{0}, i\neq j \tag{2-58}$$

这样的一组向量是线性独立的。进一步，我们可以将最优解和初始值的差表示为共轭向量的线性组合：

$$\boldsymbol{x}^*-\boldsymbol{x}_0=\sigma_0\boldsymbol{p}_0+\cdots+\sigma_{N-1}\boldsymbol{p}_{N-1} \tag{2-59}$$

利用共轭性可以得到系数和步长是一致的，即

$$\boldsymbol{x}^*-\boldsymbol{x}_0=\alpha_0\boldsymbol{p}_0+\cdots+\alpha_{N-1}\boldsymbol{p}_{N-1} \tag{2-60}$$

可以认为这是沿着解空间的维度逐步构建最优解。对于对角矩阵，共轭搜索向量与坐标轴重合。在每一步中，$\boldsymbol{x}_k$ 将精确解 $\boldsymbol{x}^*$ 投影到由 k 个向量所构成的解空间中。

共轭梯度法在寻找每一个共轭向量 $\boldsymbol{p}_k$ 时只需要利用上一个共轭向量 $\boldsymbol{p}_{k-1}$，

而不需要记住先前所有的共轭向量。每一次迭代用到的新方向是负残差和上一个搜索方向的线性组合。

$$\boldsymbol{p}_k = -\boldsymbol{r}_k + \beta_k \boldsymbol{p}_{k-1} \tag{2-61}$$

由于负残差其实就是负梯度方向，这个寻找共轭方向的方法就称作共轭梯度法。其中系数 β_k 可以根据共轭条件 $\boldsymbol{p}_{k-1}^{\mathrm{T}}\boldsymbol{A}\,\boldsymbol{p}_k = \boldsymbol{0}$ 得到：

$$\beta_k = \frac{\boldsymbol{r}_k^{\mathrm{T}}\boldsymbol{A}\,\boldsymbol{p}_{k-1}}{\boldsymbol{p}_{k-1}^{\mathrm{T}}\boldsymbol{A}\,\boldsymbol{p}_{k-1}} = \frac{\boldsymbol{r}_k^{\mathrm{T}}\,\boldsymbol{r}_k}{\boldsymbol{r}_{k-1}^{\mathrm{T}}\,\boldsymbol{r}_{k-1}} \tag{2-62}$$

对于代数方程组 $\boldsymbol{Ax} = \boldsymbol{b}$，CG 算法流程如下。

(1)设置初场：计算 $k = 0$；$\boldsymbol{r}_0 = \boldsymbol{A}\,\boldsymbol{x}_0 - \boldsymbol{b}$，$\boldsymbol{p}_0 = -\boldsymbol{r}_0$。

(2)推进：$k = k + 1$。

(3)计算：$\alpha_k = \dfrac{\boldsymbol{r}_k^{\mathrm{T}}\,\boldsymbol{r}_k}{\boldsymbol{p}_k^{\mathrm{T}}\boldsymbol{A}\,\boldsymbol{p}_k}$；$\boldsymbol{x}_{k+1} = \boldsymbol{x}_k + \alpha_k\,\boldsymbol{p}_k$；$\boldsymbol{r}_{k+1} = \boldsymbol{r}_k + \alpha_k\boldsymbol{A}\,\boldsymbol{p}_k$；$\beta_k = \dfrac{\boldsymbol{r}_{k+1}^{\mathrm{T}}\,\boldsymbol{r}_{k+1}}{\boldsymbol{r}_k^{\mathrm{T}}\,\boldsymbol{r}_k}$；$\boldsymbol{p}_{k+1} = -\boldsymbol{r}_{k+1} + \beta_k\,\boldsymbol{p}_k$。

(4)迭代至收敛。

2. ICCG 求解器

CG 算法能够较好地处理良态大型稀疏线性方程组，只需要经过比方程数小得多的迭代次数就能获得满足精度要求的近似解。但当求解的稀疏矩阵条件数较大时，CG 算法的迭代收敛速度慢，往往需要更多的迭代次数(约为矩阵阶数的 3～5 倍)。为了提高算法的求解效率，进行 CG 算法之前可对系数矩阵进行优化处理，降低矩阵的条件数，从而提高收敛速度。其中一种常用的方法就是对系数矩阵进行不完全乔莱斯基分解产生预优矩阵的不完全乔莱斯基共轭梯度法(ICCG)。ICCG 方法的基本步骤是将系数矩阵 $\boldsymbol{A}$ 经过 IC 分解为 $\boldsymbol{A} = \boldsymbol{M} + \boldsymbol{E}$，其中 $\boldsymbol{M}$ 为处理后的预优矩阵，$\boldsymbol{E}$ 为进行不完全乔莱斯基分解后的误差矩阵，其值不需要计算。随后，将预优矩阵 $\boldsymbol{M}$ 作为系数矩阵进行 CG 求解。预优矩阵 $\boldsymbol{M} = \boldsymbol{LD}\,\boldsymbol{L}^{\mathrm{T}}$，其中 $\boldsymbol{L}$ 和 $\boldsymbol{D}$ 分别为 IC 分解后得到的下三角矩阵和对角元矩阵，矩阵元素为：

$$l_{ji} = \begin{cases} a_{ji} - \displaystyle\sum_{k=1}^{i-1} l_{jk} l_{ik} d_{kk}, & j = i, i+1, \cdots, N \quad (a_{ji} \neq 0) \\ 0, & (a_{ji} = 0) \end{cases} \tag{2-63}$$

$$d_{ii} = \frac{1}{l_{ii}}$$

对于代数方程组 $\boldsymbol{Ax} = \boldsymbol{b}$，ICCG 算法流程如下。

(1)设置初场：$k = 0$；$\boldsymbol{r}_0 = \boldsymbol{b} - \boldsymbol{A}\,\boldsymbol{x}_0$，$\boldsymbol{p}_0 = \boldsymbol{0}$，$s_0 = 10^{30}$。

(2)推进：$k=k+1$。

(3)求解：$\boldsymbol{M}\boldsymbol{z}_k=\boldsymbol{r}_{k-1}$。

(4)计算：$s_k=\boldsymbol{r}_{k-1}\cdot\boldsymbol{z}_k$；$\beta_k=s_k/s_{k-1}$；$\boldsymbol{p}_k=\boldsymbol{z}_k+\beta_k\boldsymbol{p}_{k-1}$；$\alpha_k=s_k/(\boldsymbol{p}_k^{\mathrm{T}}\cdot\boldsymbol{A}\boldsymbol{p}_k)$；$\boldsymbol{x}_k=\boldsymbol{x}_{k-1}+\alpha_k\boldsymbol{p}_k$；$\boldsymbol{r}_k=\boldsymbol{r}_{k-1}-\alpha_k\boldsymbol{A}\boldsymbol{p}_k$。

(5)迭代至收敛。

3. BiCGStab 求解器

如果在 PPE 中的拉普拉斯算子使用了 SCM 推导的一阶精度拉普拉斯模型[式(2-27)]或[式(2-28)]，则 PPE 的求解需使用带对角预变量的 BiCGStab求解器，这是因为一阶精度拉普拉斯模型不再是精确对称的。

对于代数方程组 $\boldsymbol{A}\boldsymbol{x}=\boldsymbol{b}$，BiCGStab 算法流程如下。

(1)设置初场：$\boldsymbol{r}_0=\boldsymbol{b}-\boldsymbol{A}\boldsymbol{x}_0\ (\boldsymbol{r}_0^{\mathrm{T}}\boldsymbol{r}_0\neq 0)$；$\rho_0=\alpha_0=\omega_0=1$；$\boldsymbol{v}_0=\boldsymbol{p}_0=\boldsymbol{0}$。

(2)推进：$k=k+1$。

(3)迭代计算：

$$\rho_k=\boldsymbol{r}_0^{\mathrm{T}}\boldsymbol{r}_{k-1};\ \beta_k=\frac{\rho_k}{\rho_{k-1}}\frac{\alpha_k}{\omega_{k-1}};\ \boldsymbol{p}_k=\boldsymbol{r}_{k-1}+\beta_k(\boldsymbol{p}_{k-1}-\omega_{k-1}\boldsymbol{v}_{k-1});\ \boldsymbol{v}_k=\boldsymbol{A}\boldsymbol{p}_k;$$

$$\alpha_k=\frac{\rho_k}{\boldsymbol{r}_0^{\mathrm{T}}\boldsymbol{v}_k};\ \boldsymbol{s}_k=\boldsymbol{r}_{k-1}-\alpha_k\boldsymbol{v}_k;\ \boldsymbol{t}_k=\boldsymbol{A}\boldsymbol{s}_k;\ \omega_k=\frac{\boldsymbol{t}_k^{\mathrm{T}}\boldsymbol{s}_k}{\boldsymbol{t}_k^{\mathrm{T}}\boldsymbol{t}_k};\ \boldsymbol{x}_k=\boldsymbol{x}_{k-1}+\alpha_k\boldsymbol{p}_k+\omega_k\boldsymbol{s}_k。$$

(4)如果 $\boldsymbol{x}_k$ 精度足够，则停止迭代；否则计算 $\boldsymbol{r}_k=\boldsymbol{s}_k-\omega_k\boldsymbol{t}_k$；回到第(3)步。

此外还有共轭梯度平方(Conjugate Gradient Square，CGS)法和对称兰乔斯算法(Symmetric Lanczos Algorithm，SLA)，限于篇幅原因，不过多阐述。本书中绝大多数的算例都是使用 CG 求解器或者 BiCGStab 求解器。

定义求解器部分的 OpenMP 并行效率如下：

$$E_{\mathrm{OpenMP}}=\frac{T_{\mathrm{s}}}{pT_p} \tag{2-64}$$

式中，T_{s} 是采用单个 CPU 核时求解器部分的串行计算时间；T_p 是采用 p 个 CPU 核时求解器部分的并行计算时间。

为了比较不同求解器的并行效率，在 OpenMP 并行方式下针对粒子配置 400×800 的溃坝算例比较了 CG 和 BiCGStab 的并行效率。如图 2-13 所示，OpenMP 的并行效率随着 CPU 个数的增加而降低，这是一种符合阿姆达尔定律(Amdahl’s law)的常见现象。在这个算例中，CG 的 OpenMP 并行效率比 BiCGStab 高。CG 算法非常适合于求解对称正定线性系统，并且拥有很高的 OpenMP 并行效率，而 OpenMP 并行也是本书中的 MPS 程序主要采用的并行方式，因此采用 CG 算法作为求解器能满足本书中 MPS 程序计算效率的要求。当然前面也提到了如果使用一阶精度拉普拉斯模型,则必须使用 BiCGStab 求解器。

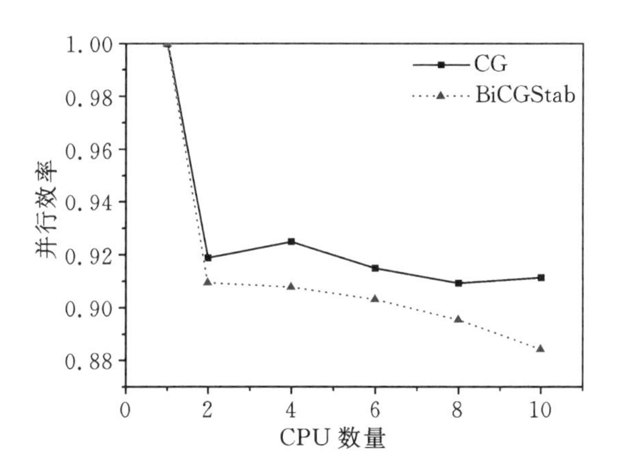

图 2-13 采用不同求解器时 OpenMP 的并行效率

2.4 算法的稳定策略

稳定策略主要包括三种[19]:①PPE 源项中 PND 的变化(全局方式);②流体内部粒子的粒子移位(PS)(局部方式);③自由表面粒子的特殊调整(局部方式)。使用这些稳定策略可能会导致不可忽略的稳定误差。下面我们将对这些稳定策略以及相关的误差分析进行详细的描述。

2.4.1 PND 的全局不可压缩性

稳定策略中采用了包含混合源项的 PPE[式(2-45)]。式中的 γ 和 α 都被用来抑制压力振荡和提高稳定性。类似于文献[20]中的研究,PPE 的源项中 PND 变化的微小部分可以有效地避免全局计算中粒子的聚集。PND 对粒子的分布十分敏感,这意味着粒子的拉格朗日运动容易引起 PND 的随机波动。作为 PPE 源项的一部分,PND 的波动会导致微小的压力波动,从而产生速度波动。总之,在 PPE 中采用 PND 会给模拟带来随机误差。因此,在式(2-45)中对 PPE 源项进行修正,将临时速度的散度作为 PPE 源项的主要部分,而 PND 的相对变化量仅作为源项的次要部分,从而减小 PND 带来的随机误差。

2.4.2 流体内部粒子的粒子移位

由于流体内部粒子和自由表面粒子的作用域半径内的粒子分布差别较大,它们的稳定策略也有所差别。关于内部粒子和自由表面粒子的分类详见2.2.7节。

正如 2.2.5 节讨论的,$[\boldsymbol{C}_1 \quad \boldsymbol{C}_2]^{\mathrm{T}}\boldsymbol{P}$ 刚好对应于修正的方向向量[式(2-25)的二维情况],由此可以计算出修正后的粒子位置。对于一个典型的随机粒子分布，在图 2－14 中对比了原始粒子分布和修正后的粒子分布。可以观察到，即使通过 SCM 进行了修正，粒子的位置也只发生了轻微的变化。蓝色箭头表示原始 PS 位移，计算公式为

$$\delta \boldsymbol{r}_i = -\frac{\Delta r_i}{n^0}\sum_{j\neq i}\frac{l_0}{r_{ij}}\frac{\boldsymbol{r}_{ij}}{r_{ij}}w_{ij} \tag{2-65}$$

式中，Δr_i 是决定调整大小的距离变量，可用下式计算[7]：

$$\Delta r_i = \begin{cases} al_0 - r_{i,\min}, & r_{i,\min} < al_0 \\ 0, & r_{i,\min} \geqslant al_0 \end{cases} \tag{2-66}$$

其中，$r_{i,\min}$ 是粒子 i 与任何邻点粒子 j 之间的最小距离；a 是决定 PS 是否起作用的阈值参数(根据试验测试发现 $a=0.9$ 较为合适)。当最小距离 $r_{i,\min} < al_0$ 时，启用 PS，其强度随 $r_{i,\min}$ 的减小而增大；若 $r_{i,\min} \geqslant al_0$，则认为粒子分布基本上是各向同性的，PS 没有被激活。由式(2－65)可知，粒子相互靠近的程度越大，PS 越大，因此式(2－65)对于防止颗粒聚集是非常有效的。值得注意的是，在 Xu 等人[21]的 PS 方案中，粒子位移的幅度取决于时间步长，而本书提到的 PS 方案中，粒子位移的幅度却取决于空间局部最小粒子距离。

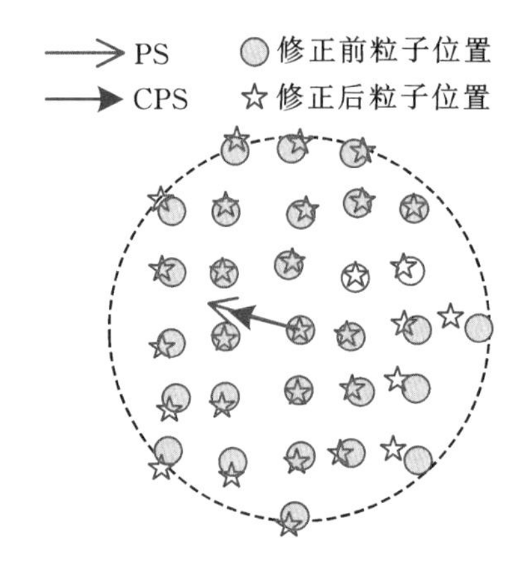

图 2－14　PS 和 CPS 的位移向量比较示意图

PS 方案也可以使用 SCM 进行修正，从而得到修正的 PS(Corrected PS，CPS)，流体内部的粒子 i 的 CPS 计算公式如下[19]：

$$\delta \boldsymbol{r}_i = -\frac{\Delta r_i}{n^0}\sum_{j\neq i}\frac{l_0}{r_{ij}}\left(\begin{bmatrix}\boldsymbol{C}_1\\ \boldsymbol{C}_2\end{bmatrix}\boldsymbol{P}\right)w_{ij} \tag{2-67}$$

从图 2－14 可以看出，CPS 的位移向量与原始的 PS 的位移向量非常相似，二者的稳定性都很好。本书的算例中使用 CPS。当粒子 i 移动到新的位置后，基于一阶泰勒级数展开，通过计算得到粒子 i 新的速度，如下式所示[19]：

$$\langle u_i^{\text{new}} \rangle = u_i + \langle \nabla u \rangle_i \cdot \delta \boldsymbol{r}_i \tag{2-68}$$

式中，u 为粒子 i 速度 $\boldsymbol{u}$ 的水平方向分量（x 轴），值得注意的是，$\langle \nabla u \rangle_i$ 的结果为一个列向量。对于 CPS 方案的误差分析可参考 Duan 的文章[19]。

2.4.3　自由表面粒子的稳定策略

自由表面粒子所采用的稳定策略包含了采用保守的压力梯度模型以及修正的自由表面粒子的优化粒子移位（Optimized Particle Shifting，OPS）方法。文献[13]、[22]、[23]对所有自由表面均采用虚拟粒子法，证明了虚拟粒子法对提高精度是有效的。

在完成 PPE 的求解后，对于自由表面粒子采用保守的压力梯度模型，即下式：

$$\langle \nabla p \rangle_i = \frac{d}{n^0} \sum_{j \neq i} \left\{ \frac{(p_j - p_i)}{r_{ij}} \frac{\boldsymbol{r}_{ij}}{r_{ij}} w_{ij} \right\} \tag{2-69}$$

正如 Chaussonnet 等[24]在文献中所讨论的，该梯度模型在粒子空间分辨率的精度小于零阶。另一方面，压力梯度模型的保守性产生了必要的表面法线方向的速度调整，有利于自由表面的稳定性。为了进行表面切向方向所需的位置调整，采用了 OPS 的改进型[7]：

$$\delta \boldsymbol{r}'_i = \delta \boldsymbol{r}_i - (\boldsymbol{n}_i \cdot \delta \boldsymbol{r}_i) \boldsymbol{n}_i = (\boldsymbol{I} - \boldsymbol{n}_i \otimes \boldsymbol{n}_i) \delta \boldsymbol{r}_i \tag{2-70}$$

式中，$\delta \boldsymbol{r}_i$ 可由式(2-65)计算，而向量 $\boldsymbol{n}_i$ 则可由式(2-36)计算得到。

通过上述的速度（保守的压力梯度模型）和位置（修正的 OPS）在自由表面法向和切向的调整，自由表面粒子的稳定性进一步得到提高[7]。然而，自由表面粒子的精度在零阶附近甚至低于零阶，明显低于流体内部粒子的精度。若自由表面粒子出现不稳定现象，可能会从 PPE 传输到整个计算域中。自由表面上的误差可以通过其他先进的自由表面边界设置加以改进。由自由表面边界引起的总体误差很难进行定量分析。

2.5　计算过程及步骤

2.5.1　粒子的初始布置

使用 MPS 方法对具体的流体力学问题进行计算时，首先需要对模拟计算的对象进行建模，具体表现为在空间内设定粒子的初始位置以及初始时刻各粒子的质量、速度及压力等参数。随着时间步长的推进，粒子的质量不发生变化，但空间坐标等其他参数会随时间变化，能够准确表现粒子在当前时刻的状态，从而实现对模拟对象运动过程的模拟。类似于传统网格方法中网格生成步骤，初始布置的粒子也能够对模拟对象进行精确和细致的描述，能够充分描述相应的物理问题。在粒子的初始布置中，为了保证每个粒子的 PND 与参考的初始 PND 接近，应尽量保持其在空间分布上的均匀性。具体的粒子位置主要根据实际具体问题的几何结构进行设置，但在连续介质中，相邻粒子间距应与设置的粒子直径接近，保证连续介质内 PND 计算的准确性。

2.5.2 时间步长的确定

1. CFL 条件

MPS 方法采用半隐式计算方法，需要对动量守恒方程中的黏性项、重力项、表面张力项等进行显式求解，因此为了保证时间推进求解的速度大于显式计算中扰动产生误差的传播速度，需要对各时层的时间步长进行稳定性和收敛性分析。在差分方法中常用 Courant-Friedrichs-Lewy（CFL）条件进行稳定性分析，且该条件适用于 Lagrange 方法，判定条件如下：

$$\Delta t \leqslant C \frac{l_0}{u_{\max}} \tag{2-71}$$

式中，C 为 Courant 数，$0 \leqslant C \leqslant 1$；$l_0$ 为粒子间隔；$u_{\max}$ 为各时层中粒子速度最大值。CFL 条件是数值模拟保持稳定的必要条件，这意味着计算过程中的时间步长必须始终不大于由 CFL 条件计算得到的时间步长，否则不能保证数值结果的正确性。

2. 黏性项的稳定性条件

MPS 方法对于 N-S 方程黏性项采用的是显式求解的方式，因此黏性项的求解也应对时间步长有所影响。

考虑到扩散模型的推导过程和 Gauss 核函数的空间分布，可知在 Δt 时间步长内，流体黏性的真实作用范围是 $3\sigma = 3\sqrt{2d\nu\Delta t}$，其中 ν 是流体的运动黏度。当黏性项真实的作用范围正好等于扩散模型的作用半径时，就能够真实有效地模拟黏性项。因此，得到如下关系式：

$$r_e = 3\sqrt{2d\nu\Delta t} \tag{2-72}$$

该式被称作黏性项的精确解条件。当物理量的数值作用范围大于其真实作用范围时，模拟通常是稳定的。因此，如下关系式

$$r_e \geqslant 3\sqrt{2d\nu\Delta t} \text{ 或 } \frac{\nu\Delta t}{l_0^2} \leqslant \frac{k^2}{18d} \tag{2-73}$$

被称作黏性项的稳定性条件。

于是，综合考虑黏性项的两个求解条件和 CFL 条件，得到 CFL 稳定条件和黏性项精确解条件的示意图。如图 2-15 所示，当时间步长与空间步长的关系位于弧 $\overset{\frown}{Ode}$ 上时，可以最为精确地计算黏性项，并且也满足 CFL 条件的要求，

因此一般在计算时,取时间步长和空间步长在 e 点,故此时在保证黏性项精确求解的前提下,对应的时间、空间步长最大,有利于减小计算量;此外,对于一些计算量较大的模拟,也可以将点选在区域 B 内,这样做牺牲了一部分求解黏性项的精度,但是可以将计算量缩减,并且保证计算的稳定进行;如果设置初始时间步长时,将点选在了 A 区域或 C 区域,需要在程序中自动将时间步长修正至 B 区域,才能保证计算正确、稳定地进行。

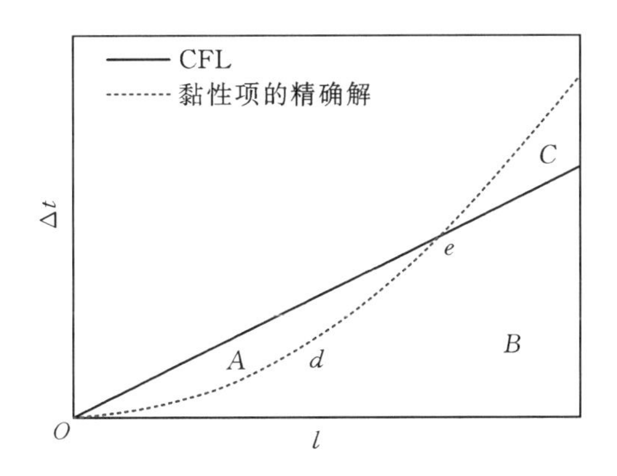

图 2-15　CFL 稳定条件和黏性项精确解条件的示意图

2.5.3　MPS 半隐式算法

MPS 方法采用半隐式时间推进算法,在一个时层内,先显式求解动量守恒方程中的黏性项、重力项、表面张力项,得到粒子速度和位置的估算值。随后隐式求解压力泊松方程,通过压力梯度修正粒子的速度和位置,从而保证流体的不可压缩性(详见 2.2.6 节)。随着物理模型的改进,除了隐式求解压力项外,动量守恒方程中的其他项也可以进行隐式求解,但均需要通过预估-校正的过程,在满足流体不可压缩性的前提下获得粒子真实的速度和位置。

原始 MPS 的算法流程图如图 2-16 所示。具体步骤如下。

(1)根据具体问题设定粒子初始布置,包括给定粒子速度、位置和压力的初场:$\boldsymbol{u}_i^0, \boldsymbol{r}_i^0, p_i^0, k=0$;按时间步长推进,$k=k+1$。

(2)在每一个新的时间步中,首先显式计算动量方程的扩散项和源项(黏性项、重力项和表面张力项),获得粒子速度和位置的估算值:$\boldsymbol{u}_i^*$,$\boldsymbol{r}_i^*$。

(3)采用粒子速度和位置的估算值,获得流体 PND 的估算项,并计算压力泊松方程的系数矩阵和源项。采用 PPE 求解器隐式迭代求解压力泊松方程,得到粒子的压力。

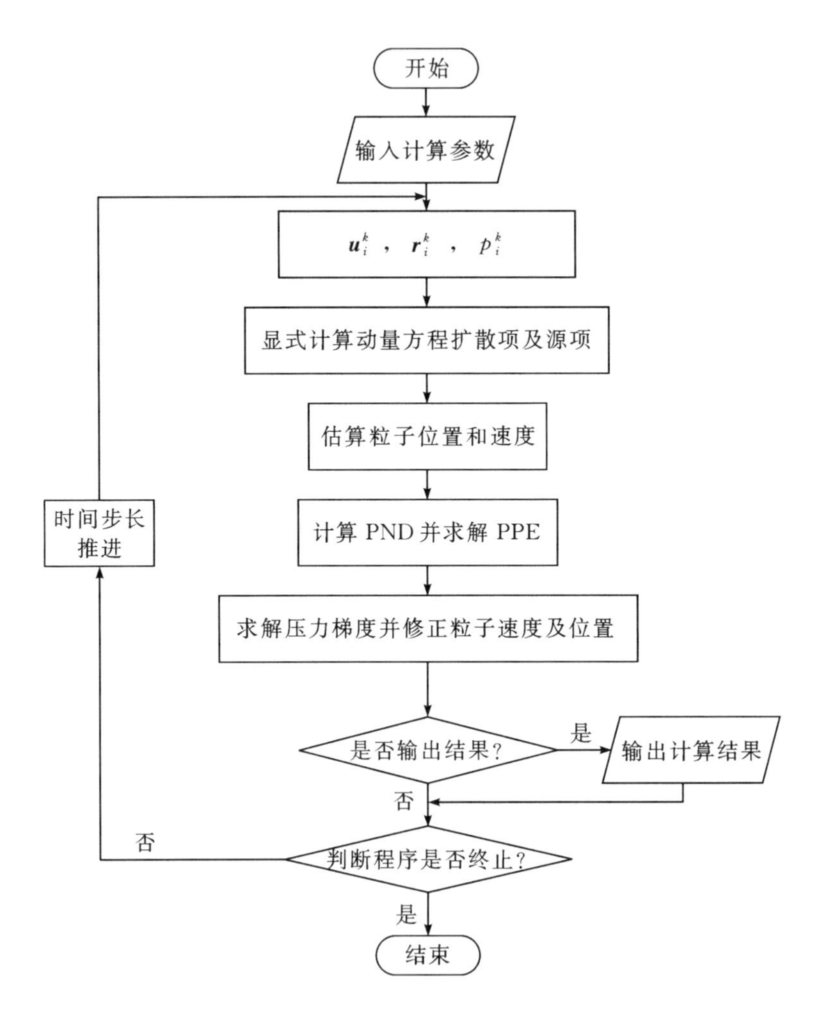

图 2-16　原始 MPS 的算法流程图

(4)使用压力梯度对速度和位置进行修正:

$$\boldsymbol{u}_i^{n+1} = \boldsymbol{u}_i^* - \frac{\Delta t}{\rho_i} \nabla p_i^{n+1} \tag{2-74}$$

$$\boldsymbol{r}_i^{n+1} = \boldsymbol{r}_i^* + \boldsymbol{u}_i' \Delta t \tag{2-75}$$

式中，$\boldsymbol{u}_i' = \boldsymbol{u}_i^{n+1} - \boldsymbol{u}_i^*$ 。若使用 SCM 推导的粒子相互作用模型改进 MPS 方法,求解过程中隐式求解黏性项,改进后的 MPS 算法流程图如图 2-17 所示。具体步骤如下。

(1)根据具体问题设定粒子初始布置,包括给定粒子速度、位置、压力和温度的初场: $\boldsymbol{u}_i^0$,$\boldsymbol{r}_i^0$,p_i^0 ,T_i^0 ,$k = 0$;按时间步长推进，$k = k + 1$。

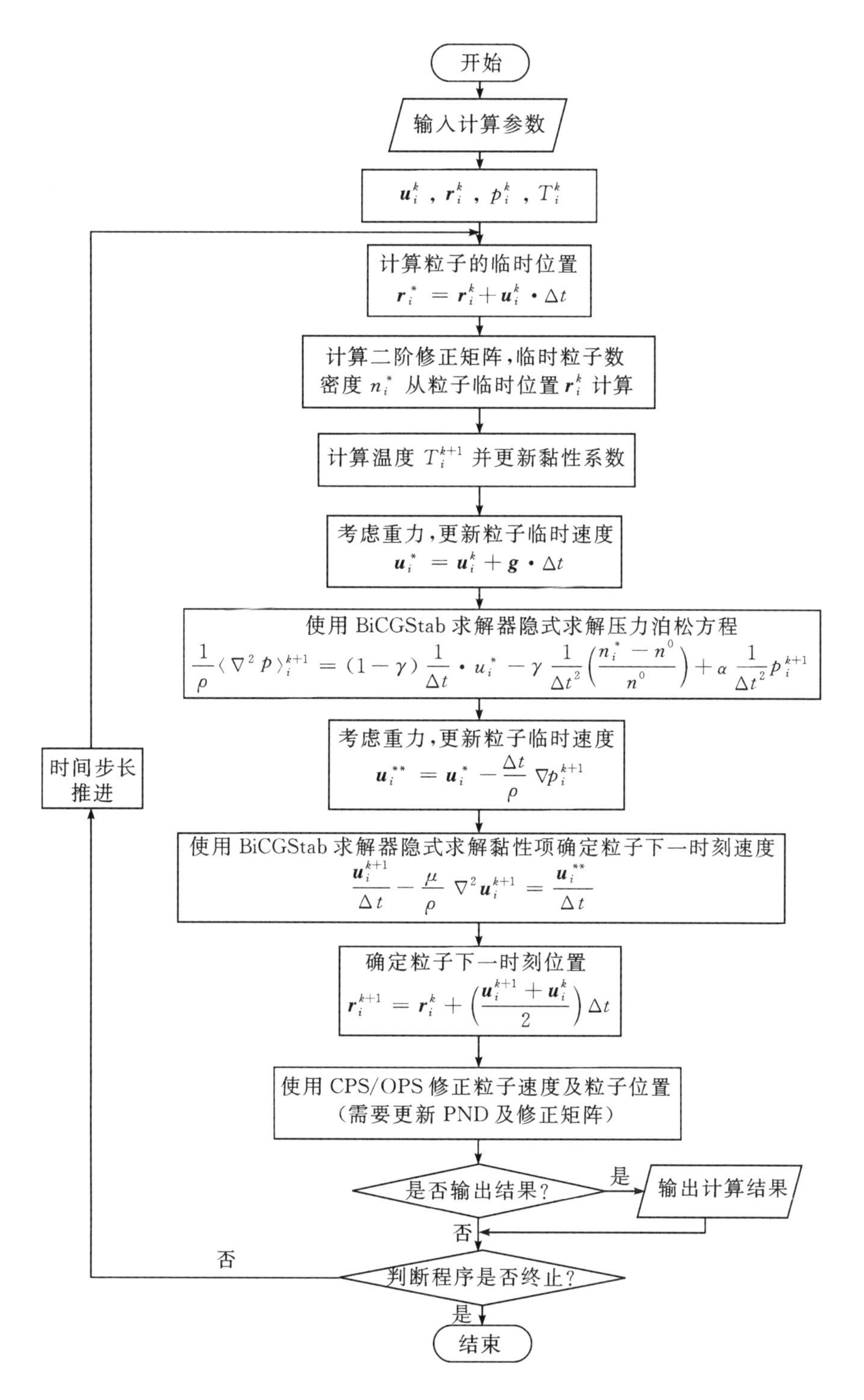

图 2 - 17　SCM 推导的改进 MPS 方法算法流程图

(2)在每一个新的时间步中，使用下式计算粒子位置的估算值：

$$\boldsymbol{r}_i^* = \boldsymbol{r}_i^k + \boldsymbol{u}_i^k \cdot \Delta t \tag{2-76}$$

然后计算粒子 PND 的估算值并计算修正矩阵。

(3)若有温度计算，则计算温度并更新黏性系数。

(4)重力的计算在下式中考虑：

$$\boldsymbol{u}_i^* = \boldsymbol{u}_i^k + \boldsymbol{g} \cdot \Delta t \tag{2-77}$$

(5)使用BiCGStab求解器求解形如式(2-45)的PPE，其中$\gamma = 0.05$，$\alpha = 10^{-9}$。

(6)计算压力梯度项，更新粒子的临时速度如下：

$$\boldsymbol{u}_i^{**} = \boldsymbol{u}_i^* - \frac{\Delta t}{\rho} \nabla p_i^{k+1} \tag{2-78}$$

(7)使用 BiCGStab 求解器隐式求解下式的黏性项，由此可得到粒子在下一时刻的速度：

$$\frac{\boldsymbol{u}_i^{k+1}}{\Delta t} - \frac{\mu}{\rho} \nabla^2 \boldsymbol{u}_i^{k+1} = \frac{\boldsymbol{u}_i^{**}}{\Delta t} \tag{2-79}$$

(8)粒子的下一时刻位置可由下式计算：

$$\boldsymbol{r}_i^{k+1} = \boldsymbol{r}_i^k + \left(\frac{\boldsymbol{u}_i^{k+1} + \boldsymbol{u}_i^k}{2}\right)\Delta t \tag{2-80}$$

(9)最后对流体内部粒子使用 CPS 修正粒子位置及速度，对自由表面粒子使用 OPS 修正粒子位置及速度。

2.6 溃坝算例简介

液柱倒塌(也称为溃坝)算例是一个经典的算例，被广泛应用于多种 CFD 算法的有效性验证测试中。Koshizuka 等人[1]成功使用 MPS 方法对溃坝算例进行了模拟计算，获得的模拟结果与实验结果符合较好，从而验证了 MPS 具备准确模拟流体动力学问题的能力。

2.6.1 溃坝模型

溃坝算例的几何模型如图 2-18 所示，液柱的高度是液柱宽度的 2 倍，水槽宽度是液柱宽度的 4 倍。初始时刻，使用可移动的挡板将液柱固定在水槽左侧，实验前使水静止。在实验开始时，即 $t = 0$ 时刻，将挡板迅速抽出，液柱将在重力的作用下开始倒塌，并流向水槽的右侧与壁面发生碰撞。在碰撞速度较大的情况下，液滴将会高于水槽，之后再落入水槽中。

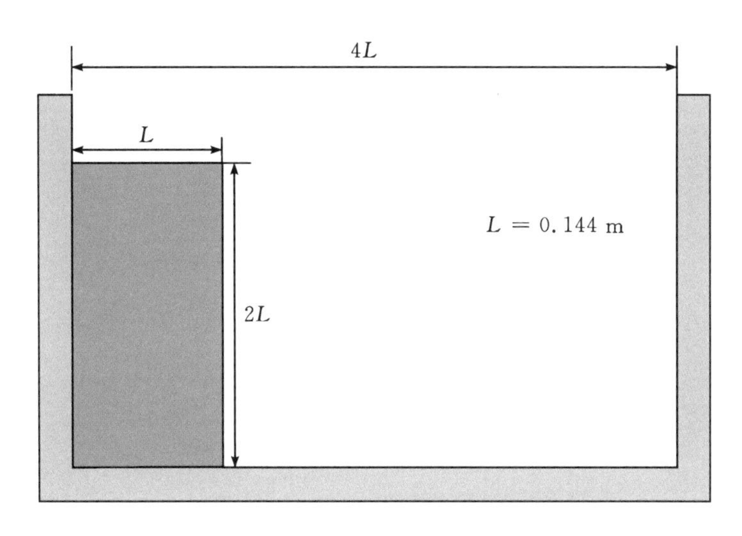

图2-18 溃坝模型示意图

2.6.2 模拟计算参数设置

使用MPS方法对溃坝算例进行模拟，建立粒子初始布置如图2-19所示。初始时刻，相邻两粒子的间距为 $l_0 = 0.008$ m，在二维问题中，每个粒子初始布置时占据 $l_0 \times l_0$ 的空间，整个二维液柱包含了648个粒子，容器壁面的布置中包含了一层壁面压力粒子，这一层粒子将计算压力；还包含三层的虚拟壁面粒子，用以补偿壁面压力粒子及靠近壁面的流体粒子的支撑域，保持其PND基本维持常数。虚拟壁面粒子层数的选择与使用的作用域半径的大小有关。对于自由表面的确定，本算例使用的是式(2-35)判定条件，而没有选用特殊区域法进行判断，因为这样的判定方式可保证较少的内部流体粒子被误判为自由表面粒子，已经满足计算要求。

关于粒子作用域半径 r_e 的选取是MPS模拟中一个重要的部分，2.2.8节已有提到。若选取的 r_e 较小，会降低计算的精度并使稳定性下降；若选取的 r_e 较大，会造成计算效率过低，尤其对于大规模的模拟计算，这是非常不可取的。本文选取 $r_e = 3.1l_0$，所以在壁面压力粒子外布置了3层虚拟壁面粒子来补偿压力的计算，以保证固体壁面边界的稳定。在本算例中，采用Adami等人[25]提出来的PPE，如下所示，

$$-\frac{1}{\rho^0}\nabla^2 p = \frac{1-\beta}{\Delta t^2}\frac{n^* - 2n^k + n^{k-1}}{n^0} + \frac{\beta-\gamma}{\Delta t^2}\frac{n^* - n^k}{n^0} + \frac{\gamma}{\Delta t^2}\frac{n^* - n^0}{n^0} - \frac{\alpha}{\Delta t^2}p_i^{k+1} \tag{2-81}$$

相比于原始的PPE[式(2-38)]，Adami提出的PPE综合考虑了三个PND

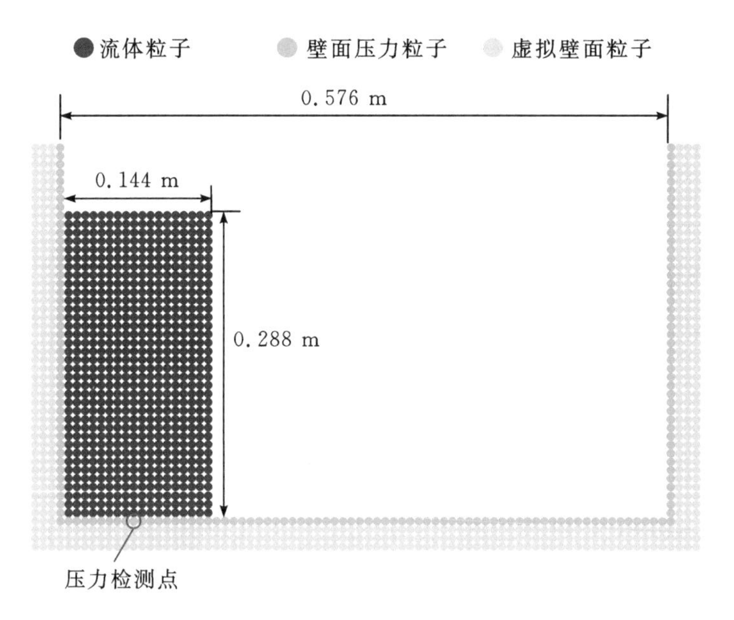

图 2-19　溃坝模型粒子初始布置

值的影响，其中 n^{k-1} 表示上一时间步长中计算得到的 PND，n^k 表示本时间步长中计算得到的 PND，而 n^* 则表示本时间步长中计算得到粒子临时位置后计算的 PND。同时公式中还引入了三个待定系数：调节系数 γ、β 及人工可压缩系数 $\alpha = 10^{-7}$，其中调节系数是对压力较为敏感的两个参数。下面就通过溃坝算例对这两个参数进行敏感性分析。图 2-19 中标记了一个压力检测点，用这一点的压力变化值来反应压力的求解效果。不同调节系数的取值的计算结果与原始 MPS 程序的计算结果见图 2-20。

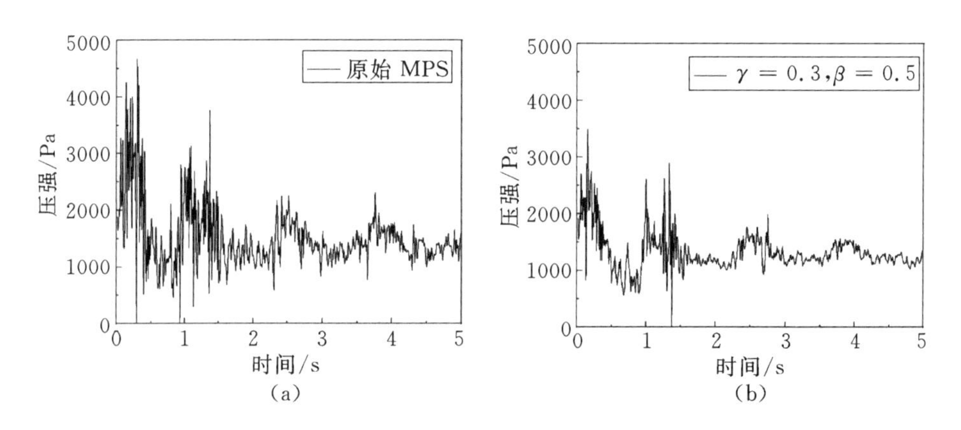

图 2-20　不同调节系数在压力检测点中压强值对比

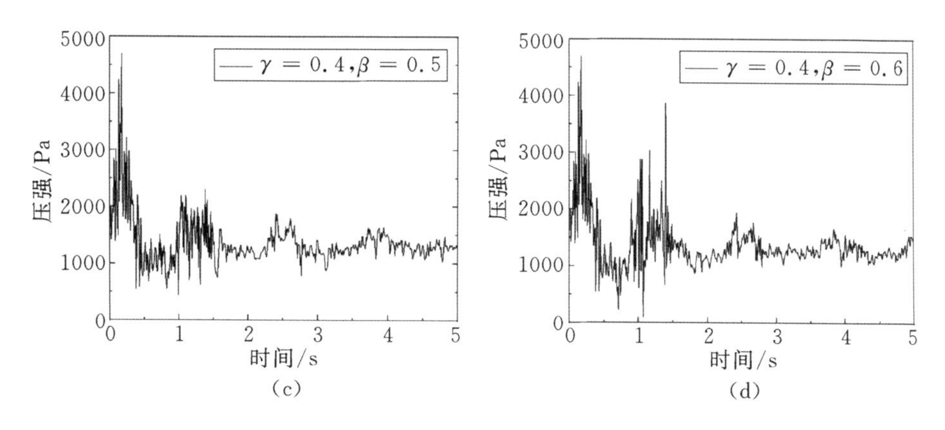

续图2-20　不同调节系数在压力检测点中压强值对比

如图2-20所示，计算共进行了5.0 s，原始PPE[式(2-38)]计算得到的压力变化曲线呈现出较大程度的波动，而式(2-81)PPE的计算结果则明显要平滑很多。在采用了调节系数修正PPE的三条曲线中，$\gamma=0.4$、$\beta=0.5$的结果在大部分时间里都能取得较为理想的结果。因此，最终确定的压力泊松方程的调节系数为$\gamma=0.4$和$\beta=0.5$。

本算例的时间步长由CFL条件确定，Courant数取为0.2，最大时间步长限制为0.001 s。此外，流体密度设置为$\rho=1000\ \mathrm{kg/m^3}$，忽略流体的表面张力及流体与固体壁面的摩擦力。

模拟结果如图2-21所示，可以看出，在$t=0$ s时刻后，液柱在重力作用下开始倒塌，流向容器右壁面；0.3 s时液柱开始与右端壁面发生碰撞，沿右端壁面上升；至0.4 s时，沿右端壁面上升的液滴高度已超出初始液柱高度。上升过程中的液滴在0.5 s时开始失去动量，并在0.6 s时开始下落；下落的液体在0.7 s时形成蘑菇形状，并在0.8 s时与尚留在容器底部的液体发生碰撞；0.9 s时产生波动向左端壁面推进并在1.0 s后撞击左壁面。图2-22为Koshizuka等[1]在文献中给出的实验结果，可以看出，使用MPS方法得到的计算结果与实验结果基本吻合。

考察液柱倒塌之后未与右端壁面发生碰撞前液体在底部固壁上流动的情形，设液柱倒塌之后在容器底部壁面上液柱前沿到左壁面的距离为Z。文献[26]中给出了由实验得到的液柱前沿随时间变化的关系图，横坐标及纵坐标均以无量纲的形式表达。文献[26]中指出，在黏性及表面张力对结果影响不大的情况下，无量纲液柱前沿长度与无量纲时间的关系在一个较为宽广的范围内均成立。同样的，将MPS方法得到的计算结果无量纲化，其中横坐标时间的无量纲

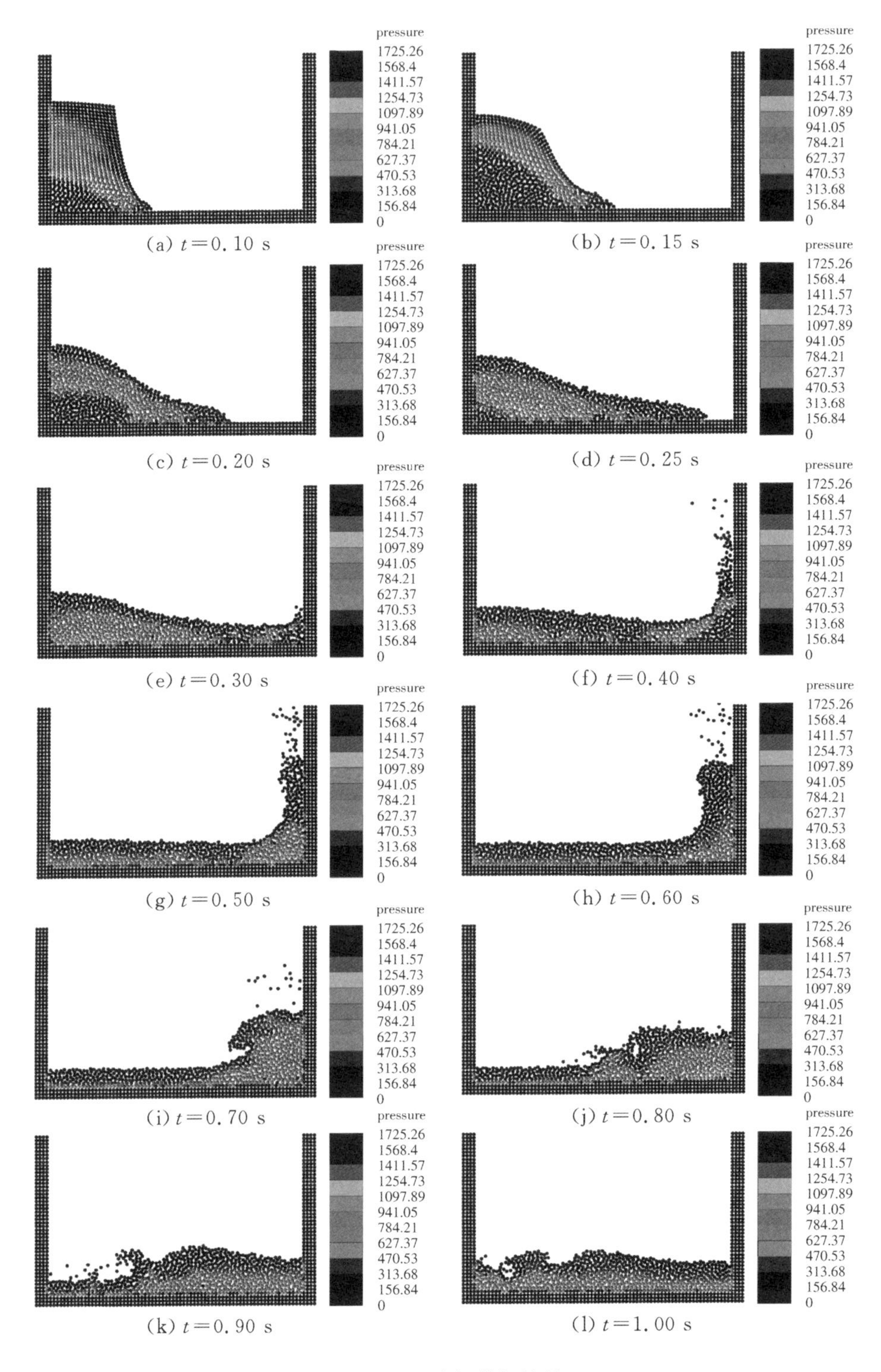
pressure
1725.26
1568.4
1411.57
1254.73
1097.89
941.05
784.21
627.37
470.53
313.68
156.84
0
(a) $t=0.10$ s
(b) $t=0.15$ s
(c) $t=0.20$ s
(d) $t=0.25$ s
(e) $t=0.30$ s
(f) $t=0.40$ s
(g) $t=0.50$ s
(h) $t=0.60$ s
(i) $t=0.70$ s
(j) $t=0.80$ s
(k) $t=0.90$ s
(l) $t=1.00$ s

图 2-21　溃坝模拟结果

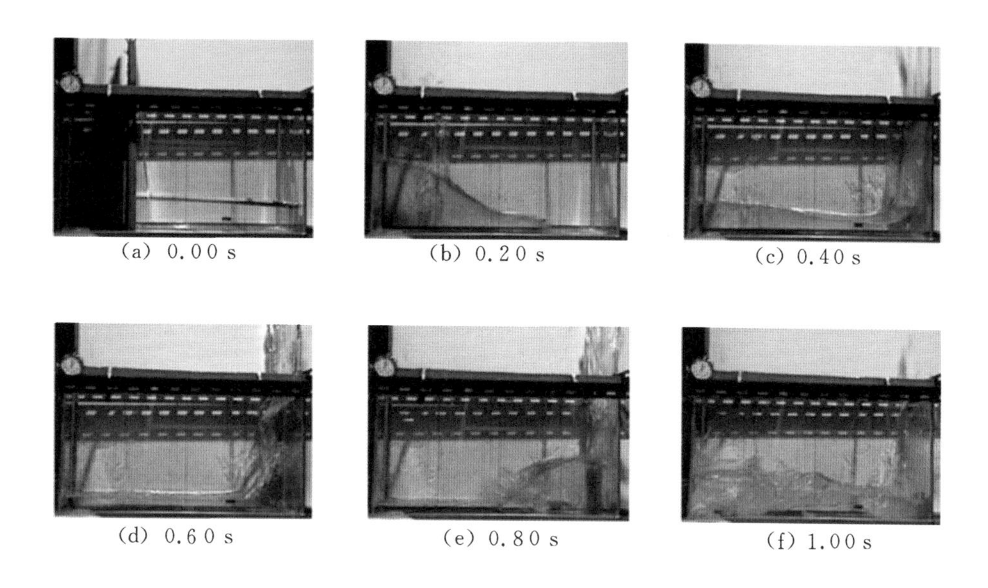

(a) 0.00 s (b) 0.20 s (c) 0.40 s

(d) 0.60 s (e) 0.80 s (f) 1.00 s

图2-22 溃坝实验结果[1]

形式为 $t\sqrt{2g/L}$，纵坐标液柱前沿距离的无量纲形式为 Z/L。采用图2-18所示的几何模型，相当于文献[6]中 $n^2=2$ 情形下的实验模型，MPS计算结果与实验结果比较示于图2-23中。图中实验结果1为文献[26]中采用 $L=1.125$ m时的实验结果，实验结果2为 $L=2.25$ m时的实验结果。图中另外给出了文献[27]中采用SOLA-VOF方法计算得到的数值结果。

设液柱倒塌之后、未与右壁面发生碰撞之前，在 y 方向上各个时刻液柱最大高度为 H，其与时间的关系示于图2-24中，坐标也均以无量纲形式表示，横坐标时间的无量纲形式为 $t\sqrt{g/L}$，纵坐标高度的无量纲形式为 $H/2L$。图中实验结果也引于文献[26]。

从图2-23和图2-24中的计算结果与实验结果比较可以看出，计算结果与实验结果基本符合；但液柱倒塌后同一时刻，实验中液柱前沿距离值小于计算结果，这是由于实验中底层固体和液体不是完全的无滑移边界，固体对液体存在阻力，而在MPS方法计算中则没有考虑摩擦力的存在。用MPS方法计算得到的数值结果与采用SOLA-VOF方法计算得到的数值结果吻合得比较好，且由MPS方法计算得到的结果更接近于实验结果。

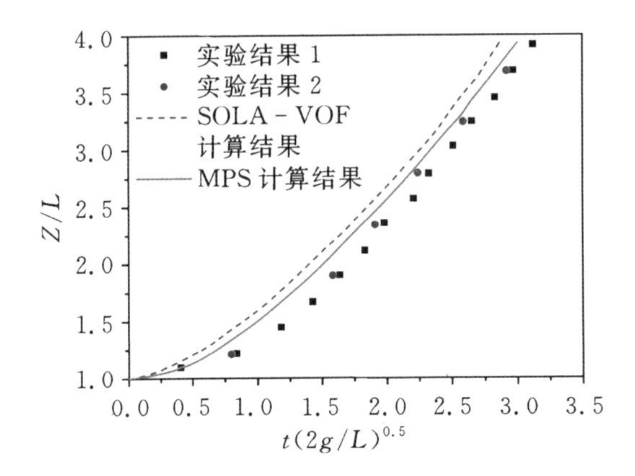

图 2-23　液柱前沿计算结果及实验结果的比较

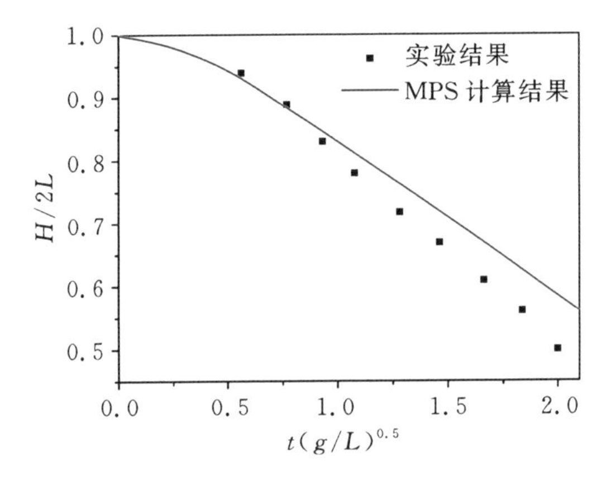

图 2-24　液柱倒塌剩余高度计算结果及实验结果比较

参考文献

[1] KOSHIZUKA S, OKA Y. Moving particle semi-implicit method for fragmentation of incompressible fluid[J]. Nuclear Science and Engineering, 1996, 123(3): 421-434.

[2] 项利峰.基于无网格算法的移动粒子半隐式方法研究及应用[D].西安:西安交通大学,2005.

[3] KOSHIZUKA S, NOBE A, OKA Y. Numerical analysis of breaking waves using the moving particle semi-implicit method[J]. International Journal for Numerical Methods in Fluids, 1998, 26(7): 751-769.

[4] 段广涛.自由表面多相湍流粒子法研究及其在海上原油泄漏问题中的应用[D].西安:西安交通大学,2016.

[5] KHAYYER A, GOTOH H. Enhancement of performance and stability of MPS mesh-free particle method for multiphase flows characterized by high density ratios[J]. Journal of Computational Physics, 2013, 242(1): 211 - 233.

[6] JEONG S M, NAM J W, HWANG S C, et al. Numerical prediction of oil amount leaked from a damaged tank using two-dimensional moving particle simulation method[J]. Ocean Engineering, 2013, 69(5): 70 - 78.

[7] DUAN G, KOSHIZUKA S, YAMAJI A, et al. An accurate and stable multiphase moving particle semi-implicit method based on a corrective matrix for all particle interaction models[J]. International Journal for Numerical Methods in Engineering, 2018, 115 (10): 1287 - 1314.

[8] KHAYYER A , GOTOH H. A higher order Laplacian model for enhancement and stabilization of pressure calculation by the MPS method[J]. Applied Ocean Research, 2010, 32(1): 124 - 131.

[9] DUAN G, YAMAJI A, KOSHIZUKA S. A novel multiphase MPS algorithm for modeling crust formation by highly viscous fluid for simulating corium spreading[J]. Nuclear Engineering and Design, 2019, 343: 218 - 231.

[10] TAMAI T , KOSHIZUKA S. Least squares moving particle semi-implicit method[J]. Computational Particle Mechanics, 2014, 1(3):277 - 305.

[11] DILTS G A. Moving least-squares particle hydrodynamics Ⅱ: Conservation and boundaries[J]. International Journal for Numerical Methods in Engineering, 2000, 48(10): 1503 - 1524.

[12] MARRONE S, COLAGROSSI A, LE TOUZÉ D, et al. Fast free-surface detection and level-set function definition in SPH solvers[J]. Journal of Computational Physics, 2010, 229(10): 3652 - 3663.

[13] SHIBATA K, MASAIE I, KONDO M, et al. Improved pressure calculation for the moving particle semi-implicit method[J]. Computational Particle Mechanics, 2015, 2 (1): 91 - 108.

[14] ZHANG T, KOSHIZUKA S, SHIBATA K, et al. Improved wall weight function with polygon boundary in moving particle semi-implicit method[J]. 日本计算工学会论文集, 2015(0): 20150012.

[15] SHAKIBAEINIA A, JIN Y C. A weakly compressible MPS method for modeling of open-boundary free-surface flow[J]. International Journal for Numerical Methods in Fluids, 2010, 63(10): 1208 - 1232.

[16] KHAYYER A, GOTOH H. Modified moving particle semi-implicit methods for the prediction of 2D wave impact pressure[J]. Coastal Engineering, 2009, 56(4): 419 - 440.

[17] TANAKA M, MASUNAGA T. Stabilization and smoothing of pressure in MPS method

by quasi-compressibility[J]. Journal of Computational Physics, 2010, 229(11):4279 - 4290.

[18] IKEDA H, KOSHIZUKA S, OKA Y, et al. Numerical analysis of jet injection behavior for fuel-coolant interaction using particle method[J]. Journal of Nuclear Science and Technology, 2001, 38(3): 174 - 182.

[19] DUAN G, YAMAJI A, KOSHIZUKA S, et al. The truncation and stabilization error in multiphase moving particle semi-implicit method based on corrective matrix: Which is dominant? [J]. Computers and Fluids, 2019, 190:254 - 273.

[20] KHAYYER A , GOTOH H. Enhancement of stability and accuracy of the moving particle semi-implicit method[J]. Journal of Computational Physics, 2011, 230: 3093 - 118.

[21] XU R, STANSBY P, LAURENCE D. Accuracy and stability in incompressible SPH (ISPH) based on the projection method and a new approach[J]. Journal of Computational Physics, 2009, 228: 6703 - 6725.

[22] DUAN G, CHEN B , ZHANG X, et al. A multiphase MPS solver for modeling multi-fluid interaction with free surface and its application in oil spill[J]. Computer Methods in Applied Mechanics and Engineering, 2017;320:133 - 61.

[23] CHEN X , XI G , SUN Z G. Improving stability of MPS method by a computational scheme based on conceptual particles[J]. Computer Methods in Applied Mechanics and Engineering, 2014, 278: 254 - 271.

[24] CHAUSSONNET G, BRAUN S, WIETH L, et al. Influence of particle disorder and smoothing length on SPH operator accuracy[R]. Tenth International SPHERIC Workshop, Parma, Italy, 2015.

[25] ADAMI S, HU X Y, ADAMS N A. A transport-velocity formulation for smoothed particle hydrodynamics[J]. Journal of Computational Physics, 2013, 241: 292 - 307.

[26] MARTIN J C, MOYCE W J. An experimental study of the collapse of fluid columns on a rigid horizontal plane[J]. Philosophical Transactions of the Royal Society of London Series A, 1952, 244:312 - 324.

[27] HIRT C W, NICHOLS B D. Volume of fluid (VOF) method for the dynamics of free boundaries[J]. Journal of Computational Physics, 1981, 39:201 - 225.

>>> 第3章　传热相变分析程序

在核反应堆热工安全研究中，除了流动现象外，还伴随着传热、熔化、凝固等热力学过程。传统的 MPS 方法中只涉及求解连续方程和动量方程，并不包括能量方程的求解。因此，本章在 MPS 方法的基础上，开发传热相变模块，包括传热模型和相变模型，并针对自由表面流动问题开发表面张力模型。随后针对以上模型进行了验证，使用改进的程序对金属熔化、消熔和凝固过程进行了数值模拟，并将改进的 MPS 程序应用于核反应堆严重事故现象和机理学研究。

3.1　数值计算模型

3.1.1　连续介质传热模型

能量守恒方程形式如下：

$$\rho \frac{\partial h}{\partial t} = k\, \nabla^2 T + Q_{\text{int}} \tag{3-1}$$

式中，ρ 是粒子密度，kg/m^3；h 是焓值，J/kg；t 是时间，s；k 是热导率，W/(m·K)；T 是温度，K；Q_{int} 是内热源，W/m^3。

传热模型通过采用拉普拉斯模型对导热微分方程进行离散得到：

$$h_i^{k+1} = h_i^k + \frac{2d}{\lambda_i n^0 \rho} \sum_{j \neq i} k\,(T_j^k - T_i^k) w_{ij} \cdot \Delta t + Q_{\text{int}} \cdot \Delta t \tag{3-2}$$

如图 3-1 所示，根据傅里叶定律可知粒子 i 和粒子 j 之间的热流可以表示为

$$q = k_i \frac{T_i - T_c}{r/2} = k_j \frac{T_c - T_j}{r/2} \tag{3-3}$$

由此可得：

$$T_c = \frac{k_i T_i + k_j T_j}{k_i + k_j} \tag{3-4}$$

带入至公式(3-3)中得：

$$q = \frac{2k_i k_j}{k_i + k_j} \frac{T_i - T_j}{r} \tag{3-5}$$

因此,热导率 k 表示如下：

$$k = \frac{2k_i k_j}{k_i + k_j} \tag{3-6}$$

该模型适用于固体粒子与固体粒子之间的导热、流体粒子和流体粒子之间的传热以及流体粒子和固体粒子之间的传热。由于 MPS 采用配点形式跟踪流体的运动情况,在每个时刻下,流体粒子与流体粒子之间、流体粒子与固体粒子之间的传热过程可以认为是近似的导热过程。通过粒子的运动和导热计算,能够较好地再现流体换热过程。但是,当流体与固体之间的换热表面存在特殊性时,例如存在汽膜或渣膜的情况,仅采用对应的热导率展开计算,会存在较大的误差,因此可通过相关界面模型对流体与固体之间的换热系数进行修正,提高计算精度。

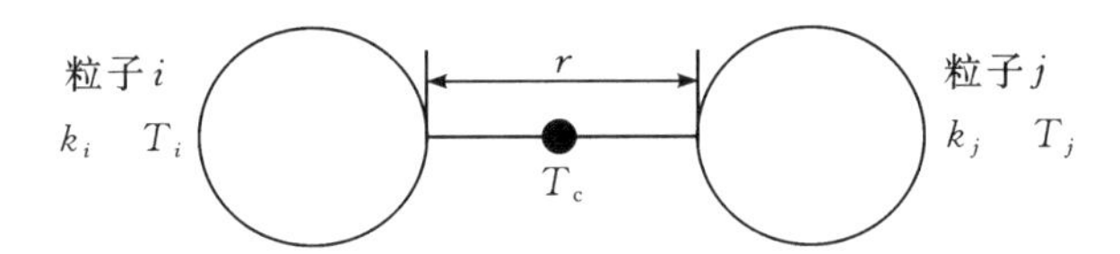

图 3-1 粒子间换热模型示意图

3.1.2 固液相变模型

通过能量守恒计算得到每个时刻下粒子的焓值,随后由焓值计算得到粒子对应的温度：

$$T = \begin{cases} T_S + \dfrac{h - h_S}{c_p} & h < h_S \\ T_S + \dfrac{(h - h_S)(T_L - T_S)}{h_L - h_S}, & h_S \leqslant h \leqslant h_L \\ T_L + \dfrac{h - h_L}{c_p}, & h_L < h \end{cases} \tag{3-7}$$

式中：T_S 是固相线温度,K；h_S 是固相线温度对应的焓值,J/kg；c_p 是定压比热容,J/(kg·K)；T_L 是液相线温度,K；h_L 是液相线温度对应的焓值,J/kg。以上是针对多相物质而言,对于纯物质,T_S 和 T_L 均为熔点,h_S 为开始熔化时对应的焓值,h_L 为熔化结束时对应的焓值。

采用固相率 γ 来判断粒子的相态变化,固相率由焓值计算：

$$\gamma = \begin{cases} 1, & h < h_S \\ \dfrac{h_L - h}{h_L - h_S}, & h_S \leqslant h \leqslant h_L \\ 0, & h_L < h \end{cases} \tag{3-8}$$

当固相率为 1 时，粒子为纯固态；当固相率为 0 时，粒子为纯液态 ；当固相率介于 1 和 0 之间时，粒子处于固液混合态。固液混合态较为特殊，固相和液相的占比对粒子的行为特性影响较大。定义临界固相率 γ_{crit} 来判断固液混合态粒子的行为特征，当 $\gamma \geqslant \gamma_{crit}$ 时，粒子内固相占比较高，粒子行为趋向于固态；当 $\gamma < \gamma_{crit}$ 时，粒子内液相占比较高，粒子行为趋向于液态。

3.1.3　基于表面自由能的表面张力模型

表面张力是模拟流体流动时必须要考虑的一类作用力，在以往的 MPS 算例模拟中，往往忽略了表面张力的存在。由于单相水、水与空气之间的表面张力都较小，所以在计算单相流动时，忽略表面张力的做法并不会引起结果的太大误差。但是，对于表面张力较大的金属熔融物来说，表面张力则不可忽略。

目前在粒子方法中采用的表面张力模型主要分为两类。一类是从宏观角度出发，建立连续表面张力(Continuum Surface Force, CSF)模型，通过颜色函数将界面上的作用力转化为过渡区域内的体积力，从而使表面张力易于耦合在控制方程中。第 4 章气液两相流部分介绍的 CCSF 表面张力模型就是基于 CSF 表面张力模型改进而来的。这类计算表面张力的方法只在两相流体相互接触的相界面才会产生效果，例如在计算流体的自由表面流动时，需要在其周围布置相应的背景空气粒子，连续表面张力模型才能适用，但这种处理方式会导致计算量的增大，特别是在三维模拟中。另一类表面张力模型则是基于表面自由能理论，通过粒子的势能变化计算单相及液固接触界面的表面张力。

本章采用 Kondo 等人[1]提出的基于表面自由能的表面张力模型：

$$F_S = C(r_{ij} - r_{min})(r_{ij} - r_e)/V \tag{3-9}$$

$$P(r_{ij}) = \begin{cases} \dfrac{C}{3}\left(r_{ij} - \dfrac{3}{2}r_{min} + \dfrac{1}{2}r_e\right)(r_{ij} - r_e)^2, & r_{ij} < r_e \\ 0, & r_{ij} \geqslant r_e \end{cases} \tag{3-10}$$

式中，F_S 是表面张力，N/m^3；r_{ij} 是粒子之间的距离，m；r_{min} 和 r_e 分别为粒子间最小距离和表面张力有效作用范围，m；C 为修正系数，J/m^3；$P(r_{ij})$ 为粒子 i 和粒子 j 之间的势能，J；V 为粒子体积。

根据表面自由能理论，表面张力系数等价于单位表面积上的势能大小，单位面积上的势能被称为表面能，换言之，形成一个单位表面所做的功等于表面能的大小，也就等于系统增加的势能。因此，对于两个原本相互接触在一起的流体微团 A 和 B 而言，为了在 A 与 B 之间形成自由表面而做的功，与系统增加的势能相等，如下所示：

$$2\sigma S = \sum_{\substack{i \in A, j \in B, \\ |r_{ij}| < r_e}} P(r_{ij}) \tag{3-11}$$

式中，σ 是表面张力系数，N/m；S 是形成的自由表面面积，m^2。等式左边是形成 $2S$ 大小的自由表面（流体微团 A 和 B 都形成了 S 大小的表面）所需要做的功，J；等式右边则是系统内增加的势能，J。

由式（3-10）和式（3-11）可以推导出修正系数 C_f，为使得推导出来的修正系数具有一般性，选取微团 A 和 B 形成最小粒子间自由表面积 $r_{\min}^2$，此时推导出来的修正系数 C_f 对形成任意大小的自由表面皆可成立。推导得到的修正系数 C_f 的计算式如下：

$$C_f = \frac{2\sigma r_{\min}^2}{\sum_{i \in A, j \in B, |r_{ij}| < r_e} \frac{1}{3}\left(r_{ij} - \frac{3}{2} r_{\min} + \frac{1}{2} r_e\right)(r_{ij} - r_e)^2} \tag{3-12}$$

对于流体和固体之间的表面张力计算，Kondo[1] 提出采用如下公式计算修正系数 C_{fs}：

$$C_{fs} = \frac{C_f}{2}(1 + \cos\theta) \tag{3-13}$$

式中，θ 是液体与固体之间的接触角，°；C_{fs} 表示固液接触面附近的修正系数，J/m^3。

通过上文的描述可知，基于表面自由能的表面张力模型计算直接、简洁、高效，易于使用程序语言实现，避免了连续表面张力模型中最为复杂的曲率的计算。但应该注意到，其中包含了很多待定系数，这些系数往往是很难确定的，尤其对于核反应堆严重事故中的相关物质，需要通过与相关实验值的对比进行敏感性分析，来确定相应的参数。

3.2 模型验证

3.2.1 平板导热算例

传热模型采用半无限大平板导热算例进行验证，半无限大平板导热的解析解如下：

$$T_1 = T_{1,i} + (T_S - T_{1,i})\left\{1 - \mathrm{erf}\left(\frac{x_1}{2\sqrt{\alpha_1 t}}\right)\right\} \tag{3-14}$$

$$T_2 = T_{2,i} + (T_S - T_{2,i})\left\{1 - \mathrm{erf}\left(\frac{x_2}{2\sqrt{\alpha_2 t}}\right)\right\} \tag{3-15}$$

上两式中

$$T_S = \frac{\sqrt{\rho_1 c_1 k_1}T_{1,i} + \sqrt{\rho_2 c_2 k_2}T_{2,i}}{\sqrt{\rho_1 c_1 k_1} + \sqrt{\rho_2 c_2 k_2}} \tag{3-16}$$

式中，ρ_1、ρ_2 分别表示两种物质的密度，kg/m^3；c_1、c_2 分别表示两种物质的定压比热容，J/(kg・K)；k_1、k_2 分别表示两种物质的导热系数，W/(m・K)；α_1、α_2 分别表示两种物质的热扩散率，m^2/s；T_S 是两种物质界面处的温度，K。

1. 同种物质间的导热

首先计算同种物质间的导热，粒子布置如图 3-2 所示。图中左侧为3000 K 的二氧化铀，右侧为 1000 K 的二氧化铀，左侧二氧化铀平板的高度为 0.1 m，宽度为 0.1 m，右侧二氧化铀的几何尺寸与左侧一致。粒子直径设置为 0.002 m，总粒子数为 5000 个，左侧平板和右侧平板各 2500 个粒子。二氧化铀的物性是随温度变化而变化的，但为了计算的简便，二氧化铀的物性取为定值，二氧化铀的导热系数为 3.96 W/(m・K)，定压比热容为 785 J/(kg・K)，密度为 8000 kg/m^3。图 3-3 展示了 t=10 s 及 t=50 s 时平板的温度场。

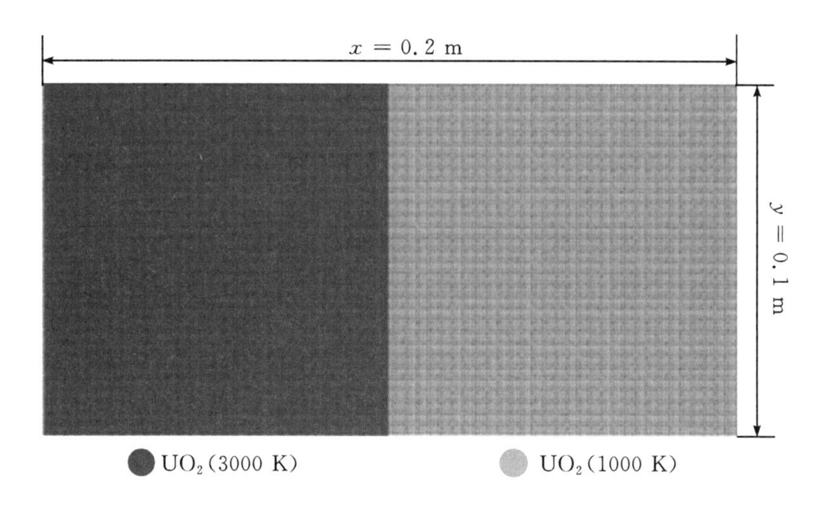

图 3-2　同种物质半无限大平板导热粒子布置

图 3-4 展示了温度沿 x 轴分布的模拟结果和解析解的对比。由图可知，同种物质间导热的模拟结果和解析解符合较好，几乎不存在误差。温度梯度在 x = 0、T =2000 K 处达到最大，并且由于模拟中假设物质的物性为常数，不受

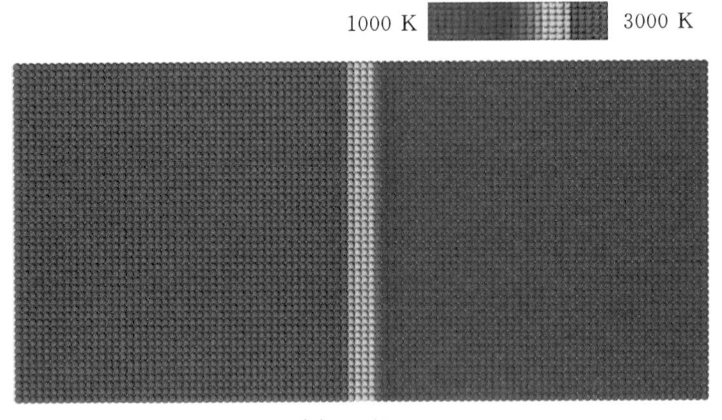

(a) $t=10$ s

(b) $t=50$ s

图 3-3　同种物质间导热的温度云图

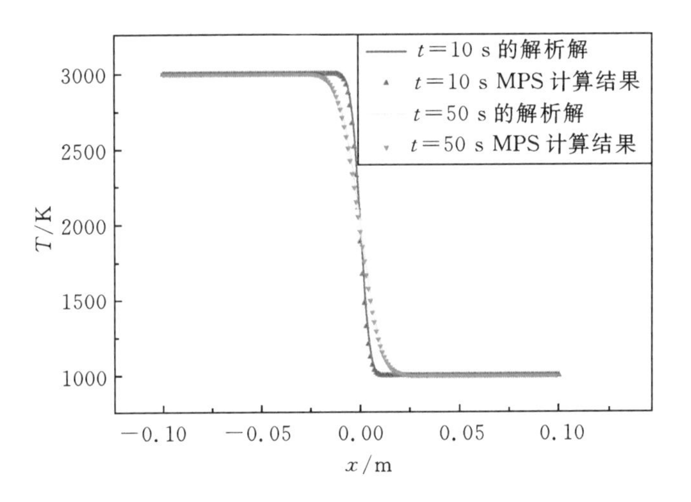

图 3-4　计算结果与解析解的对比

温度变化影响，平板两侧导热速率相同使得温度场以该点为中心呈中心对称分布。

2. 不同物质间的导热

图 3-5 展示了不同物质间的导热的粒子布置，几何尺寸与同种物质间导热算例一致。左侧为 3000 K 二氧化铀，右侧为 1000 K 不锈钢。二氧化铀、不锈钢的物性是随温度变化而变化的，但为了计算的简便，两者的物性均取为定值，二氧化铀的导热系数为 3.96 W/(m·K)，定压比热容为 785 J/(kg·K)，密度为 8000 kg/m^3；不锈钢的导热系数为 16.2 W/(m·K)，定压比热容为 502 J/(kg·K)，密度为 6920 kg/m^3。模拟得到的温度云图如图 3-6 所示。

图 3-7 展示了温度沿 x 轴分布的模拟结果和解析解的对比，由图可知模拟结果与解析解符合较好。中心部分的温度梯度仍然很大，但左右侧的温度梯度明显不同。左侧的温度梯度大，右侧的温度梯度小。这与左右两块板的物理参数有关，可以通过热扩散率来进行比较。二氧化铀的热扩散率为 6.31×10^{-7} m^2/s，不锈钢的热扩散率为 4.66×10^{-6} m^2/s，则温度在不锈钢内部的扩散速度更快，所以其温度梯度更小。

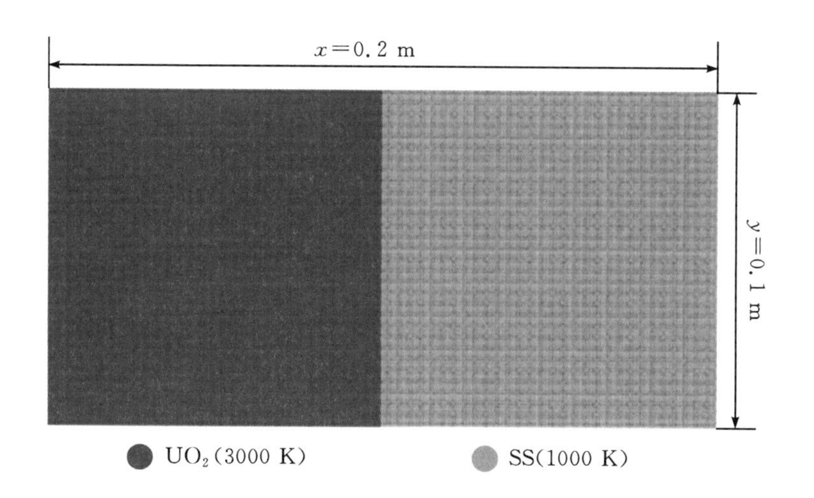

图 3-5 不同种材料半无限大平板导热粒子布置

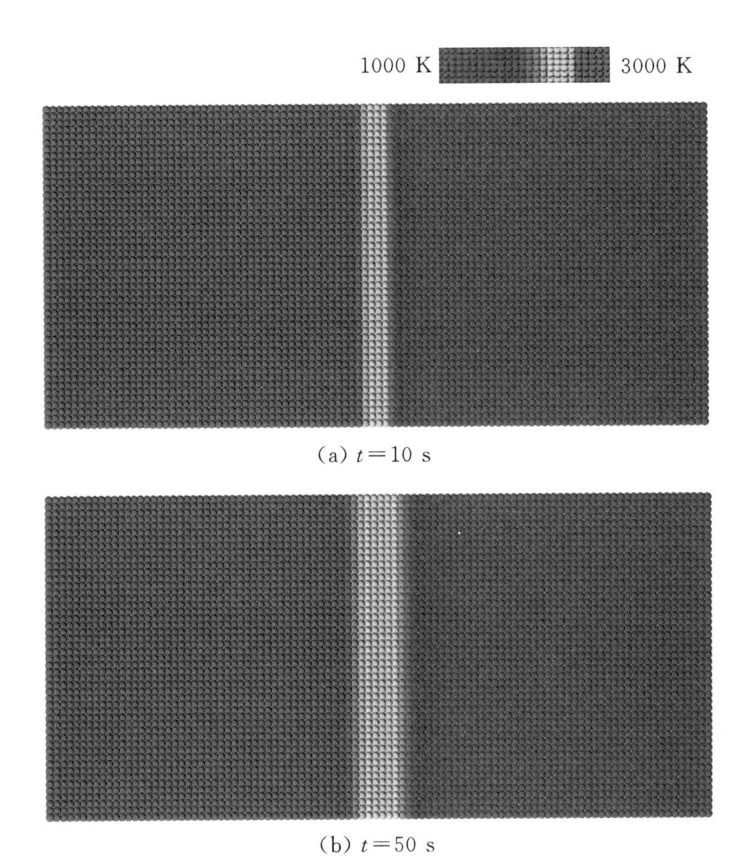

(a) $t=10$ s

(b) $t=50$ s

图 3-6　不同物质间导热温度云图

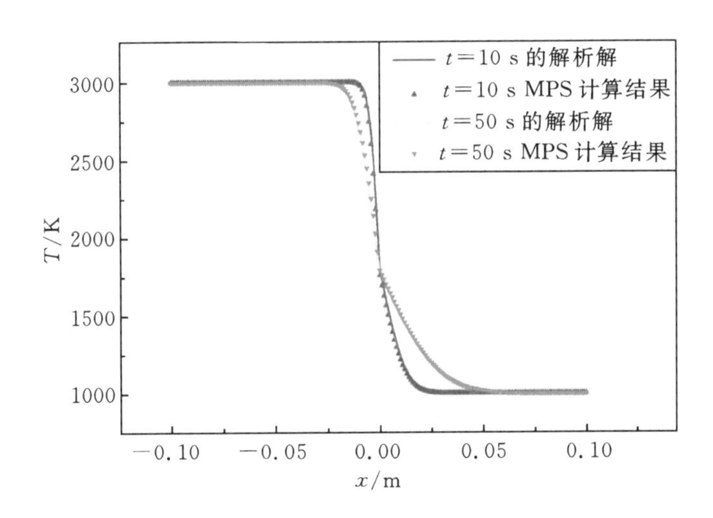

图 3-7　计算结果与解析解的对比

3.2.2　水结冰算例

在计算固体熔化或者流体凝固过程时，需要考虑物质相态变化。在本节中，通过模拟水被低温壁面冷却结冰的过程，来验证传热模型和相变模型的准确性。

图 3-8 展示了算例的粒子布置，长 0.2 m，宽 0.1 m。在本算例中，粒子直径为 0.002 m，共计 5000 个粒子，左侧布置三层壁面粒子，其余均为流体粒子。其中，壁面为恒温 173 K，流体为 283 K。在水结冰的过程中，从紧靠壁面的最左侧流体开始向右侧结冰，冰水相界面位置的解析解如下：

$$\xi(t) = 2R\sqrt{\alpha_1 t} \tag{3-17}$$

固相中的温度分布解析解为

$$T_2(t,x) = T_\infty + (T_\infty - T_w)\frac{1-\mathrm{erf}\left(\dfrac{x}{2\sqrt{\alpha_2 t}}\right)}{1-\mathrm{erf}\left(R\sqrt{\dfrac{\alpha_1}{\alpha_2}}\right)} \tag{3-18}$$

液相部分的温度分布解析解为

$$T_1(t,x) = T_w + (T_m - T_w)\frac{\mathrm{erf}\left(\dfrac{x}{2\sqrt{\alpha_1 t}}\right)}{\mathrm{erf}(R)} \tag{3-19}$$

式中，T_∞、T_w 分别为流体的初始温度和壁面温度，K；T_m 为熔点；R 为无量纲温度。

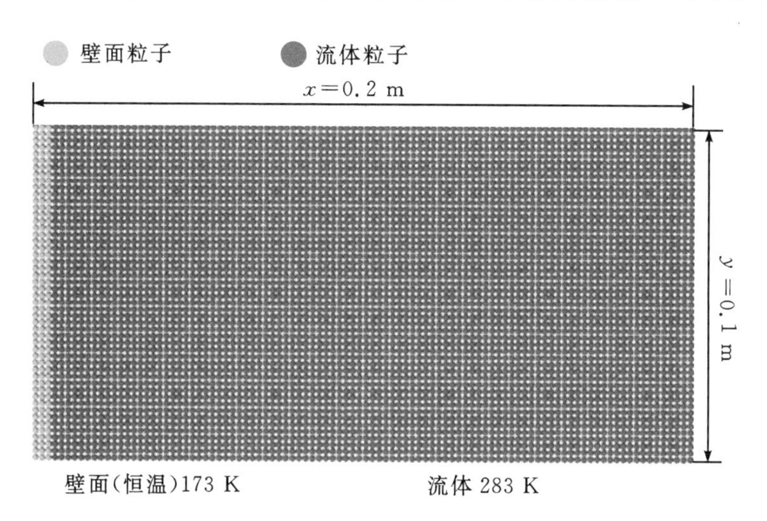

图 3-8　水结冰过程粒子布置

计算时，为了快速得到计算结果，取水的导热系数为 400 W/(m・K)，定压比热容为1000 J/(kg·K),熔化潜热为200 J/kg,水的凝固点为273 K。初始时,水全为液态粒子;当水的温度降低至273 K时,液态粒子开始转变为冰水混合物粒子,此时混合物的温度保持不变,但焓值持续变化;当焓值低于冰开始融化的焓值时,粒子类型变为固态粒子。上述解释了MPS方法通过粒子类型的变化模拟物质相态的变化过程,同理,也可以模拟冰的融化过程。

图3-9展示了模拟得到的粒子分布图和温度云图。$t=4.0$ s时,冰水相界面恰好处于$x=0.1$ m处,图中灰色的粒子为固态粒子,蓝色粒子为液态粒子,由于设定的熔化潜热较小,冰水相界面上很难出现冰水混合物粒子。图3-10展示了沿x轴温度分布的模拟结果和解析解的对比。由图可知,MPS计算得到的温度分布与解析解计算得到的温度分布几乎完全一致,在$x=0.1$ m时,温度恰好为273 K,即在此处形成了两相界面。

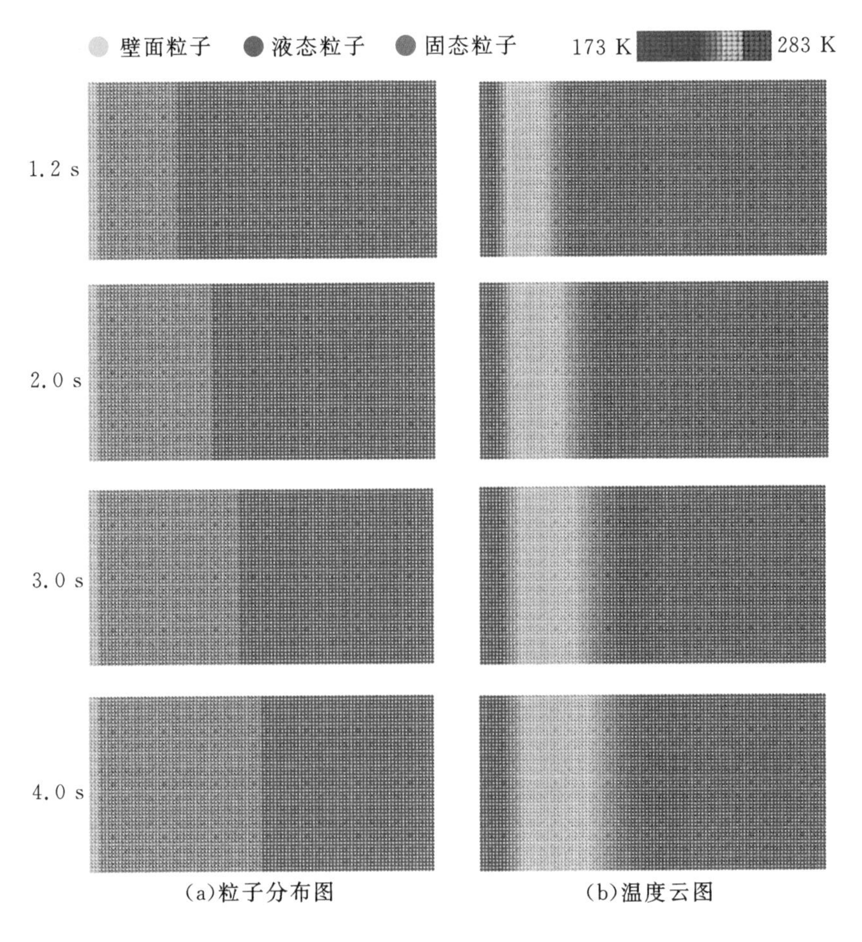

图3-9 水结冰过程模拟结果

此外，还针对水结冰算例进行了粒子尺寸的敏感性分析，将算例的粒子直径 l_0 设置为 0.001 m、0.002 m 和 0.0025 m 三种情况，计算的结果如图 3-10 所示。由图可知，三种粒子尺寸对于传热计算的影响并不大，不同粒子尺寸得到的计算结果都与解析解符合良好。

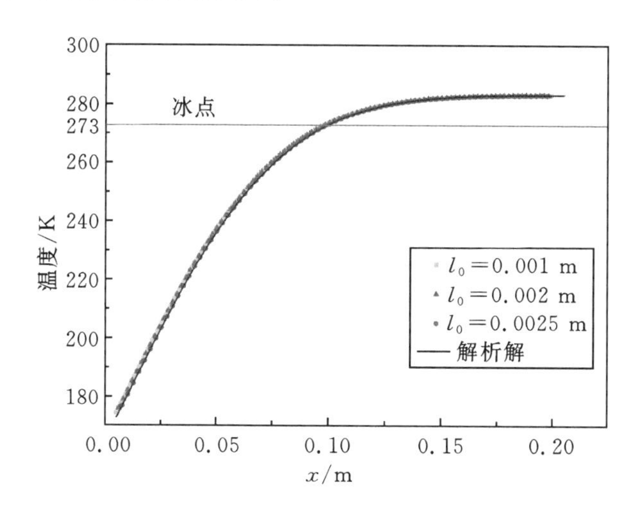

图 3-10　不同粒子尺寸的计算结果与解析解的对比

在传热计算中，由于能量方程在离散时采用了 MPS 方法中的扩散模型，并引入了核函数的计算概念。因此，与流动计算中的自由表面粒子相同，在传热计算中，靠近边界处的粒子也面临着粒子数密度降低的问题，这会导致温度计算时，边界附近的粒子温度计算出现误差。以水结冰的算例为例，取 t=4.0 s 时，冰水相界面右侧一列粒子的温度进行研究，沿 y 方向的温度分布如图 3-11 所示。

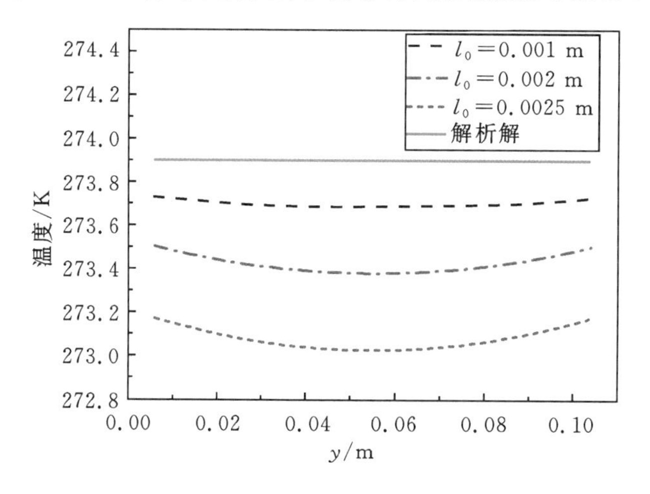

图 3-11　$x=l_0+0.1$ m 处粒子的温度分布

如图所示，可以看到不同的粒子尺寸下，边界处的粒子与中心处的粒子温度确实存在一定的偏差。对于解析解来说，算例的 y 方向上不存在热量传递，因此温度分布为一条严格的直线；在 MPS 计算的结果中，由于存在最外层边界粒子的粒子数密度缺失，导致了温度计算的误差，并且这种误差还会影响内层粒子的温度计算。但是，应当注意到，这种边界粒子的温度误差是随着粒子尺寸的减小而减小的，当粒子直径为 0.002 m 时，边界粒子与中心粒子温度的相对误差为 0.045%，当粒子直径为 0.001 m 时，这一误差减小为 0.015%。因此，在之后的数值计算中，也应在保证计算速度的前提下，尽量选择较小的粒子尺寸以保证温度计算的准确性。另一方面，边界粒子粒子数密度的缺失所带来的误差，可以通过粒子法和网格法耦合求解得到有效改善，其思想是对界面附近的粒子使用网格法求解，内部粒子则采用粒子法来求解，具体耦合方法将在第 5 章详细介绍。

3.2.3　表面张力模型验证

1. 方形液滴变形算例

方形液滴的变形算例主要用来验证表面张力模型的正确性，这一算例被很多有关表面张力模型的文献采用。方形液滴变形算例采用了 Kondo 等人[1]在 2007 年发表的论文中采取的相关算例，并与 Kondo 等人[1]的结果进行对比。

首先，本算例采用的粒子布置为 30×30，共 900 个粒子，粒子尺寸 0.0025 m。粒子的初始布置图如图 3-12 所示。

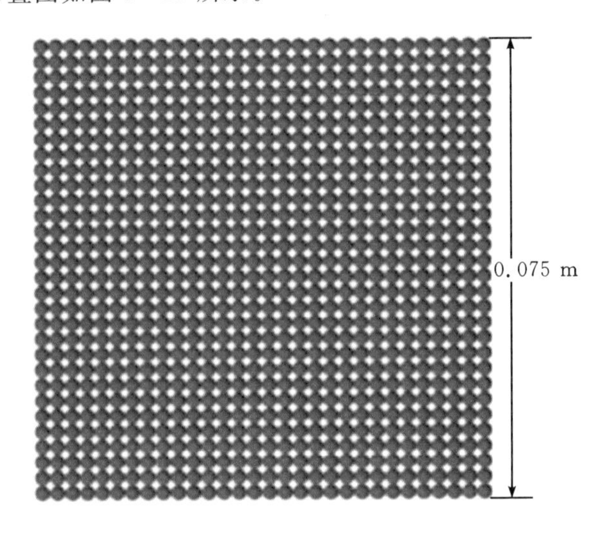

图 3-12　方形液滴变形算例初始粒子布置

表 3-1 展示了本算例相关参数的取值，这一算例中不包括流体和固壁面的表面张力计算，因此不涉及接触角的选取。

表 3-1　液滴变形算例相关参数

相关参数	取值
密度	798.0 kg/m^3
运动黏度	1.38×10^{-6} m^2/s
表面张力系数	0.02361 N/m
液滴尺寸	0.075 m
粒子尺寸	0.0025 m
时间步长	0.002 s

计算时，忽略重力及其他外力作用，仅观察方形液滴在无重力条件下由表面张力驱动的变形过程，MPS 程序模拟的结果与文献中的结果对比如图 3-13 所示。

通过图 3-13 的对比，可以看出本算例中的 MPS 程序在计算表面张力方面的正确性，与文献结果符合得较好。本算例中的相关参数均直接采用文献中给出的值，在使用上节介绍的表面张力模型模拟实际问题时，还需要通过敏感性分析来确定表面张力模型中的相关参数。

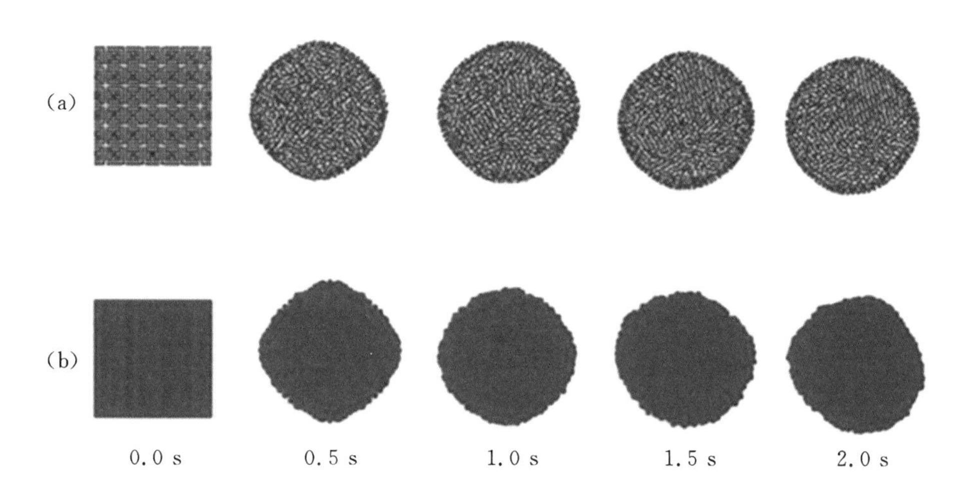

图 3-13　MPS 程序计算结果(a)与文献结果(b)的对比[1]

2. 近壁面液滴接触角模拟算例

在近壁面的液体流动中，固相与液相相互接触时往往需要考虑接触角的影响。连续表面张力模型无法对接触角进行模拟，而基于表面自由能的表面张力模型则可以方便地模拟固液交界处的接触角。本节对液滴在固体壁面上的行为进行了模拟。粒子初始布置如图 3-14 所示，初始时液滴与固体壁面接触并被释放。

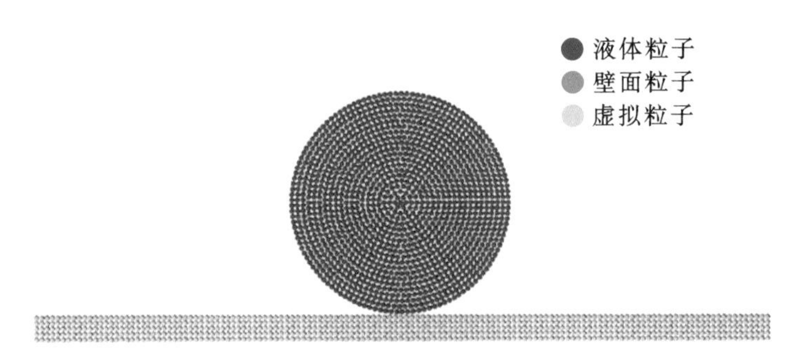

图 3-14 初始液滴布置

计算时选取的液滴参数如表 3-2 所示，选取粒子大小为 0.0025 m，时间步长设置为 1×10^{-4} s，模拟总时间长为 10 s。模拟时取接触角 180°、150°、120°、90°、60°、30°分别进行模拟，对比 10 s 时各接触角情况下液滴在壁面上的最终状态。需要注意的是，本算例只关注在表面张力作用下液滴的变形情况，因此忽略了重力的作用。

表 3-2 接触角算例液滴参数

相关参数	取值
密度	1000.0 kg/m^3
运动黏度	1.0×10^{-4} m^2/s
表面张力系数	0.072 N/m
液滴半径	0.05 m
粒子尺寸	0.0025 m
时间步长	0.0001 s

固体粒子与液体粒子之间的相互作用力增大时，固相与液相的接触角随之减小。图 3-15 为液滴与壁面在不同接触角情况下 10 s 时的状态，当接触角为 180°时，液滴与固体壁面分离，呈现完全不润湿状态；在 60°到 150°之间时，液滴分别呈现出不润湿到部分润湿的状态，10 s 后 MPS 模拟结果与理论值相比偏差较小；在 30°时，模拟结果与理论值相比偏大。总体上，在 MPS 方法中利用基于表面自由能的表面张力模型模拟所得接触角与理论值较为接近。

通过本节对于表面张力驱动的流动算例的模拟，验证了基于表面自由能的表面张力模型的正确性。该表面张力模型获得的表面张力只是对分子尺度上物理机理的一个简单比拟，通过表面自由能推出的势能计算关系式[式(3-10)]是一种经验关系式，一些经验参数难以确定，往往需要与实验或其他方法对比

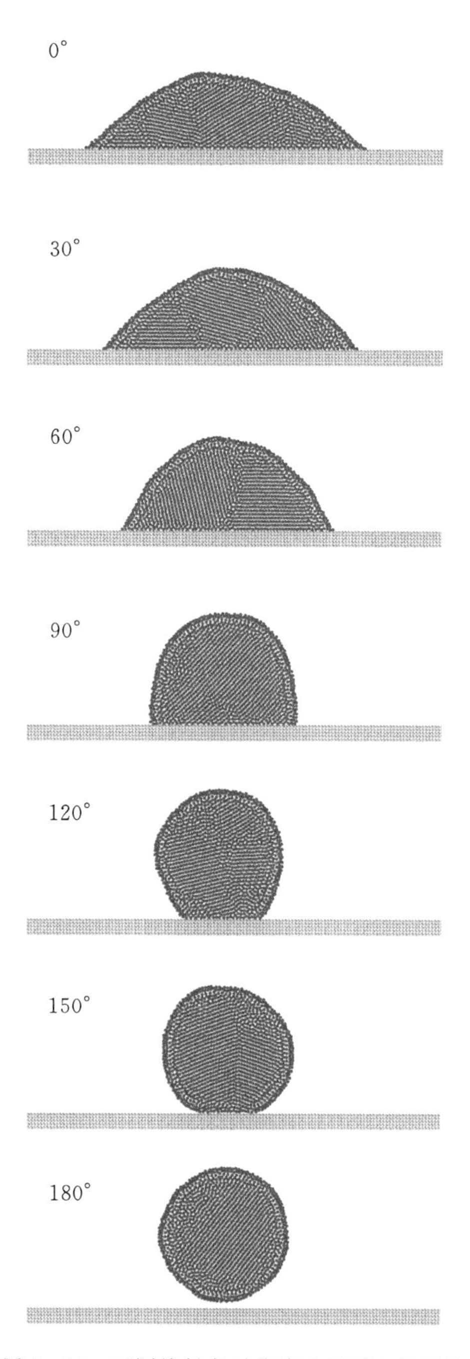

图 3－15　不同接触角时液滴在壁面上的行为

进行校正。但该模型不需要判断表面位置和计算表面曲率，可以方便地模拟固液交界面的接触角，编写程序简单，计算效率更高。

3.3 金属熔化过程分析

3.3.1 金属熔化实验模拟

伍德合金是一种典型的低熔点混合物，常温下熔点较低，约为 78 ℃，在工业上常用作热敏元件如保险材料、火灾报警装置等。日本九州大学 Guo 等人[2]进行了伍德合金熔化实验，对固体熔化时的热力学及流变行为进行了研究。本小节选取该熔化实验作为参考，利用三维 MPS 程序进行数值模拟，并将 MPS 程序计算结果与实验结果进行了对比，以验证改进后的 MPS 程序。

本研究综合考虑了改进后的 MPS 程序中的各个模型，来模拟伍德合金熔化时的热力学及流变行为。首先，固体伍德合金使用刚体粒子表示，采用离散单元模型，以多个固体颗粒聚合组成一个合金块；金属块和壁面间的作用采用 DEM 碰撞模型，金属块的导热采用颗粒传热模型，其中离散单元模型、DEM 碰撞模型和颗粒传热模型将在第 6 章详细介绍；金属的熔化过程采用了连续介质传热模型和固液相变模型；熔融伍德合金在底部铜板上的流动过程考虑了表面张力模型。

1. 伍德合金熔化实验

如图 3－16 所示，实验装置由底部的加热板、热电偶和铜板组成，铜板用于支撑固态的伍德合金及其熔融物，加热板用于加热伍德合金样品，两个热电偶分别用于测量铜板和伍德合金中心的温度。伍德合金样品为一正方体，边长为 2 cm，初始温度为 27 ℃，实验过程中保持铜板温度不变，设置三种实验工况，铜板温度分别保持为 250 ℃、300 ℃和 350 ℃。熔化过程持续约 2 s，直至熔化表面接近原固体伍德合金的中心处，并利用摄像机记录整个熔化过程。

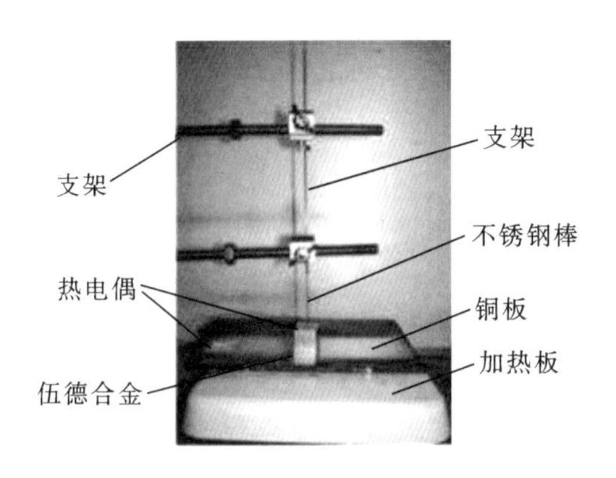

图 3－16 实验装置图[2]

伍德合金的物性如表 3－3 所示。

表 3-3 伍德合金物性[2]

熔点	78.8 ℃
熔化潜热	4.75×10^4 kJ/kg
密度	8528 kg/m^3
比热容	190(液)/168.5(固) J/(kg·K)
导热系数	12.8(液)/9.8(固) W/(m·K)
动力黏性系数	2.4×10^{-3} Pa·s
表面张力系数	0.1 N/m

铜板的物性如表 3-4 所示。

表 3-4 铜板物性[2]

熔点	1084 ℃
熔化潜热	2.12×10^2 kJ/kg
密度	8900 kg/m^3
比热容	390 J/(kg·K)
导热系数	401 W/(m·K)

2. MPS 对实验的模拟

MPS 模拟的粒子初始布置如图 3-17 所示，粒子直径为 0.0005 m，共 150400 个粒子，其中伍德合金由 64000 个粒子组成。模拟时，由于铜板的导热系数很高，并且模拟时间较短(2 s)，铜板与伍德合金之间的传热占据主导，因此可以忽略伍德合金与周围空气的对流传热，认为实验和模拟过程均无凝固现象。模拟时，铜板温度保持为 350 ℃。

图 3-18 和图 3-19 为 MPS 模拟伍德合金熔化与实验结果对比图(0～1.5 s)。图中蓝色粒子表示固态伍德合金，绿色粒子表示底部铜板，粉色粒子表示熔融态的伍德合金。图 3-18 为伍德合金熔化过程的正视图，可以看出随着时间变化，固体伍德合金逐渐熔化，熔融态的伍德合金在铜板上流动，MPS 模拟结果与实验结果符合较好；图 3-19 为伍德合金熔化过程的俯视图，展示了伍德合金熔化形成的熔融态伍德合金液膜在铜板上的扩展过程，MPS 模拟结果与实验结果也基本一致。然而，随着时间的推移，MPS 模拟熔化进程明显比实验进

程更快，实验过程中液膜在铜板上的扩展无法保持理论上的对称形状，这很可能是由于实验中的铜板表面有一定的粗糙度，使得液膜的流动受到一定的阻碍。

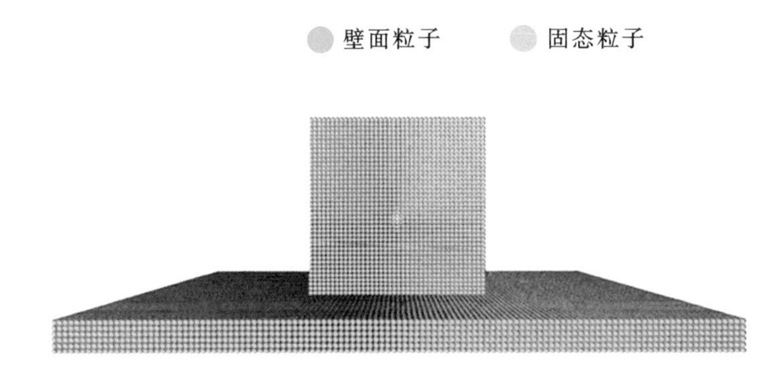

图 3-17　伍德合金熔化粒子初始布置

图 3-18　伍德合金熔化(正视图)

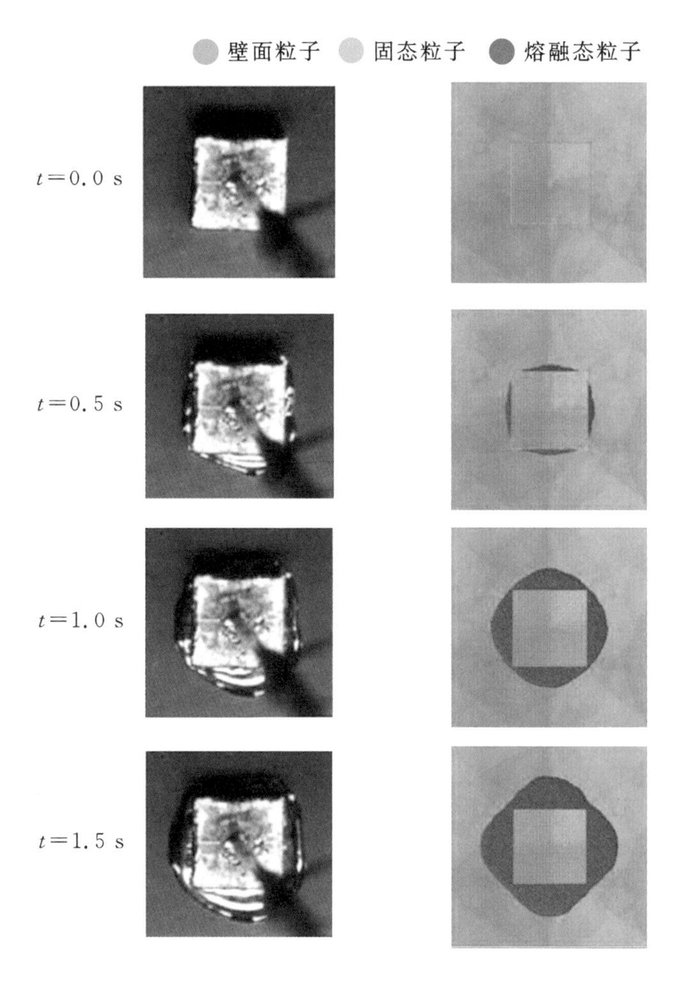

图 3-19　伍德合金熔化(俯视图)

选取液膜在铜板上扩展的宽度和固体的中心温度两个物理量作为比较参数与实验数据进行定量比较。图 3-20 为液膜扩展宽度示意图,由于实验过程中无法保证液膜在铜板上扩展时的对称性,故选择对角线长度作为液膜扩展的宽度。

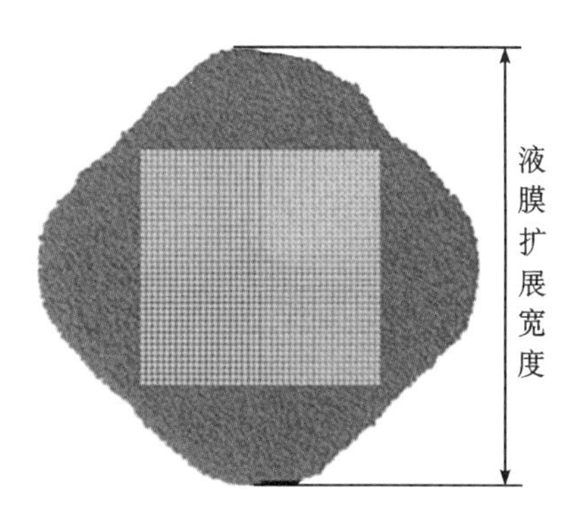

图 3-20　液膜扩展宽度示意图

图 3-21 和图 3-22 中展示了液膜扩展宽度与固体中心温度随时间的变化。由图可知模拟结果虽然与实验值有一定偏差,但是总体上模拟结果与实验结果基本一致,证

明了改进的 MPS 程序具备计算物质熔化过程的能力。

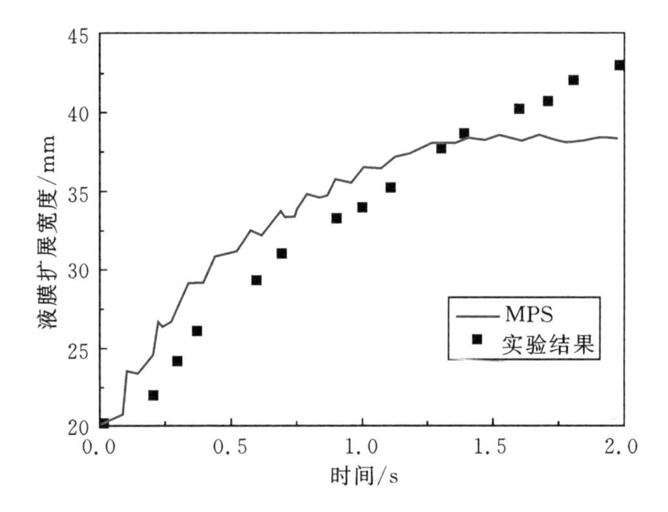

图 3-21　液膜扩展宽度随时间变化

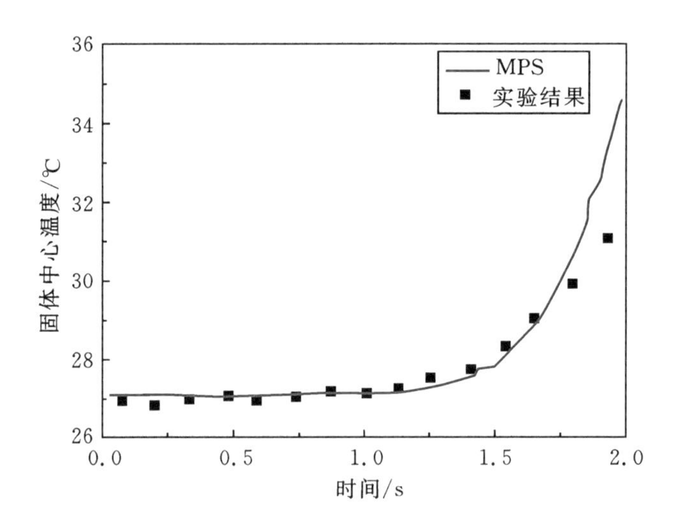

图 3-22　固体中心温度随时间变化

3.3.2　Pb-Bi 平板消熔实验验证[3]

1. Pb-Bi 平板消熔实验简介

日本电力工业中央研究所(Central Research Institute of Electric Power Industry,CRIEPI)通过一系列的平板消熔实验来进行核反应堆压力容器中可能发生的壁面消熔的机理性研究,相关的实验装置如图 3-23 所示。

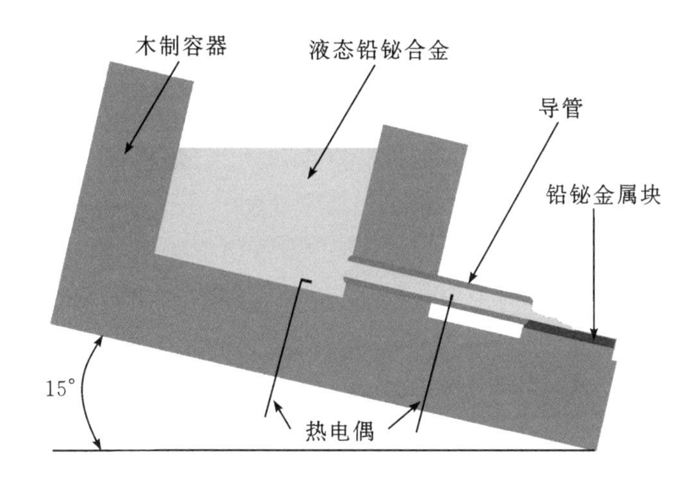

图 3-23 Pb-Bi 平板消熔实验装置示意图

实验中,通过电加热器将铅铋合金加热至 350 ℃使之熔化为液态,得到实验所需的熔融物。实验开始前,将熔融的液态铅铋合金盛放在一个木质容器中。随后,熔融的铅铋合金通过容器下部的一个导管流出,当熔融的铅铋合金流出导管时,熔融物下落到固态的铅铋金属块上。铅铋合金的熔点很低,350 ℃的熔融物足以将其熔化。当熔融物落到金属块上时,消熔过程开始。位于木制容器和导管出口的热电偶用来测量熔融金属的温度。将整个消熔过程通过高速摄像机记录下来。实验的相关参数见表 3-5。

表 3-5 实验中各材料的物理性质

物性	Pb-Bi(44.5%,55.5%)	木材	空气
密度/($kg \cdot m^{-3}$)	10050.0	300.0	1.205
比热容 /($J \cdot kg^{-1} \cdot K^{-1}$)	147.0	1300.0	1005
运动黏度/($m^2 \cdot s^{-1}$)	1.29×10^{-7}	—	15.11×10^{-6}
导热系数/($W \cdot m^{-1} \cdot K^{-1}$)	13.8	0.069	0.0257
初始温度/K	300.0 (板)	300.0	300.0

2. MPS 对实验的模拟

1)计算区域和初始条件设置

图 3-24 展示了模拟的初始粒子布置,其中,固态铅铋金属块放置于木板上,与水平面呈 15°角;实验中的导管在数值模拟时采用稳定进口边界条件(详见 2.2.7 节);金属块厚 5 mm,宽 17 mm,长 37 mm。在计算中,取粒子直径 0.5 mm,共计 52626 个粒子。

对于温度边界条件，由于实验中铅铋合金温度较高，因此需要考虑金属块与环境空气之间的对流换热及辐射换热，对流换热由下式[4]计算：

$$Nu = 0.59\,(Pr \cdot Gr)^{1/4} \tag{3-20}$$

物体表面和周围环境的辐射换热通过斯特潘-玻尔兹曼定律计算：

$$\varphi = \varepsilon\sigma\,(T_{\mathrm{particle}}^4 - T_{\mathrm{air}}^4) \tag{3-21}$$

式中，ε 为物体的发射率；σ 为玻尔兹曼常数，$W/(s^2 \cdot K^4)$。

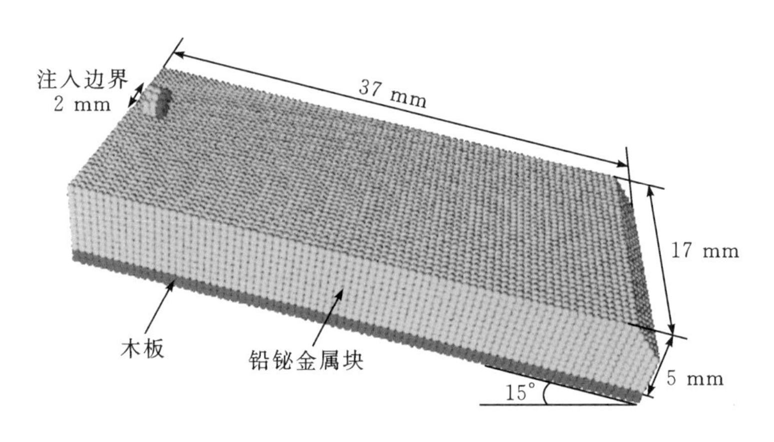

图 3-24　MPS 模拟时的初始粒子布置

实验测得导管出口的液态金属流量为 15.22 g/s，换算为数值模拟中的注入速度边界条件，对应为 0.48 m/s。

通过实验得到的流出导管的液态铅铋合金的温度拟合得式(3-22)，并将其应用于数值模拟。

$$T(\mathrm{K}) = \begin{cases} 403, & 0.0\ \mathrm{s} < t \leqslant 0.35\ \mathrm{s} \\ 18.519t^3 - 123.94t^2 + 293.54t + 46.008, & 0.35\ \mathrm{s} < t \leqslant 3.0\ \mathrm{s} \\ 0.0598t^3 - 1.4404t^2 + 10.578t + 279, & 3.0\ \mathrm{s} < t \leqslant 10.0\ \mathrm{s} \end{cases} \tag{3-22}$$

2)模拟结果与实验结果的对比

图 3-25 展示了 MPS 模拟结果和实验结果的对比。实验中，可以观察到在 3.5 s 左右，熔融的铅铋合金将铅铋金属块熔穿，同样的现象也成功被 MPS 程序模拟了出来。实验中，在 4.5 s 左右，铅铋合金金属块的右侧被熔穿，留存于金属块中心的熔融液态金属从中流出。5.5 s 时，几乎所有的液态熔融物都流出了金属块中心。在这整个过程中，MPS 程序能够在一定程度上模拟铅铋合金的消熔过程，也证明了 MPS 程序具备模拟固液相变的能力。

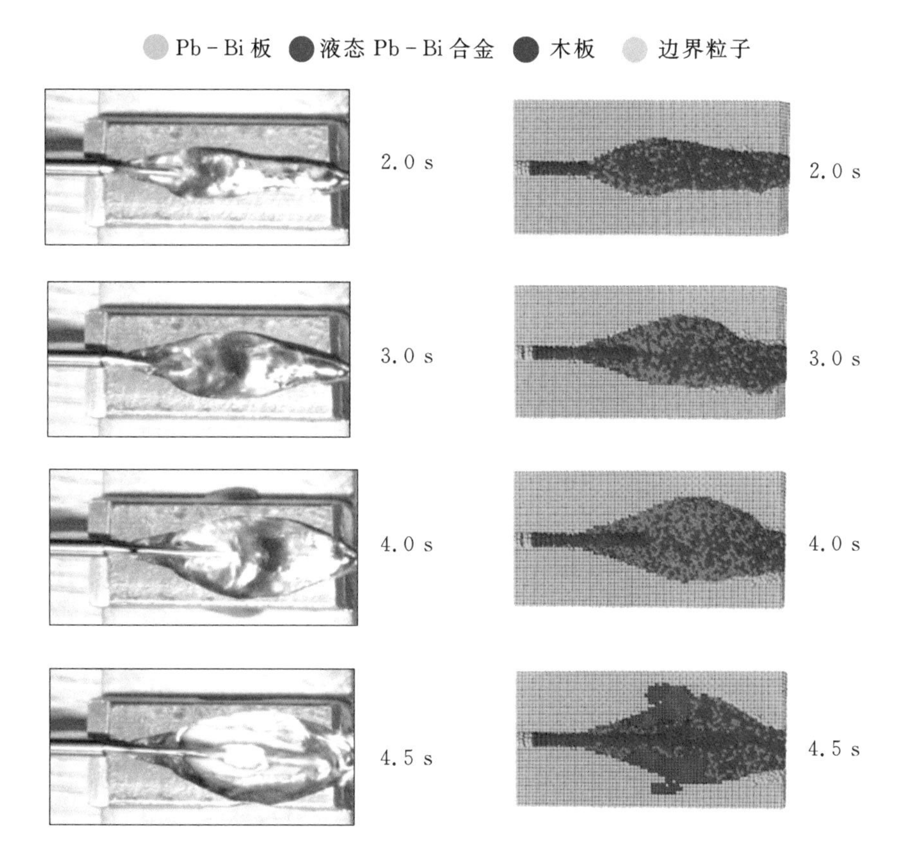

图 3-25　模拟结果和实验结果的对比

经过分析，认为模拟结果与实验结果存在误差的原因主要存在于以下两个方面：首先，实验中的液态铅铋合金的出口流量是瞬态变化的，很难准确测量，因此在数值模拟中难以准确设置与实验值完全相同的边界条件；其次，在液态铅铋的凝固过程中，其表面会形成一层致密的氧化膜，这层膜在很大程度上限制了液态金属的流动。但是在数值模拟中并没有考虑这一效应，因为要模拟氧化膜的生成，需要更为密集的粒子排布，这会引入巨大的计算量，而且其中涉及到了较为复杂的化学变化，这是目前本章中的 MPS 程序所无法实现的，还需要在今后的工作中进一步完善。

图 3-26 展示了典型时刻的温度云图。图 3-27 的曲线是 MPS 方法模拟的液态金属流出质量流量与实验值的对比。由图可知，两条曲线在前段和末段都符合较好，但是由于上文所述的原因，在熔融铅铋熔穿金属板、熔融物流出的几秒过程内，数值模拟结果和实验结果出现了较为明显的偏差。

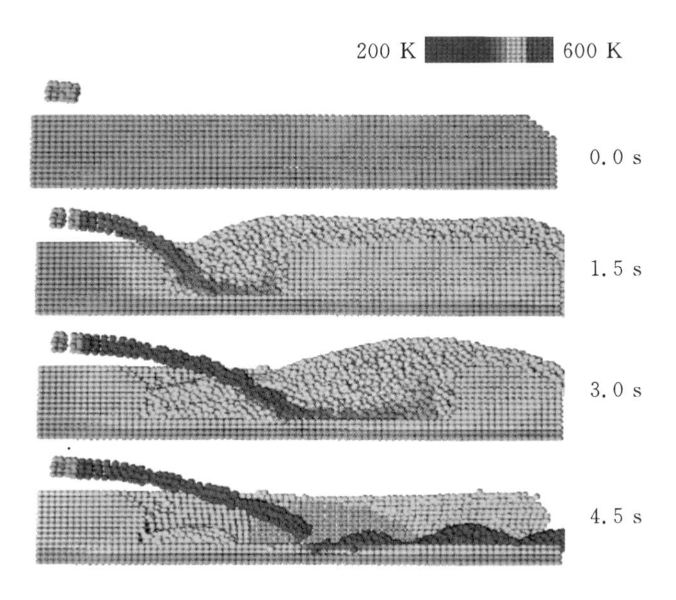

图 3-26　MPS 方法计算得到的温度云图

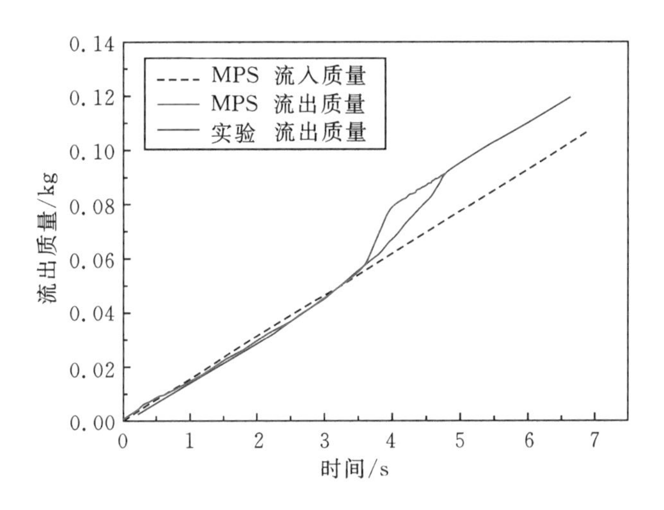

图 3-27　MPS 方法模拟得到的流出质量流量与实验值的对比

3.3.3　L 板熔融物流动凝固实验

1. L 板熔融物流动凝固实验介绍

日本九州大学的 Mahmudah 等人[5]通过一系列的金属熔融物在 L 板上流动凝固实验来进行堆芯熔融物在堆内可能发生的流动凝固行为的机理性研究，相关的实验装置如图 3-28 所示。实验装置包括熔融物注射通道、L 形冷却板

(以下简称 L 板)、温度测量系统和高速摄影仪。注射通道的长度和内径分别为 40 mm 和10 mm,L 板的长度、宽度、厚度分别为 200 mm、30 mm 和 5 mm。在实验中,熔融物从通道顶部倒入,沿着注射管射到 L 板上,并在 L 板上流动和凝固。另外,为了直观观察和安全考虑,将熔化的金属替换为低熔点的伍德合金。实验中 L 板与水平线以一定角度布置。相关材料属性见表 3－6,实验工况的初始边界条件见表 3－7。

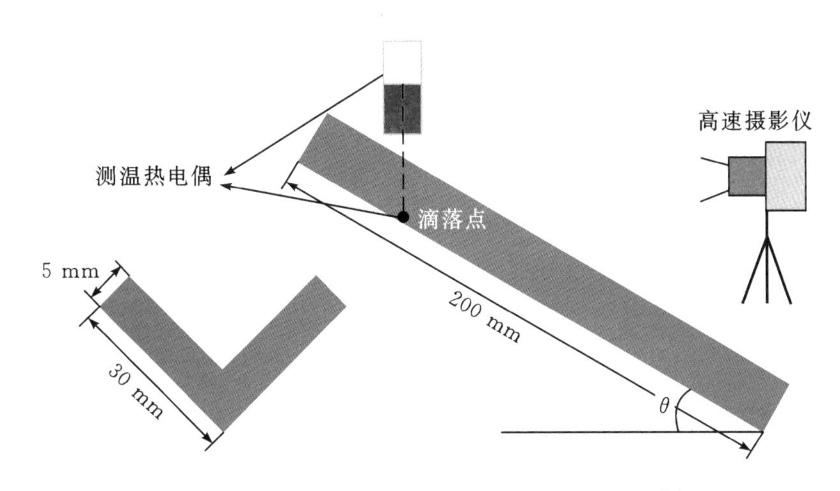

图 3－28　L 板熔融物流动凝固实验装置示意图[5]

表 3－6　实验中各材料的物理性质[5]

物性	伍德合金	黄铜	铜
密度/(kg·m^{-3})	8528	8470	8940
黏度/(Pa·s)	0.0024	—	—
熔点/K	351.95	1148.15	1355.15
比热容/(J·kg^{-1}·K^{-1})	168.5	377	385
熔化潜热/(J·kg^{-1})	47300	168000	205000
热导率/(W·m^{-1}·K^{-1})	12.8	117	403

表 3－7　实验工况的初始边界条件[5]

实验工况	A	B
冷却板材料	铜	黄铜
熔融物初始温度/K	353.55	355.15
熔融物初始体积/cm^3	1.5	1.5
L 板倾斜角度/°	30	30

2. MPS 对实验的模拟计算

根据 Mahmudah 等人[5]的实验，建立 MPS 模拟的几何模型，如图 3－29 所示。由于实验中没有测量伍德合金熔融物的注入速度，因此在模拟中假设熔融物为自由下落。在模拟中，初始粒子直径设置为 0.0001 m，时间步长为 0.0001 s。

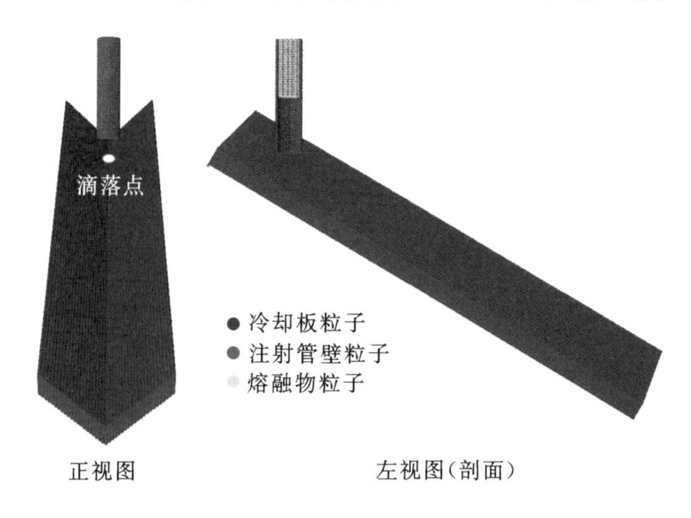

图 3－29　MPS 粒子法初始粒子布置

模拟中测量了金属在冷却板上的贯穿长度、最终凝固形态和凝固后金属的分布情况，并与实验结果进行了比较。图 3－30 展示了实验工况 B 的熔融物在 L 板上的流动凝固过程。可以发现，实验工况 B 的模拟结果与实验结果有较好的一致性，当伍德合金熔融物喷射到冷却板上时，定义时间为零，随着时间的增加，伍德合金熔融物开始凝固，直到 0.105 s 后前沿位置长度停止变化。

图 3－31 展示了最终的凝固形态的模拟结果与实验结果的对比，熔融物在自由落体的冲击下，首先在 L 板的滴落点附近铺展开，随后在重力的影响下汇聚并沿着 L 板向下流动，可以发现模拟结果与实验结果在外形和长度上符合得较好，但是在局部(图中白线圈出)的形状上有所差异，这主要是因为实验中熔融物的液膜铺展和流动会受到 L 板壁面粗糙度的影响，而在 MPS 模拟中无法考虑壁面这一特性。图 3－32 展示了 MPS 方法、有限体积粒子法(FVP)和实验方法得出的凝固金属分布情况的对比。根据实验工况 B 的熔融物最终凝固长度将凝固的熔融物分成四个等长度的区域，对比每一区域上的凝固伍德合金的质量来衡量熔融物在 L 板上的分布情况。相对于 FVP 方法，MPS 的模拟结果与实验结果的误差更小。图 3－33 展示了 MPS 方法、FVP 方法和实验方法得出的实验工况 A 的熔融物前沿随时间的变化曲线，可以发现熔融物在 L 板的流动速度不断减小，这是因为随着时间推进，熔融物受到 L 板的冷却焓值有所降

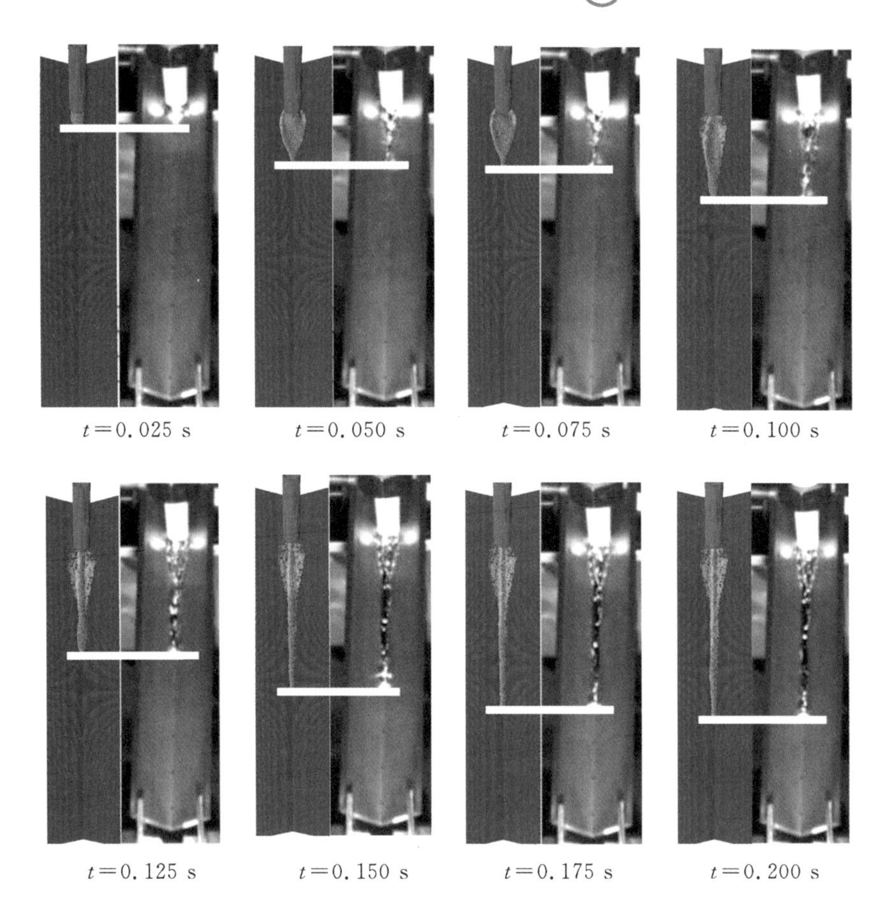

图 3-30　熔融物流动过程的模拟结果与实验值的对比(实验工况 B)

低,黏度随之增大。通过对比可以发现 MPS 和 FVP 方法的模拟结果与实验结果相比均存在一定的误差,误差可能来源于实验中 L 板壁面粗糙特性的影响。

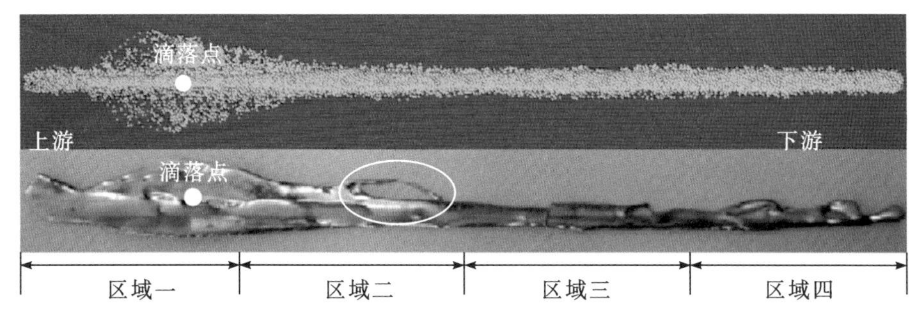

图 3-31　最终凝固形态的模拟结果与实验结果的对比(实验工况 A)

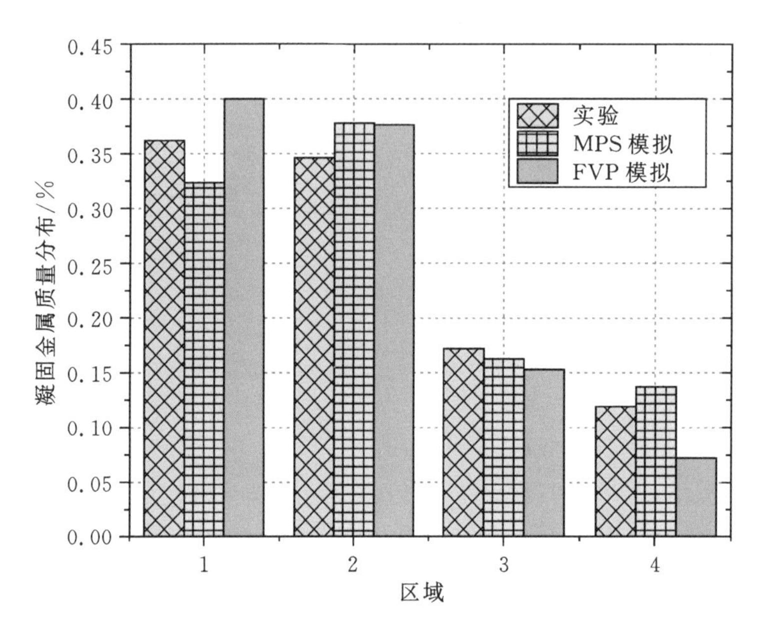

图 3-32 凝固金属质量分布的模拟结果与实验结果的对比(实验工况 A)

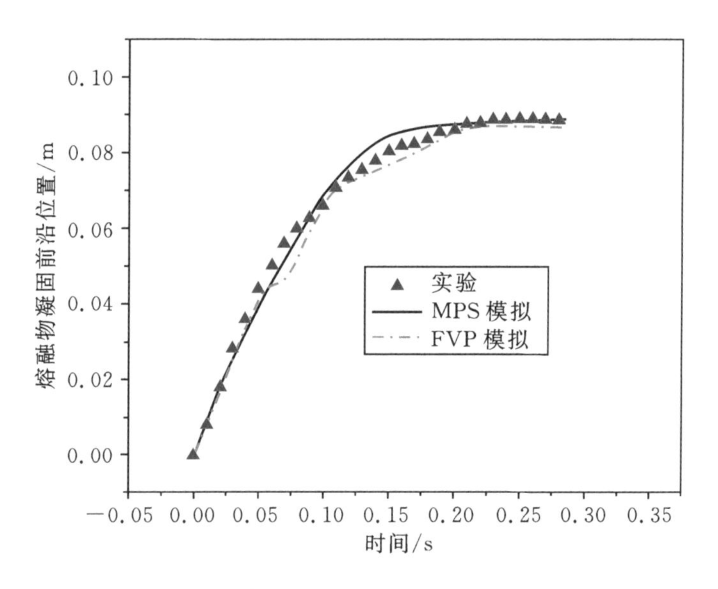

图 3-33 熔融物凝固前沿随时间变化曲线(实验工况 A)

总地来说，MPS 程序可以较好地再现 L 板上熔融物的流动凝固过程，能够很好地展现熔融物流动过程和凝固形态，并且能够统计相关定量数据，如熔融物的前沿位置、速度等，对于熔融物在结构材料上的流动凝固堵塞过程的研究具有重要意义。

本章节几类传热相变的相关算例验证了MPS方法在材料熔化、凝固、消熔过程中的机理性模拟方面已经具备了相应能力，可以使用MPS程序进行核反应堆严重事故工况的研究。

3.4 MPS方法在严重事故分析中的应用

3.4.1 仪器管内熔融物流动凝固行为研究[6]

福岛核电站压力容器(Reactor Pressure Vessel, RPV)下封头有200多个贯穿件(控制棒及仪器管)，在发生严重事故的时候，贯穿RPV的仪器管可能发生熔化，从而为熔融物提供通道使其泄漏出RPV。因此，熔融物在RPV仪器管内的流动凝固行为将直接关系到核反应堆系统压力边界的安危。本研究采用MPS方法数值模拟沸水堆(Boiling Water Reactor, BWR)仪器管内熔融物的流动凝固行为，揭示RPV下封头内的仪器管的失效机理。

美国电力研究协会(Electric Power Research Institute, EPRI)开展了一系列实验以研究熔融物在BWR和PWR(压水堆，Pressurized Water Reactor)原型仪器管与移动堆芯探头(Traversing Incore Probe, TIP)管道内的流动凝固行为。在EPRI的实验中发现，仪器管和TIP管道之间的水为金属熔融物提供了有效的冷却，使得TIP管道被凝固的熔融物堵塞。本小节针对BWR的Al_2O_3熔融物在TIP管道内的流动和凝固过程建立MPS初始粒子几何模型，如图3-34所示。具体参数在表3-8中列出。

表3-8 EPRI-3实验参数

参数	数值
仪器管外径	25.4 mm
仪器管内径	12.6 mm
TIP管外径	8.0 mm
TIP管内径	5.6 mm
熔化深度	8.1 cm
管道长度	0.63 m
初始壁面温度	288 K
初始水温	288 K
材料	Al_2O_3
初始熔化温度	2400 K

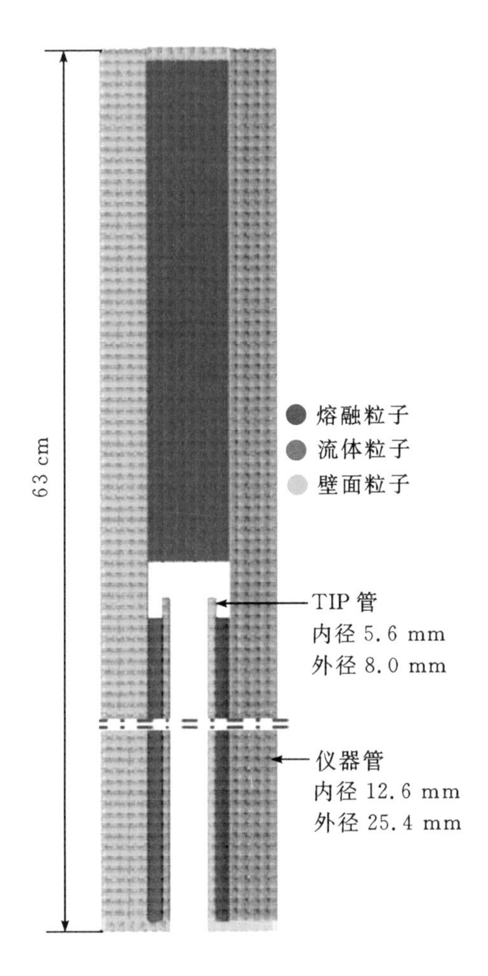

图 3-34　EPRI-3 实验分析 MPS 模型

图 3-35 展示了 MPS 程序计算的结果，粒子直径为 0.3 mm，Ramacciotti 黏性模型[7]中的修正系数 C 为 2.5，接触角为 70°。模拟所得到的最大渗透长度为 47.5 cm，与实验值 50 cm 接近，验证了 MPS 具备模拟管内熔融物流动凝固行为的能力。

图 3-36 展示了氧化铝熔融物在 TIP 管内不同相的体积份额。由图可知，在 0.9 s 内，随着时间的推进，熔融态氧化铝和固态氧化铝的体积份额都在不断增加，由于固态氧化铝的形成和熔融态氧化铝黏度的增加，熔融物的渗透速度有所降低；在 2.0 s 时，TIP 管内的熔融物全部变为熔融态或固态；在 2.0 s 之后，熔融物几乎停止渗透；在 3.0 s 时，更多的熔融态氧化铝转变成固态氧化铝，并堵塞 TIP 管。

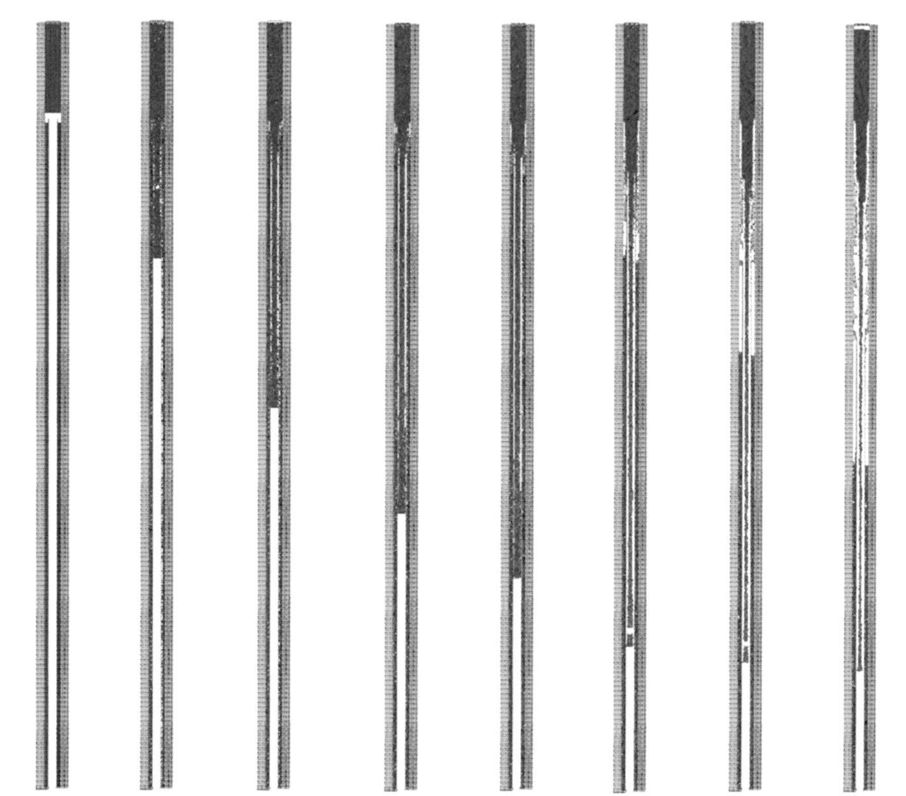

图 3-35　MPS 模拟 EPRI-3 实验结果

此外,还模拟了 Fe 熔融物和 UO_2熔融物在 TIP 管内的流动凝固形成。由图 3-37(a)可以看出,熔融物的最大渗透长度随 Ramacciotti 黏性模型[7]中的修正系数 C 的减少而增加,也随接触角的增加而增加。从图 3-37(b)可以看出,熔融物的最大渗透长度随初始温度及液池深度的增加而增加。不锈钢熔融物的最大渗透长度可以达到 1.44 m,此值小于仪器管在压力容器外部的长度(4 m)。由图 3-38 可以看出,UO_2熔融物的流动凝固规律与 Fe 熔融物类似,其最大渗透长度随 C 的增加而减小,随接触角和初始温度的增加而增加。当初始温度为 3213 K 时,UO_2在 TIP 管内的最大侵入长度为 1.18 m,短于仪器管在压力容器外的部分。

通过上述对熔融物在 TIP 管内的流动凝固过程的模拟分析,可以知道在计算中熔融物均在 TIP 管内凝固并堵塞了 TIP 管,由此可推断福岛核事故中熔融物将不会通过 TIP 管泄漏至安全壳。

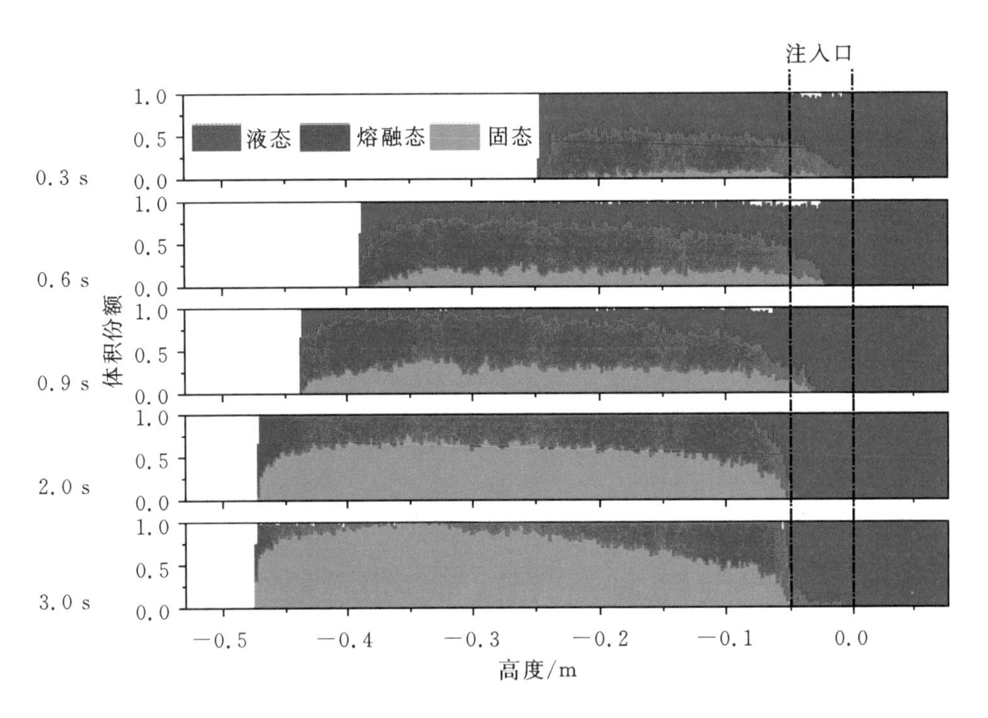

图 3-36　氧化铝熔融物相态体积分额

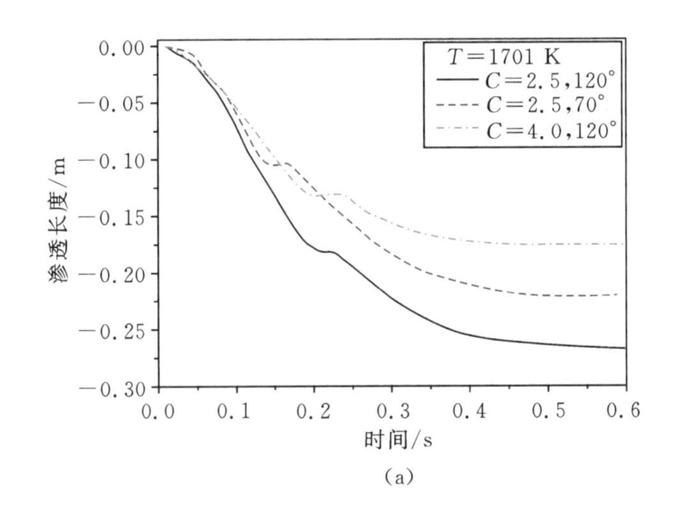

(a)

图 3-37　Fe 熔融物在 TIP 管内的渗透长度随时间的变化曲线

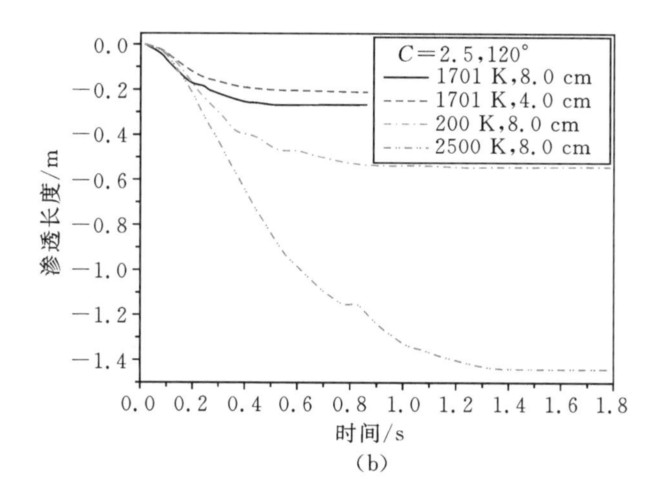

续图 3-37 Fe熔融物在 TIP 管内的渗透长度随时间的变化曲线

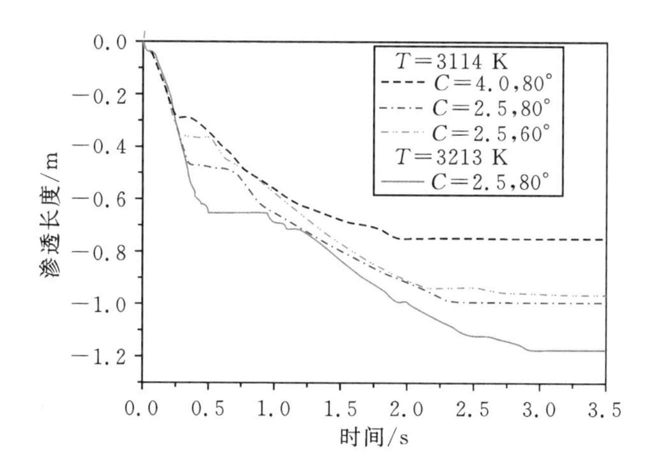

图 3-38 UO_2熔融物在 TIP 管内的渗透长度随时间的变化曲线

3.4.2 熔融物与混凝土相互作用过程分析[8]

当压力容器失效后，熔融物从压力容器流出进入安全壳内，熔融物会与安全壳内的混凝土材料发生复杂的相互作用。熔融物与混凝土相互作用(Molten Corium Concrete Interaction, MCCI)过程中存在很大的不确定性，熔融物的流动和凝固特性以及混凝土的烧蚀深度对于安全壳完整性至关重要。本节采用MPS 方法对熔融物与混凝土相互作用过程进行了数值模拟。

芬兰国家技术研究中心 VTT 开展了 HECLA[9]系列瞬态 MCCI 实验以研究熔融物对不同成分的混凝土的烧蚀情况。本节对 HECLA-4 实验展开模拟,建立的粒子几何模型如图 3-39 所示。实验中采用不锈钢熔融物和 FeSi 型混凝土,具体参数如表 3-9 所示。

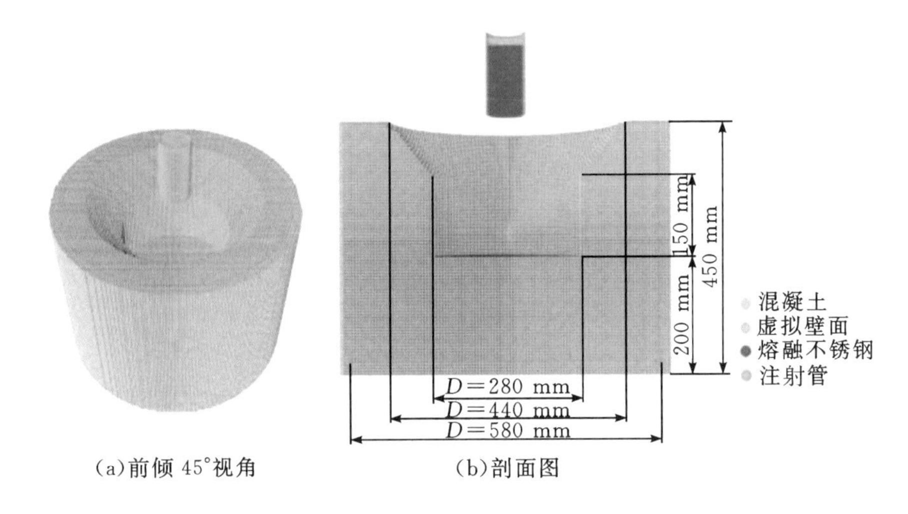

图 3-39 HECLA-4 实验分析 MPS 模型

表 3-9 HECLA-4 实验主要模拟参数

参数	不锈钢	混凝土
密度/($kg \cdot m^{-3}$)	7980	2250
比热容/($J \cdot kg^{-1} \cdot K^{-1}$)	502	845.2
固相线温度/K	1673	1463
液相线温度/K	1723	1903
熔化潜热或分解热/($kJ \cdot kg^{-1}$)	300	1800
初始温度/K	2043	293
粒子大小/m	0.005	
粒子总数	1037958	

使用 MPS 程序计算的结果如图 3-40 和图 3-41 所示。图 3-40 展示了模拟结果的剖面图,由图可以看出 MCCI 过程存在明显的熔池分层现象,即熔融混凝土由于密度较小而分布在熔池上部,同时也可以看到熔融不锈钢在整个过程中的相态变化和凝固情况。图 3-41 展示了熔池的边界特征,可以看出熔融物在熔池-混凝土边界处的凝固情况。当熔池整体几乎完全变成凝固态粒子(固液混合相)后才在边界处出现明显的壳层。熔池在 145 s 时才在边界处形成比较完整的固体壳层包覆,壳层的出现会阻碍熔融物与混凝土相互作用,延缓烧蚀进程。

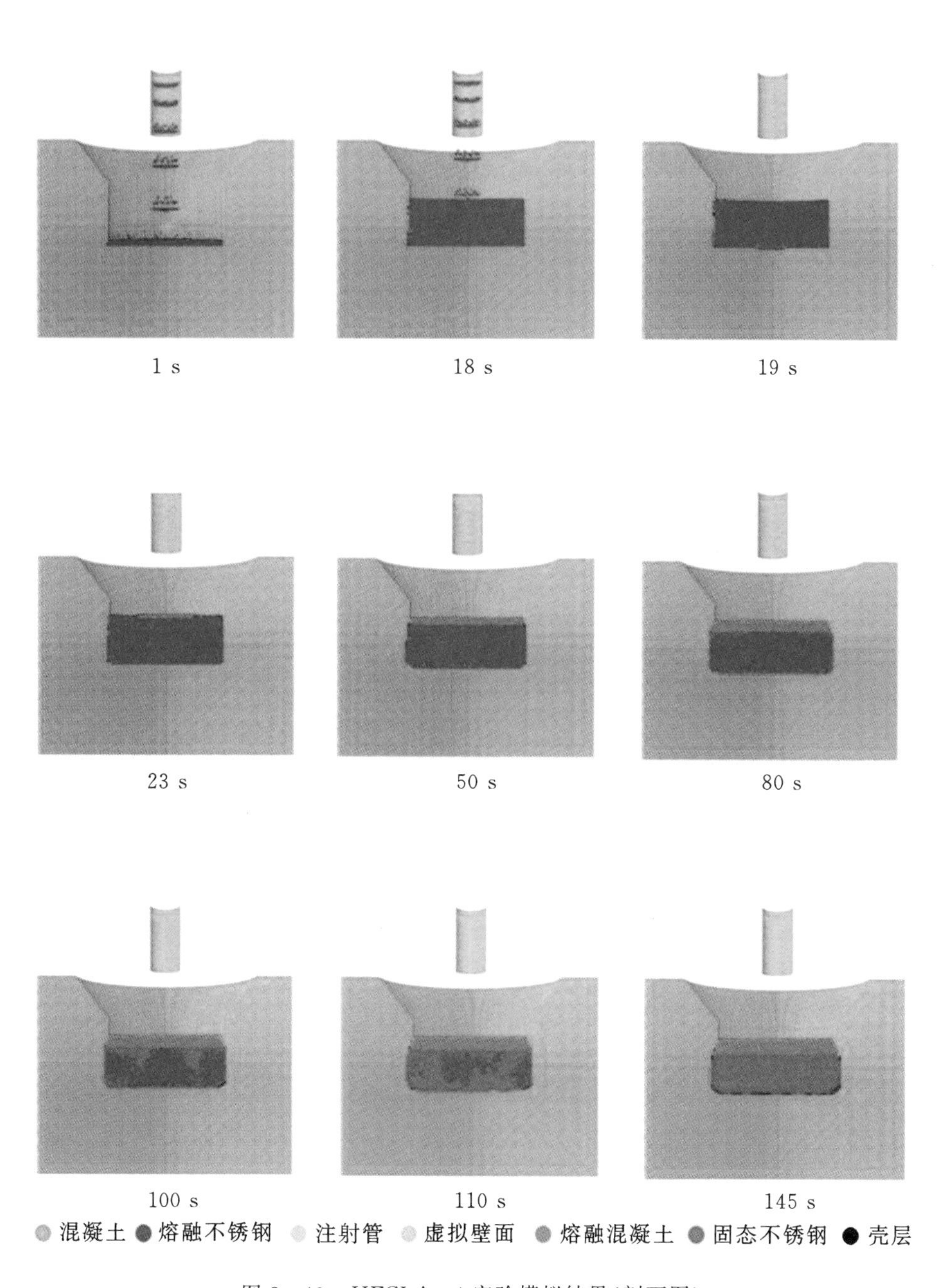

图 3 - 40　HECLA - 4 实验模拟结果(剖面图)

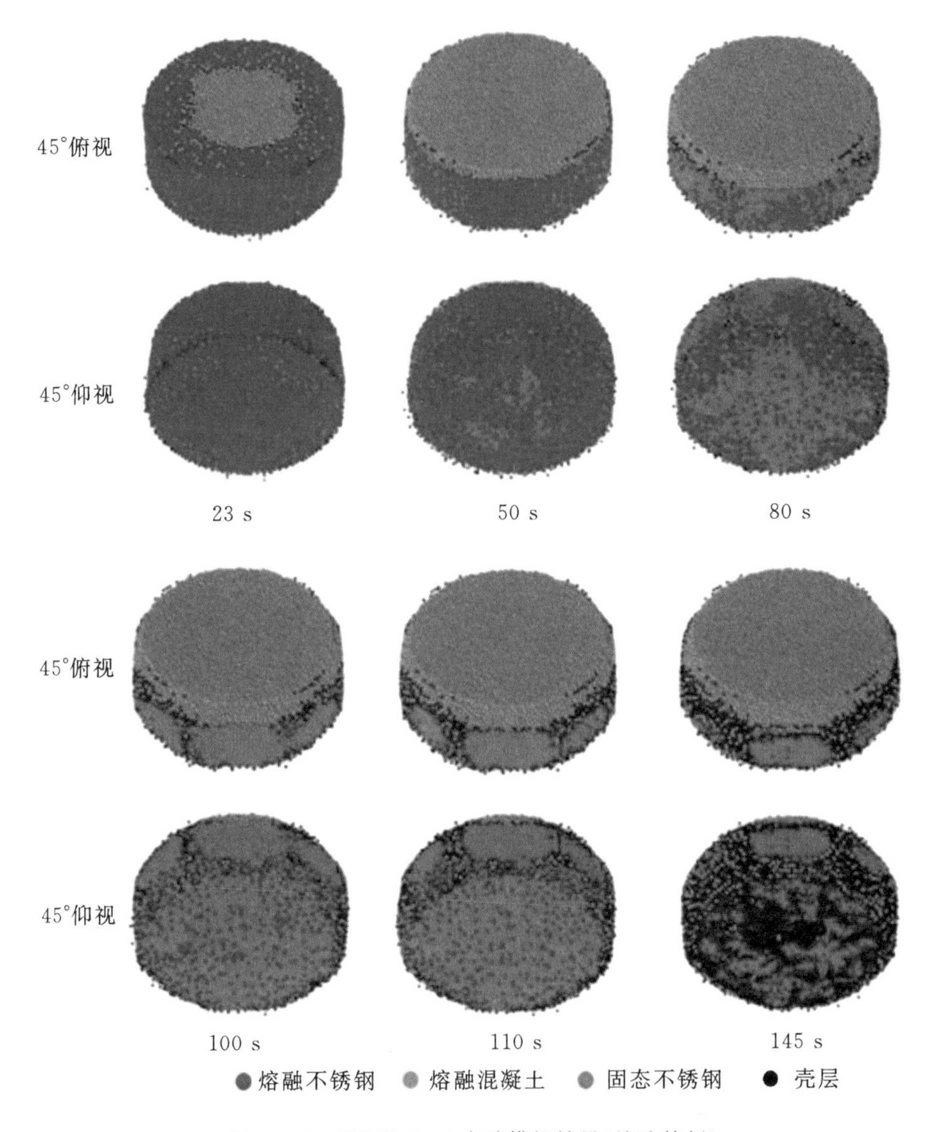

图 3-41　HECLA-4 实验模拟结果(熔池特征)

图 3-42 展示了烧蚀深度、混凝土温度和熔池温度的模拟结果和实验结果。由图可知,MPS 模拟结果和实验结果整体上符合较好。由烧蚀深度数据可以看出,不锈钢熔融物和 FeSi 混凝土的相互作用过程呈现各相同性,烧蚀速率不断变缓。图 3-42(c)中实验和模拟中混凝土的温度变化曲线均出现了比较明显的转折点 A 和 B,这主要是由于上层混凝土的消熔促进了下层混凝土的传热过程。

总体来说,MPS 程序能够比较好地再现熔融物与混凝土的相互作用过程,能够很好地展现熔池和混凝土的相变过程以及熔池边界的形态变化，并且能够统计相关定量数据，如温度、烧蚀深度等，对于MCCI进程的研究具有重要意义，可为核电厂反应堆严重事故安全特性研究提供重要依据。

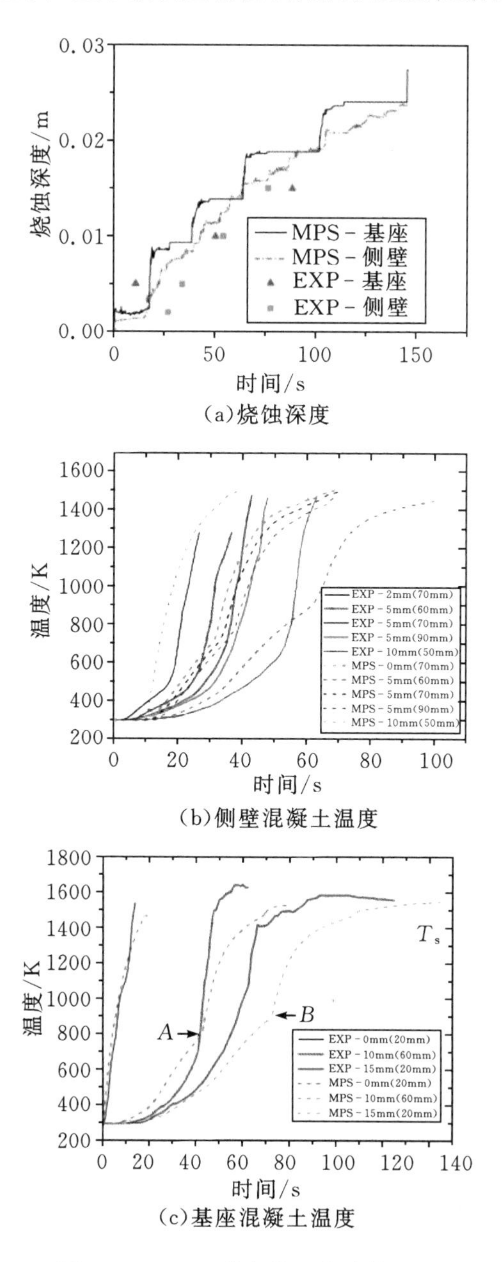

(a)烧蚀深度

(b)侧壁混凝土温度

(c)基座混凝土温度

图3-42 MPS模拟值和实验值对比

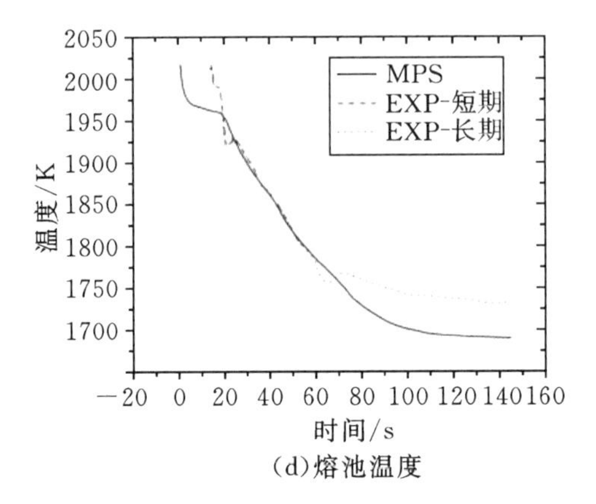

(d)熔池温度

续图 3-42 MPS 模拟值和实验值对比

参考文献

[1] KONDO M, KOSHIZUKA S, SUZUKI K, et al. Surface tension model using inter-particle force in particle method[C]// Proceedings of FEDSM 2007 5th Joint ASME/JSME Fluids Engineering Conference, San Diego, California, USA, 2007.

[2] GUO L, KAWANO Y, ZHANG S, et al. Numerical simulation of rheological behavior in melting metal using finite volume particle method[J]. Journal of Nuclear Science and Technology, 2010, 47(11): 1011-1022.

[3] CHEN R, CHEN L, GUO K, et al. Numerical analysis of the melt behavior in a fuel support piece of the BWR by MPS[J]. Annals of Nuclear Energy, 2017, 102: 422-439.

[4] YANG S M, ZHANG Z Z. An experimental study of natural convection heat transfer from a horizontal cylinder in high Rayleigh number laminar and turbulent regions[C]// 10th International Heat Transfer Conference, Brighton, UK, 1994.

[5] MAHMUDAH R S N, KUMABE M, SUZUKI T, et al. Particle-based Simulations of Molten Metal Flows with Solidification[J]. Memoirs of the Faculty of S Engineering, Kyushu University, 2011, 71(1): 17-29.

[6] CHEN R, OKA Y. Numerical analysis of freezing controlled penetration behavior of the molten core debris in an instrument tube with MPS[J]. Annals of Nuclear Energy, 2014, 71: 322-332.

[7] RAMACCIOTTI M, JOURNEAU C, SUDREAU F, et al. Viscosity models for corium melts[J]. Nuclear Engineering and Design, 2001, 204: 377-389.

[8] CHEN R, CAI Q, ZHANG P, et al. Three-dimensional numerical simulation of the HECLA-4 transient MCCI experiment by improved MPS method[J]. Nuclear Engineering and Design, 2019, 347: 95-107.

[9] SEVÓN T, KINNUNEN T, VIRTA J, et al. HECLA Experiments on Interaction between Metallic Melt and Hematite-Containing Concrete[J]. Nuclear Engineeringand Design, 2010, 240: 3586 - 3593.

>>> 第 4 章　气液两相流模拟程序

尽管 MPS 方法已被提出近 30 年，但其在气液两相流模拟方面的应用直到近十年才进入高速发展阶段。20 世纪 90 年代，Koshizuka 教授使用 MPS 方法模拟了核反应堆严重事故中的蒸汽爆炸现象[1]，这是首次公开发表的 MPS 方法应用于大密度比的气液两相流模拟。蒸汽爆炸是一种十分剧烈的过程，Koshizuka教授在模拟中忽略了表面张力和黏性力等重要的作用力，模拟更加偏向工程，对大密度比的两相流模拟借鉴意义不大。另外，在模拟气液相变过程中，无法保证严格的质量守恒。MPS - MAFL[2] 和 MPS - FVM[3] 是无网格粒子法多相流模拟中的另外一类尝试，这两种方法都是将粒子法与其他数值方法耦合。在 MPS - MAFL 方法中，只有液相通过粒子离散，气相不需要粒子离散，只是为液相提供一个压力边界条件，气相的压力通过气体状态方程确定。MPS-MAFL 是一种效率很高的两相流模拟方法，田文喜、陈荣华、李昕和左娟丽等人[4-8]使用这种方法进行了一系列气泡动力学的模拟，并且得到了一些可信的结果。MPS - FVM 中，气相使用欧拉网格进行表示，液相通过拉格朗日粒子进行离散，也有少量研究将二者的处理方式进行互换，Liu[3] 等人使用这种方法进行了许多两相流方面的模拟。尽管这两种混合方法在某些多相流算例中得到了令人满意的结果，但它们仍然存在一定缺陷。对 MPS - MAFL 方法来说，气相压力是通过气体状态方程求得的，当两相流界面变化太过剧烈，或者出现撕裂等情况时，MPS - MAFL 方法不再适用。而 MPS - FVM 方法的缺陷主要是指它在应用方面的复杂性，在求解具体问题时，网格和粒子之间存在很多需要考虑的作用力。因此，这两种方法都无法成为通用的粒子法多相流数值模拟程序。

MPS 在多相流模拟领域仍然存在很大潜力，直到最近几年真正的纯拉格朗日方法的多相流数值方法才发展起来。Khayyer 和 Gotoh 两位学者[9-12]是这一领域的开拓者，他们为 MPS 方法推导了许多新的模型，有效增强了 MPS 方法模拟的稳定性和准确性，特别是在气液两相流模拟领域。基于 Khayyer 和 Gotoh 的研究，段广涛博士[13]开发了两种多相流粒子法：MMPS - HD(Harmonic Density，调和平均密度）和 MMPS - CA(Continuous Acceleration，连续加速度）。这两种方法可以处理大密度比的多相流，其模拟结果也经过了一系列验证。另外，段广涛博士还为粒子法的气液两相流模拟开发了基于局部等高线的表面张力模型(CCSF)[14]。

4.1 无网格线混合格式移动粒子半隐式方法(MPS - MAFL)

MPS 方法对液柱倒塌等复杂问题的模拟可以通过对流体质点运动规律的追踪比较简便地得到计算结果。但对于流体力学中许多存在进口和出口流动情况的问题，在拉格朗日坐标下对粒子的追踪则比较困难。因此，要将 MPS 方法应用到更广的范围，必须先克服这一缺陷。Yoon 等人[15]将 MPS 方法与无网格线法（Meshless Advection using Flow-directional Local grid, MAFL）耦合，提出无网格线混合格式移动粒子半隐式方法 MPS - MAFL。液相采用粒子离散计算，气相通过气体状态方程计算压力，为液相提供压力边界条件。该方法能够有效解决进出口流动边界条件的问题。

4.1.1 数值算法

图 4 - 1 为 MPS - MAFL 方法示意图。由图可知，MPS - MAFL 耦合方法包括三部分：拉格朗日计算、粒子重置和欧拉计算。拉格朗日计算对应 MPS 方法，即对液相采用 MPS 方法计算得到液体的速度 $\boldsymbol{u}^{\mathrm{L}}$ 和位置 $\boldsymbol{r}^{\mathrm{L}}$。重置粒子位置，即设定计算点(MPS 方法中的粒子)在下一时刻的位置 $\boldsymbol{r}^{n+1}$ 并计算对流速度 $\boldsymbol{u}^{\mathrm{a}}$。欧拉计算对应无网格线法，即在流动方向上由局部节点构建无网格线对流格式计算流体下一时刻的物理参数。

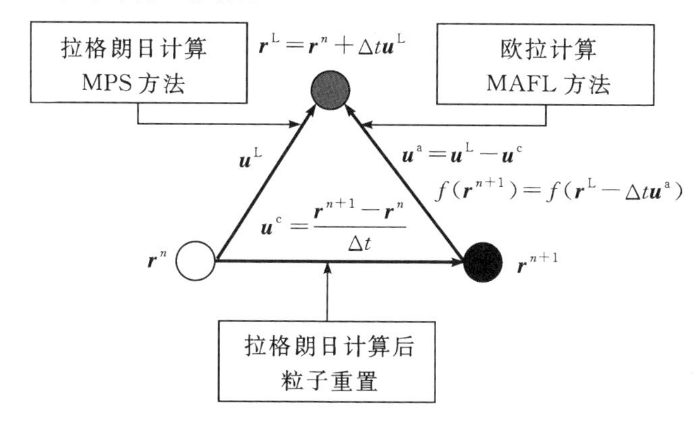

图 4 - 1 MPS - MAFL 方法示意图[15]

1. 控制方程

在 MPS-MAFL 方法中需要进行欧拉计算，其动量守恒方程形式如下：

$$\rho\left(\frac{\partial \boldsymbol{u}}{\partial t}+(\boldsymbol{u}-\boldsymbol{u}^{\mathrm{c}})\cdot\nabla\boldsymbol{u}\right)=-\nabla p+\mu\nabla^2\boldsymbol{u}+\sigma\kappa\cdot\boldsymbol{n}+\rho\boldsymbol{g} \tag{4-1}$$

式中，σ 是表面张力系数；κ 是界面曲率；$\boldsymbol{n}$ 是界面单位法向量；$\boldsymbol{u}^{\mathrm{c}}$ 是计算过程中粒子重置得到的计算点的对流速度，若 $\boldsymbol{u}^{\mathrm{c}}=\boldsymbol{u}$，则为完全拉格朗日方法，若 $\boldsymbol{u}^{\mathrm{c}}=\boldsymbol{0}$，则为完全欧拉方法。通过该混合格式，可以在拉格朗日坐标系中追踪变化剧烈的流体前缘，并在欧拉坐标系下描述固定边界条件。

2. 拉格朗日计算

拉格朗日计算的算法流程与第 2 章描述的方法基本相同。首先，显式计算黏性项、表面张力项和重力项，得到粒子速度和位置的估算值：

$$\boldsymbol{u}^*=\boldsymbol{u}^n+\frac{\Delta t}{\rho}\left[\mu\nabla^2\boldsymbol{u}^n+\sigma(\kappa\cdot\boldsymbol{n})^n+\rho\boldsymbol{g}\right] \tag{4-2}$$

$$\boldsymbol{r}^*=\boldsymbol{r}^n+\boldsymbol{u}^*\Delta t \tag{4-3}$$

然后，利用连续方程隐式计算压强 p，即

$$\nabla^2 p^{n+1}=\frac{\rho}{\Delta t}\nabla\cdot\boldsymbol{u}^* \tag{4-4}$$

通过压力梯度修正粒子的速度和位置

$$\boldsymbol{u}^{\mathrm{L}}=-\frac{1}{\rho}\nabla p^{n+1}\Delta t+\boldsymbol{u}^* \tag{4-5}$$

$$\boldsymbol{r}^{\mathrm{L}}=\boldsymbol{r}^n+\boldsymbol{u}^{\mathrm{L}}\Delta t \tag{4-6}$$

式中，上标 L 表示拉格朗日计算阶段。

3. 粒子重置

纯拉格朗日方法很难描述固定的边界，并且自由表面边界是通过不规则排布的粒子进行描述的。因此，为了获得准确的进出口边界和气泡形状，在拉格朗日计算后，需要对计算点（拉格朗日计算中的粒子）进行重新排布，并通过对流格式插值计算新时刻下的流体物性。

在拉格朗日计算后，粒子位置由 $\boldsymbol{r}^n$ 移动至 $\boldsymbol{r}^{\mathrm{L}}$。在此基础上，进行粒子重置。对于固定边界粒子，将粒子位置重置回初始位置，即令 $\boldsymbol{r}^{n+1}=\boldsymbol{r}^n$。此时 $\boldsymbol{u}^{\mathrm{c}}=\boldsymbol{0}$，即对流速度 $\boldsymbol{u}^{\mathrm{a}}$ 与流体速度 $\boldsymbol{u}^{\mathrm{L}}$ 相等。对于运动边界和自由表面，可以通过拉格朗日计算进行捕捉，不需要计算对流项，即 $\boldsymbol{r}_{\mathrm{surf}}^{n+1}=\boldsymbol{r}_{\mathrm{surf}}^{\mathrm{L}}$。但是，在实际应用中发现，纯拉格朗日计算得到的自由边界容易出现粒子聚集或发散的情况。因此，对运动边界和自由表面的粒子位置进行修正，使其计算点之间保持相等的距离。对于内部粒子，考虑边界粒子位置和边界形状进行粒子布置。粒子重置的

具体方案需要根据具体问题确定，这与传统的网格法中网格方案的建立相似。计算点的数量在计算过程中不需要保持恒定，即根据所需要的分辨率确定局部计算点数量。通过粒子重置，得到下一时刻计算点的位置 $\boldsymbol{r}^{n+1}$，并计算得到计算点的速度 $\boldsymbol{u}^{\mathrm{c}}$：

$$\boldsymbol{u}^{\mathrm{c}}=\frac{\boldsymbol{r}^{n+1}-\boldsymbol{r}^{n}}{\Delta t} \tag{4-7}$$

对流速度 $\boldsymbol{u}^{\mathrm{a}}$ 为

$$\boldsymbol{u}^{\mathrm{a}}=\boldsymbol{u}^{\mathrm{L}}-\boldsymbol{u}^{\mathrm{c}}=\frac{\boldsymbol{r}^{\mathrm{L}}-\boldsymbol{r}^{n}}{\Delta t}-\frac{\boldsymbol{r}^{n+1}-\boldsymbol{r}^{n}}{\Delta t}=-\frac{\boldsymbol{r}^{n+1}-\boldsymbol{r}^{\mathrm{L}}}{\Delta t} \tag{4-8}$$

4. 欧拉计算

基于计算得到的计算点位置 $\boldsymbol{r}^{n+1}$ 和对流速度 $\boldsymbol{u}^{\mathrm{a}}$，采用对流格式插值计算下一时刻的流体参数(如流速、温度等)：

$$f(\boldsymbol{r}^{n+1})=f(\boldsymbol{r}^{\mathrm{L}}-\Delta t\,\boldsymbol{u}^{\mathrm{a}}) \tag{4-9}$$

如果粒子重置过程中插入了新的计算点，位置为 $\boldsymbol{r}_{\mathrm{new}}^{n+1}$，该计算点的物性由距离其最近的计算点(位置为 $\boldsymbol{r}_{\mathrm{o}}^{\mathrm{L}}$)决定：

$$f(\boldsymbol{r}_{\mathrm{new}}^{n+1})=f(\boldsymbol{r}_{\mathrm{o}}^{\mathrm{L}}-\Delta t\,\boldsymbol{u}_{\mathrm{new}}^{\mathrm{a}}) \tag{4-10}$$

式中，$\boldsymbol{u}_{\mathrm{new}}^{\mathrm{a}}=-(\boldsymbol{r}_{\mathrm{new}}^{n+1}-\boldsymbol{r}_{\mathrm{o}}^{\mathrm{L}})/\Delta t$。

通过式(4-9)或式(4-10)，实现拉格朗日和欧拉计算的耦合。

4.1.2　无网格线对流格式

当完成粒子重置后，计算控制方程中的对流项，以便在新时刻的计算点位置下对物理量进行插值。在无网格的欧拉方法中，采用随机分布的计算点替代网格来计算对流项。Yoon 等人[15]提出的无网格线对流格式算法(MAFL)包含如下四部分。

1. 流动方向局部节点的生成

在对流运动中，流体参数沿流线方向变化。因此，如果沿流动方向生成计算节点，则可以将多维对流问题转化为一维问题。在 MAFL 算法中，首先为了计算差分格式的需要，在每个计算点的流动方向(即 $\boldsymbol{u}^{\mathrm{a}}$ 方向)上生成一维局部节点。局部节点的数目和位置由所采用的对流格式确定。如果采用 QUICK 格式则在上游布置一个局部节点，在下游布置两个局部节点；若采用一阶迎风格式，则在上游和下游各布置一个局部节点。图 4-2 为粒子在流动方向上所生成的局部节点的示意图，其中 $\langle\boldsymbol{r}\rangle_k$ 表示局部节点，Δr 表示局部节点之间的距离，$\boldsymbol{r}_i^{\mathrm{L}}$ 和 $\boldsymbol{r}_i^{n+1}$ 分别表示经过拉格朗日计算的和新时刻的粒子位置。

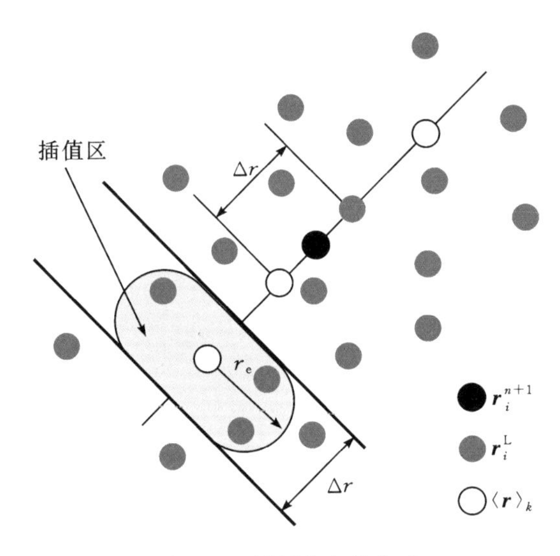

图 4-2　局部节点的生成

2. 局部插值

局部节点上的物理参数值由其邻点粒子参数插值得到

$$\langle f \rangle_k = \frac{\sum_j f_j^{\mathrm{L}} w(\| \boldsymbol{r}_j^{\mathrm{L}} - \langle \boldsymbol{r} \rangle_i \|)}{\sum_j w(\| \boldsymbol{r}_j^{\mathrm{L}} - \langle \boldsymbol{r} \rangle_i \|)}, k = i-2, i-1, i+1 \tag{4-11}$$

式中，f 可以是流体的速度、温度等物理参数。插值区域为位于粒子作用域半径 r_e 的圆域内两条垂直于对流方向、间距为 Δr 的直线截得的部分，如图 4-2 所示。若位于半径 r_e 范围内的所有粒子均参与插值，则各个节点的插值区域之间会发生重叠，易产生数值耗散现象。

3. 对流格式

在流动方向上可以采用任何对流格式，如采用一阶迎风和 QUICK 格式，则粒子新时层的物性参数为：

一阶迎风
$$f_i^{n+1} = f_i^{\mathrm{L}} - q(f_i^{\mathrm{L}} - \langle f \rangle_{i-1}) \tag{4-12}$$

QUICK

$$\widetilde{f}_i^{n+1} = f_i^{\mathrm{L}} - q\left(\frac{1}{8}\langle f \rangle_{i-2} - \frac{7}{8}\langle f \rangle_{i-1} + \frac{3}{8} f_i^{\mathrm{L}} + \frac{3}{8}\langle f \rangle_{i+1}\right) \tag{4-13}$$

式中

$$q = \frac{\| \boldsymbol{u}^{\mathrm{a}} \| \Delta t}{\Delta r} \tag{4-14}$$

4. 滤波

通常情况下,使用高阶格式会导致在粒子重置过程中当粒子数目及位置有较大的变化时,计算结果容易出现振荡。为避免求解对流项时出现迭代过度或不足的现象,使用 QUICK 格式时,需对得到的结果进行最小-最大截断(Min-Max Truncation,MMT)滤波处理。在每一时层,通过限制相应局部节点的最大和最小值,使计算结果位于一定区间内,获得稳定计算结果。而低阶格式则无需进行这一步操作。

$$f_i^{n+1}=\begin{cases}\widetilde{f}_i^{n+1}, & \min(f_i^{\mathrm{L}})\leqslant\widetilde{f}_i^{n+1}\leqslant\max(f_i^{\mathrm{L}})\\ \min(f_i^{\mathrm{L}}), & \widetilde{f}_i^{n+1}<\min(f_i^{\mathrm{L}})\\ \max(f_i^{\mathrm{L}}), & \widetilde{f}_i^{n+1}>\max(f_i^{\mathrm{L}})\end{cases}\tag{4-15}$$

式中,$\min(f_i^{\mathrm{L}})$ 和 $\max(f_i^{\mathrm{L}})$ 通过一维局部节点的物理参数获得。

4.1.3 利用速度散度构建不可压缩模型

在 MPS-MAFL 方法中,以速度散度的形式计算压力泊松方程。考虑将式(2-1)质量守恒方程改写为

$$\frac{\mathrm{d}\rho}{\mathrm{d}t}=-\rho\nabla\cdot\boldsymbol{u}\tag{4-16}$$

对于不可压缩流体,则可改写为

$$\nabla\cdot\boldsymbol{u}=0\tag{4-17}$$

借助梯度模型,位于 $\boldsymbol{r}_i$ 和 $\boldsymbol{r}_j$ 处的 i 粒子与 j 粒子之间的速度散度可表示为 $(\boldsymbol{u}_j-\boldsymbol{u}_i)\cdot(\boldsymbol{r}_j-\boldsymbol{r}_i)/\|\boldsymbol{r}_j-\boldsymbol{r}_i\|^2$,$i$ 粒子处的速度散度为

$$\langle\nabla\cdot\boldsymbol{u}\rangle_i=\frac{d}{n^0}\sum_{j\neq i}\left[\frac{(\boldsymbol{u}_j-\boldsymbol{u}_i)\cdot(\boldsymbol{r}_j-\boldsymbol{r}_i)}{\|\boldsymbol{r}_j-\boldsymbol{r}_i\|^2}w_{ij}\right]\tag{4-18}$$

由动量守恒式和质量守恒式可得

$$\frac{\boldsymbol{u}_i^{\mathrm{L}}-\boldsymbol{u}_i^*}{\Delta t}=-\frac{1}{\rho}\langle\nabla p^{n+1}\rangle_i\tag{4-19}$$

$$\langle\nabla^2 p^{n+1}\rangle_i=-\frac{\rho}{\Delta t}\langle\nabla\cdot\boldsymbol{u}^*\rangle_i\tag{4-20}$$

式(4-20)为利用速度散度形式表达的压力泊松方程,其左端以拉普拉斯模型[式(2-15)]代入,右端速度散度以式(4-18)代入,得到联立方程组,求解该方程组即可得到各粒子的压力值。

4.1.4 MPS-MAFL 算法流程

与 MPS 方法相比 MPS-MAFL 方法在其基础上增加了粒子重置与欧拉计算过程,其压力泊松方程的求解也与 MPS 略有区别。图 4-3 所示为 MPS-MAFL 的计算流程图,其具体算法步骤如下。

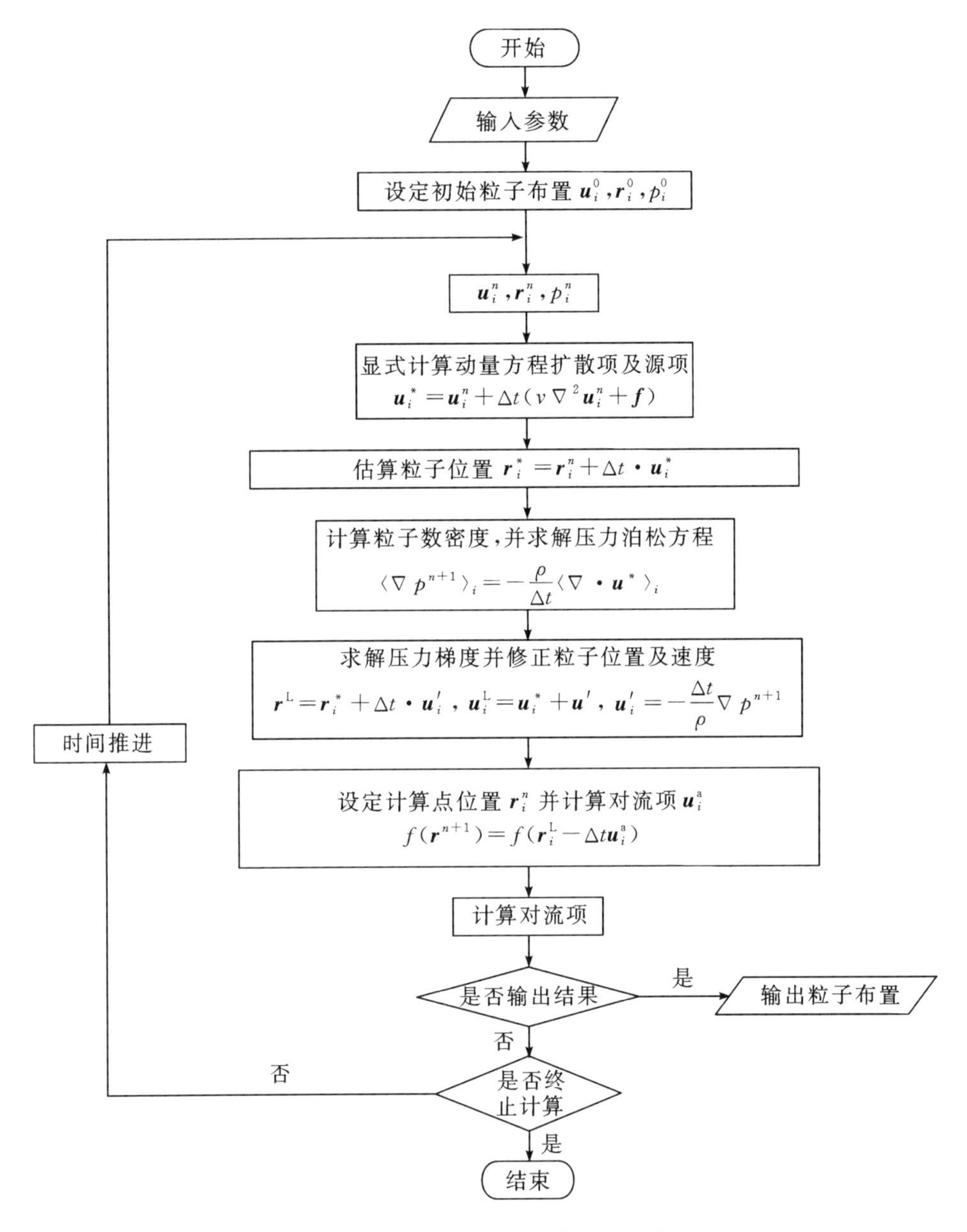

图 4 - 3　MPS - MAFL 算法流程图

(1)根据具体求解问题设定粒子初始布置，包括给定初始粒子速度、位置和压力：$\boldsymbol{u}_i^0, \boldsymbol{r}_i^0, p_i^0$。

(2)在时间步长 Δt 之后，显式计算动量方程中的扩散项及源项，得到粒子速度及位置的估算值 $\boldsymbol{u}_i^*, \boldsymbol{r}_i^*$。

(3)求解压力梯度,并对粒子的速度和位置进行修正

$$\boldsymbol{u}_i^{\mathrm{L}} = \boldsymbol{u}_i^* - \frac{\Delta t}{\rho} \nabla p^{n+1} \tag{4-21}$$

$$\boldsymbol{r}_i^{\mathrm{L}} = \boldsymbol{r}_i^* + \Delta t \cdot \boldsymbol{u}_i' \tag{4-22}$$

(4)重新布置粒子,得到粒子下一时刻的位置 $\boldsymbol{r}_i^{n+1}$ 并求解对流速度 $\boldsymbol{u}_i^{\mathrm{a}}$

$$\boldsymbol{u}_i^{\mathrm{a}} = \boldsymbol{u}_i^{\mathrm{L}} - \boldsymbol{u}_i^{\mathrm{c}} = \frac{\boldsymbol{r}_i^{\mathrm{L}} - \boldsymbol{r}_i^n}{\Delta t} - \frac{\boldsymbol{r}_i^{n+1} - \boldsymbol{r}_i^n}{\Delta t} = -\frac{\boldsymbol{r}_i^{n+1} - \boldsymbol{r}_i^{\mathrm{L}}}{\Delta t} \tag{4-23}$$

(5)最后,采用 MAFL 算法求解对流项,得到速度、温度等所需物理参数值

$$f(\boldsymbol{r}_i^{n+1}) = f(\boldsymbol{r}_i^{\mathrm{L}} - \Delta t\, \boldsymbol{u}_i^{\mathrm{a}}) \tag{4-24}$$

4.2　多相流移动粒子半隐式方法(Multi-phase MPS, MMPS)

当两相流界面变化太过剧烈,或者出现撕裂等情况时,MPS - MAFL 方法便不再适用。为了克服以上问题,众多学者展开了大量 MPS 在多相流模拟领域应用的研究。段广涛博士[13]在前人的研究基础上开发了多相流粒子法程序 MMPS - CA,能够有效处理大密度比的多相流运动。尽管段广涛博士的程序已较为完善,但在计算精度和计算量方面仍有提升的空间。因此,作者团队基于段广涛博士的 MMPS - CA 程序,对两相流粒子法的各类模型进行了一系列讨论和改进:

(1)采用具有更高精度的拉普拉斯模型离散压力泊松方程(PPE),并且采用考虑了源项误差项的 PPE 源项;

(2)加入了动态位移修正技术,保证粒子分布更加均匀,从而加强模拟的稳定性;

(3)采用高阶精度的密度光滑格式,防止界面处粒子的非物理穿越;

(4)讨论了不同黏性项离散格式对计算结果的影响,确定计算精度更高的黏性项离散格式。

4.2.1　数值算法

本方法采用统一的控制方程描述流体运动,通过考虑相界面间流体密度和黏性的阶跃变化实现多相流的模拟。控制方程形式如下:

$$\frac{\mathrm{d}\rho}{\mathrm{d}t} = -\rho \nabla \cdot \boldsymbol{u} = 0 \tag{4-25}$$

$$\frac{\mathrm{d}\boldsymbol{u}}{\mathrm{d}t} = -\frac{1}{\rho} \nabla p + \frac{1}{\rho} \nabla \cdot (\mu \nabla \boldsymbol{u}) + \boldsymbol{g} + \frac{\boldsymbol{F}_{\mathrm{S}}}{\rho} \tag{4-26}$$

式中,$\boldsymbol{F}_{\mathrm{S}}$ 是表面张力项;其他物理量可参见第 2 章的描述。需要注意的是,在本方法中,密度 ρ 和黏度 μ 在每一相流体内是常数,而在界面处阶跃变化。

如果想要将 MPS 方法扩展成为多相流粒子法，第一个需要解决的问题就是处理不同流体间物理性质的变化，因为过于剧烈的物性变化将会引起模拟的不稳定。因此，在MMPS－CA方法中，采用了如下形式的多相黏度模型和多相密度模型：

$$\langle \mu \cdot \nabla^2 \boldsymbol{u} \rangle = \frac{18d}{r_e^2 n_G^0} \sum_j \frac{2\mu_i \mu_j}{\mu_i + \mu_j} (\boldsymbol{u}_j - \boldsymbol{u}_i) G(r_{ij}) \tag{4-27}$$

$$\begin{aligned} &\frac{2d}{n^0 \lambda} \sum_{j \neq i} \frac{2}{\rho_i + \rho_j} [(p_j - p_i) H(r_{ij})] \\ &= (1-\gamma) \frac{1}{\Delta t} \nabla \cdot \boldsymbol{u}^* - \gamma \frac{1}{\Delta t^2} \frac{n^{k+1} - \langle n^* \rangle_i}{n^0} + \alpha \frac{1}{\Delta t^2} p_i^{k+1} \end{aligned} \tag{4-28}$$

式中，G 是高斯核函数；n_G^0 是基于高斯核函数的初始粒子数密度；H 代表 MPS 方法的经典双曲核函数；n^0 是基于经典双曲核函数的初始粒子数密度。两种核函数的表达式如下所示：

$$G(r) = \frac{9}{\pi r_e^2} \exp\left(-\frac{9r^2}{r_e^2}\right) \tag{4-29}$$

$$H(r) = \begin{cases} \dfrac{r_e}{r} - 1 & (r < r_e) \\ 0 & (r \geq r_e) \end{cases} \tag{4-30}$$

式中，r_e 是中心粒子的作用区域半径；r 代表中心粒子和邻点粒子的距离。

需要注意的是，在多相黏度模型式(4－27)中，动力黏度 μ 使用的是中心粒子 i 和邻点粒子 j 的调和平均黏度，因此这一多相动力黏度不再是一个常数，必须放在求和符号的里边。多相密度模型实际上就是多相形式的 PPE，等式的左侧实际是 $\left\langle \nabla \cdot \left(\frac{1}{\rho} \nabla p \right) \right\rangle$ 的离散形式，多项密度采用的是中心粒子 i 和邻点粒子 j 的算术平均密度。等式右侧的源项是一种混合了临时速度散度和粒子数密度变化的混合源项，临时速度 $\boldsymbol{u}^*$ 的散度实际上是一种粒子数密度变化的高阶精度表达形式。γ 是人工调节系数，取值一般在 0.01 到 0.05，α 代表流体的可压缩性。

以上提到的多相密度模型和多相黏度模型实际上指的是拉普拉斯模型的多相表达形式，除此之外，梯度模型也是多相流模拟中需要考虑的重点，因为压力梯度模型直接关系到了模拟的稳定性和正确性。在 MMPS－CA 程序中，段广涛博士提出的压力梯度模型如下式所示：

$$\left\langle \frac{1}{\rho} \nabla p \right\rangle = \frac{d}{n^0} \sum_{j \neq i} \frac{2}{\rho_i + \rho_j} \left\{ \frac{(p_j - p_i)(\boldsymbol{r}_j - \boldsymbol{r}_i)}{\| \boldsymbol{r}_j - \boldsymbol{r}_i \|^2} \boldsymbol{C}_{ij} H(r_{ij}) \right\} + \frac{d}{n^0} \sum_{j \neq i} \frac{1}{\rho_i} \left\{ \frac{(p_i - p'_{i,\min})(\boldsymbol{r}_j - \boldsymbol{r}_i)}{\| \boldsymbol{r}_j - \boldsymbol{r}_i \|^2} \boldsymbol{C}_{ij} H(r_{ij}) \right\} \tag{4-31}$$

上式的右侧第一项是在 Koshizuka 开发的经典 MPS 压力梯度模型基础上发展而来，只是将单相密度替换为两相平均密度，并且采用了 Khayyer 和 Gotoh[11] 推导的无量纲修正矩阵 $\boldsymbol{C}_{ij}$。右侧第二项被称作粒子稳定项(Particle Stabilizing Term，PST)，其作用是增强模拟的稳定性，其中 $p'_{i,\min}$ 指同相邻点粒子中的压力最小值。上式已经被大量两相流算例证明了正确性，因此在这里我们沿用了这一压力梯度模型。

同时我们还采用了基于等高线的连续表面张力模型(CCSF)，其多相表达形式如下式所示[14]：

$$\left\langle \frac{\boldsymbol{F}_S}{\rho} \right\rangle_i = \frac{2\sigma\kappa_i \nabla C}{\rho_1 + \rho_2} \tag{4-32}$$

式中，σ 是表面张力系数；κ_i 是中心粒子处的局部等高线曲率；C 被称为颜色函数；ρ_1 和 ρ_2 是两相恒定密度。关于式(4-32)的详细求解过程，可以参考段广涛博士的文章[14]。

最后，MMPS-CA 程序中还采用了如式(4-33)所示的密度光滑格式，密度光滑格式是一种有效的防止两相粒子在界面处发生非物理穿越的方式，它的常见数学表达式为：

$$\rho_i = \frac{\sum_{j \neq i} \rho_j H_{ij}}{\sum_{j \neq i} H_{ij}} \tag{4-33}$$

式中，H_{ij} 是 $H(r_{ij})$ 的简写。

以上就是 MMPS-CA 程序的主要内容，尽管段广涛博士已经在多相流粒子法领域作出了大量贡献，但他的程序中仍存在一些可以进一步完善的地方。首先，多相黏度模型的选择缺乏严格的讨论，实际上黏度模型的选择也会显著影响多相流的模拟结果；其次，MMPS-CA 程序中采用的拉普拉斯模型仍然是低精度的，因此我们应当尝试将高精度的拉普拉斯模型应用于多相流模拟；最后，MMPS-CA 程序中的密度光滑格式在一些两相流模拟中的表现不好，尤其是当粒子分辨率较低时。因此，我们针对 MMPS-CA 程序进行了一系列改进，以克服上述的一些问题。

4.2.2 改进的 MMPS 方法

1. 压力泊松方程的改进

式(4-28)所示的 PPE 已被许多研究者采用，目前涌现出一些新的研究成果可以应用于 MPS 方法的压力泊松方程。Khayyer 和 Gotoh 推导了更高精度的拉普拉斯模型(详见 2.2.5 节)用来离散 PPE 的左端[10]：

$$\langle \nabla^2 \varphi \rangle_i = \frac{1}{n^0} \sum_{j \neq i} \left(\varphi_{ij} \frac{\partial^2 w_{ij}}{\partial r_{ij}^2} - \frac{\varphi_{ij}}{r_{ij}} \frac{\partial w_{ij}}{\partial r_{ij}} \right) \tag{4-34}$$

w_{ij} 是 $w(\| \boldsymbol{r}_j - \boldsymbol{r}_i \|)$ 的简写形式，代表广义上的 MPS 方法核函数。当考虑了不同维度问题的影响时，上式变为：

$$\langle \nabla^2 \varphi \rangle_i = \frac{1}{n^0} \sum_{j \neq i} \left(\frac{\partial \varphi_{ij}}{\partial r_{ij}} \frac{\partial w_{ij}}{\partial r_{ij}} + \varphi_{ij} \left(\frac{\partial^2 w_{ij}}{\partial r_{ij}^2} + \frac{d-1}{r_{ij}} \frac{\partial w_{ij}}{\partial r_{ij}} \right) \right) \tag{4-35}$$

式中，$\frac{\partial \varphi_{ij}}{\partial r_{ij}} = \frac{\varphi_{ji} - \varphi_{ij}}{r_{ij}} = -\frac{2\varphi_{ij}}{r_{ij}}$。

当选择式(4-30)的双曲函数作为程序的核函数时，二维情形下的 PPE 左侧离散形式就变为了下式：

$$\langle \nabla^2 p^{k+1} \rangle_i = \frac{1}{n^0} \sum_{j \neq i} \left(\frac{3 p_{ij} r_e}{r_{ij}^3} \right) \tag{4-36}$$

同时，Khayyer 和 Gotoh 还引入了考虑了源项误差的混合 PPE 源项[11]：

$$\langle \frac{\Delta t}{\rho} \nabla^2 p^{k+1} \rangle_i = \nabla \cdot \boldsymbol{u}^* - \left| \frac{n^k - n^0}{n^0} \right| (\nabla \cdot \boldsymbol{u}^k) + |\nabla \cdot \boldsymbol{u}^k| \left(\frac{n^k - n^0}{n^0} \right) \tag{4-37}$$

与式(4-28)相比，上式的右端没有不确定参数，同样也采用了速度的散度描述粒子数密度的变化。

接下来我们的工作就是组合式(4-28)、式(4-36)和式(4-37)的不同部分，来确定最佳的压力泊松方程形式。不同的待检测压力泊松方程如下所示：

$$\frac{1}{n^0} \sum_{j \neq i} \frac{1}{\rho_i} \left(\frac{3 p_{ij} r_e}{r_{ij}^3} \right) = \nabla \cdot \boldsymbol{u}^* - \left| \frac{n^k - n^0}{n^0} \right| (\nabla \cdot \boldsymbol{u}^k) + |\nabla \cdot \boldsymbol{u}^k| \left(\frac{n^k - n^0}{n^0} \right) + \alpha \frac{1}{\Delta t^2} p_i^{k+1} \tag{4-38}$$

$$\frac{1}{n^0} \sum_{j \neq i} \frac{1}{\rho_i} \left(\frac{3 p_{ij} r_e}{r_{ij}^3} \right) = (1-\gamma) \frac{1}{\Delta t} \nabla \cdot \boldsymbol{u}^* - \gamma \frac{1}{\Delta t^2} \frac{n^{k+1} - \langle n^* \rangle_i}{n^0} + \alpha \frac{1}{\Delta t^2} p_i^{k+1} \tag{4-39}$$

同时，式(4-28)同样也作为检测对象之一。

2. 动态位移修正技术

在 SPH 方法中，当雷诺数较高时，粒子会成对聚集，而在低雷诺数下，粒子会沿流线分布，因此人工位移修正（Artificial Displacement Modification，ADM）技术首次被 Zainali 等人[16]在 ISPH 中用以保证粒子分布更加均匀。人工位移修正技术的表达式如下：

$$\Delta \boldsymbol{r}_i = \omega \sum_{j \neq i} \frac{\boldsymbol{r}_i - \boldsymbol{r}_j}{r_{ij}^3} (r_i^{\mathrm{ave}})^2 u_{\max} \Delta t \tag{4-40}$$

式中，$\Delta \boldsymbol{r}_i$ 是粒子的位移修正量；ω 是修正系数；$u_{\max}$ 是流场中出现的最大速度；Δt 是计算的时间步长；r_i^{ave} 是作用域中的邻点粒子和中心粒子的平均距离：

$$r_i^{\mathrm{ave}} = \sum_j \left(\frac{r_{ij}}{N_i} \right) \tag{4-41}$$

式中，N_i 是邻点粒子的数目。

根据 Zainali 的文章[16]，人工位移修正技术是一种十分有效的保证计算稳定性的方法，并且也被其他 SPH 程序所采用[17]。据公开发表文献可知，这一技术目前仍未被任何 MPS 程序所采用，因此在这一节，我们将位移修正技术引入 MPS 程序，并且为人工位移修正技术发展了调整作用更为合理的动态位移修正技术（Dynamic Displacement Modification，DDM），使用动态位移修正系数 ξ 代替传统位移修正系数 ω ：

$$\xi = 0.01 + 0.2 \times \| \boldsymbol{N} \| \tag{4-42}$$

式中，$\boldsymbol{N}$ 代表粒子分布的不均匀程度。粒子的不均匀程度越大，$\| \boldsymbol{N} \|$ 和 ξ 的值就越大，$\boldsymbol{N}$ 的表达式如下所示：

$$\boldsymbol{N} = \frac{1}{n_i} \sum_{j \neq i} \frac{\boldsymbol{r}_j - \boldsymbol{r}_i}{r_{ij}} H_{ij} \tag{4-43}$$

式中，n_i 表示中心粒子 i 的粒子数密度。

通过这一改进，修正系数 ξ 不再是一个常数，因此位移修正技术可以对不同位置的粒子产生不同的修正效果，以此增强计算的稳定性。最终动态位移修正技术的表达式如下：

$$\Delta \boldsymbol{r}_i = \xi \sum_{j \neq i} \frac{\boldsymbol{r}_i - \boldsymbol{r}_j}{r_{ij}^3} (r_i^{\mathrm{ave}})^2 u_{\max} \Delta t \tag{4-44}$$

3. 一阶精度的密度光滑格式

无网格粒子法中通常采用的密度光滑格式如式（4-33）所示，实际上就是对作用域内粒子密度的加权平均，并且这种密度光滑并没有考虑中心粒子本身的影响，这主要是由于传统的双曲核函数在中心粒子处的值无限大，因此不得不从作用域中扣除。除此之外，这种零阶精度的密度光滑格式实际上无法很好地防止粒子间的相互穿越，仍然能够观察到界面处重流体向轻流体的入侵。

Khayyer 和 Gotoh 基于泰勒级数展开法推导了具有一阶精度的密度光滑

(First Order Accurate Density Smoothing, FDS)格式[12]。将邻点粒子 j 的密度在中心粒子 i 处进行泰勒展开可得:

$$\rho_j = \rho_i + \left(\frac{\partial \rho}{\partial x}\right)_i x_{ij} + \left(\frac{\partial \rho}{\partial y}\right)_i y_{ij} + O(h^2) \tag{4-45}$$

式中,$x_{ij} = x_j - x_i$,$y_{ij} = y_j - y_i$,分别代表 x 轴和 y 轴方向上的相对位置。于是中心粒子处的平均密度则表示为:

$$\rho_i = \frac{1}{\sum w_{ij}} \sum \left(\rho_j - \frac{\partial \rho_i}{\partial x_{ij}} x_{ij} - \frac{\partial \rho_i}{\partial y_{ij}} y_{ij}\right) w_{ij} \tag{4-46}$$

上式的化简过程如下:

$$\begin{aligned}
\rho_i &= \frac{1}{\sum w_{ij}} \sum \left(\rho_j - \frac{\partial \rho_i}{\partial x_{ij}} x_{ij} - \frac{\partial \rho_i}{\partial y_{ij}} y_{ij}\right) w_{ij} \\
&= \frac{1}{\sum w_{ij}} \sum \left(\rho_j - \frac{\partial \rho_i}{\partial r_{ij}} \frac{\partial r_{ij}}{\partial x_{ij}} x_{ij} - \frac{\partial \rho_i}{\partial y_{ij}} \frac{\partial r_{ij}}{\partial y_{ij}} y_{ij}\right) w_{ij} \\
&= \frac{1}{\sum w_{ij}} \sum \left(\rho_j - \frac{\partial \rho_i}{\partial r_{ij}} \frac{x_{ij}}{r_{ij}} x_{ij} - \frac{\partial \rho_i}{\partial r_{ij}} \frac{y_{ij}}{r_{ij}} y_{ij}\right) w_{ij} \\
&= \frac{1}{\sum w_{ij}} \sum \left(\rho_j - \frac{\partial \rho_i}{\partial r_{ij}} \left(\frac{x_{ij}^2}{r_{ij}} + \frac{y_{ij}^2}{r_{ij}}\right)\right) w_{ij} \\
&= \frac{1}{\sum w_{ij}} \sum \left(\rho_j - \frac{\partial \rho_i}{\partial r_{ij}} r_{ij}\right) w_{ij}
\end{aligned} \tag{4-47}$$

将零阶精度的密度光滑格式代入式(4-47):

$$\rho_i = \frac{\sum_j \rho_j w_{ij}}{\sum_j w_{ij}} \tag{4-48}$$

于是式(4-47)中 $\frac{\partial \rho_i}{\partial r_{ij}}$ 项就可以当作导数进行处理,其中核函数 w_{ij} 是 r_{ij} 的函数。

这里需要注意式(4-33)和式(4-48)的差别,在式(4-48)中,中心粒子本身也被包括在作用域当中,这就意味着在一阶精度的密度光滑格式中不能再使用传统的双曲核函数,而应当使用在中心粒子处连续的核函数。

考虑到连续性的要求,我们这里采用式(4-29)所示的高斯函数作为 FDS 中的核函数。高斯函数和双曲函数在大多数区域中都是吻合较好的,只有在中心处才呈现较大差别。在传统 MPS 方法中,Koshizuka 教授认为中心处通常不会存在邻点粒子,所以选择了如式(4-30)的双曲函数作为近似核函数,这在大多数的计算中是没有问题的。但在 FDS 中，我们仍然应该选择中心处连续的高斯函数作为核函数。

最终，我们将高斯函数代入式(4－48)，得到了 FDS 的最终表达式：

$$\rho_i=\frac{1}{\sum_j G_{ij}}\sum_j\left[\rho_j+\frac{18r_{ij}}{r_e^2}\left[\frac{\sum_j r_{ij}\rho_j G_{ij}\times\sum_j G_{ij}-\sum_j\rho_j G_{ij}\times\sum_j r_{ij}G_{ij}}{\left(\sum_j G_{ij}\right)^2}\right]\right]G_{ij} \tag{4-49}$$

式中，G_{ij} 是 $G(r_{ij})$ 的简写。

4. 黏性项的离散格式

实际上，动量守恒方程中的黏性项也是通过拉普拉斯方程来离散的，这意味着式(4－35)同样也可以用于黏性项的离散。关于高阶精度的拉普拉斯模型应用于黏性项计算，已经由 Khayyer 和 Gotoh 进行了验证[10]，但他们的研究主要是针对单相流动，而在他们关于多相流动的研究中，则并未采用高阶精度的黏性项离散方式。因此，在这里，我们将讨论和分析不同拉普拉斯模型在黏性项离散中的表现，确定多相流模拟中的最优黏性模型。本节的公式推导都是针对二维情形的。

综合式(4－30)和式(4－35)，可以得到基于双曲核函数的高阶精度黏性模型：

$$\langle\mu\cdot\nabla^2\boldsymbol{u}\rangle=\frac{1}{n^0}\sum_{j\neq i}\frac{2\mu_i\mu_j}{\mu_i+\mu_j}\frac{3\,\boldsymbol{u}_{ij}}{r_{ij}^3} \tag{4-50}$$

相应地，如果不采用高阶精度的拉普拉斯模型，则可以得到基于双曲核函数的低阶精度黏性模型：

$$\langle\mu\cdot\nabla^2\boldsymbol{u}\rangle=\frac{4}{n^0\lambda}\sum_{j\neq i}\frac{2\mu_i\mu_j}{\mu_i+\mu_j}\boldsymbol{u}_{ij}H_{ij} \tag{4-51}$$

当选择高斯函数作为核函数时，基于高斯核函数的高阶精度的黏性模型变为如下形式：

$$\langle\mu\cdot\nabla^2\boldsymbol{u}\rangle=\frac{1}{n_G^0}\sum_j\frac{2\mu_i\mu_j}{\mu_i+\mu_j}\left(\frac{36}{r_e^2}+\frac{324r_{ij}^2}{r_e^4}\right)\boldsymbol{u}_{ij}G_{ij} \tag{4-52}$$

根据这种定义方式，式(4－27)则可以被定义为基于高斯核函数的低阶精度黏性模型。此处注意，在式(4－27)和式(4－25)中，由于高斯核函数在中心粒子处的连续性，不需要把中心粒子排除在邻点粒子之外。

另一种黏性项离散格式由 Morris 等[18]在 SPH 方法中提出，由 Hu 等[19]将其扩展到多相流 SPH 方法：

$$\langle\mu\cdot\nabla^2\boldsymbol{u}\rangle=\sum_j\frac{2\mu_i\mu_j}{\mu_i+\mu_j}\frac{(V_i^2+V_j^2)}{V_i}\times\frac{\boldsymbol{r}_{ij}\cdot\nabla w_{ij}}{r_{ij}^2}\boldsymbol{u}_{ij} \tag{4-53}$$

式中，V_i 代表粒子的体积，有

$$V_i = \frac{1}{\sum_j w_{ij}} \tag{4-54}$$

尽管这种表达形式无法保证角动量的严格守恒，它仍然被其他研究者所采用[17,20]。与我们关注的多相流的现象相比，角动量的严格守恒变得不再那么重要了。

通过式(4-27)和式(4-53)的对比，我们可以看到 MPS 方法和 SPH 方法实际上还是存在一些差别的，但我们仍然可以通过数学手段，将 SPH 方法中的模型为 MPS 所用。在 MPS 方法中，粒子数密度由下式定义：

$$n_i = \sum_j w_{ij} \tag{4-55}$$

对比式(4-54)，可以得到：

$$V_i = \frac{1}{n_i} \tag{4-56}$$

式(4-53)中的 $\boldsymbol{r}_{ij} \cdot \nabla w_{ij}$ 算子可以通过以下方法化简：

$$\begin{aligned} \boldsymbol{r}_{ij} \cdot \nabla w_{ij} &= [x_{ij} \quad y_{ij}] \cdot \begin{bmatrix} \dfrac{\partial w_{ij}}{\partial x_{ij}} & \dfrac{\partial w_{ij}}{\partial y_{ij}} \end{bmatrix} \\ &= [x_{ij} \quad y_{ij}] \cdot \begin{bmatrix} \dfrac{\partial w_{ij}}{\partial r_{ij}} \dfrac{\partial r_{ij}}{\partial x_{ij}} & \dfrac{\partial w_{ij}}{\partial r_{ij}} \dfrac{\partial r_{ij}}{\partial y_{ij}} \end{bmatrix} \\ &= [x_{ij} \quad y_{ij}] \cdot \begin{bmatrix} \dfrac{\partial w_{ij}}{\partial r_{ij}} \dfrac{x_{ij}}{r_{ij}} & \dfrac{\partial w_{ij}}{\partial r_{ij}} \dfrac{y_{ij}}{r_{ij}} \end{bmatrix} \\ &= \frac{\partial w_{ij}}{\partial r_{ij}} \left(\frac{x_{ij}^2 + y_{ij}^2}{r_{ij}} \right) = \frac{\partial w_{ij}}{\partial r_{ij}} r_{ij} \end{aligned} \tag{4-57}$$

根据式(4-53)、式(4-56)和式(4-57)，并且考虑式(4-29)所示的高斯函数作为核函数，最终将式(4-52)转化为适用于 MPS 的形式：

$$\langle \mu \cdot \nabla^2 \boldsymbol{u} \rangle = \frac{18d}{r_e^2} \sum_j \frac{2\mu_i \mu_j}{\mu_i + \mu_j} \frac{n_i^2 + n_j^2}{2 n_i n_j^2} \times \boldsymbol{u}_{ij} G_{ij} \tag{4-58}$$

在这里将式(4-58)称作基于高斯核函数的动量不守恒的低精度黏性模型。

最后，式(4-27)、式(4-50)、式(4-51)、式(4-52)和式(4-58)成为了最后待检验的各类黏性模型。

4.2.3 改进 MMPS 方法的验证

1. 压力泊松方程的选择

本部分将对比前文中提到的各类压力泊松方程的作用效果。所有待对比检测的多相流 MPS 方法总结于表 4-1，并采用图 4-4 所示的分层流液池来对比各个方法的计算结果。

表 4-1　本节对比的多相流 MPS 方法

方法	缩写	描述
传统 MMPS-CA 方法-标准压力泊松方程离散型式及混合源项	MMPS-CA	段广涛博士开发的MMPS-CA 程序[13]
包含了高阶精度拉普拉斯模型和源项误差的压力泊松方程的 MMPS-CA 方法	MMPS-CA-HL-ECS	使用式(4-38)形式压力泊松方程的 MMPS-CA 方法
包含了高阶精度拉普拉斯模型和混合源项的压力泊松方程的 MMPS-CA 方法	MMPS-CA-HL	使用式(4-39)形式压力泊松方程的 MMPS-CA 方法

如图 4-4 所示，本节采用了一个二维的分层流液池来检测不同 PPE 的作用效果，图中液池底部的理论压强为 1852.2 Pa。图 4-5 展示了不同程序间计算结果的对比。

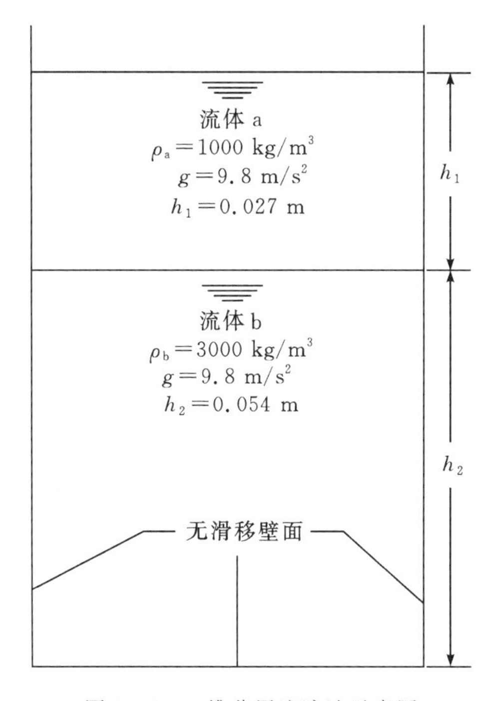

图 4-4　二维分层流液池示意图

由图 4-5 可知，当不考虑流体的弱可压缩性时，MMPS-CA-HL 和 MMPS-CA-HL-ECS 的计算结果变化趋势十分一致，而MMPS-CA-HL-ECS 的稳定性要略强于 MMPS-CA-HL，两种方法都在计算初始的前 5 步就迅速达到了稳定。而对于原始的 MMPS-CA 程序来说，压强直到第 15 到 20

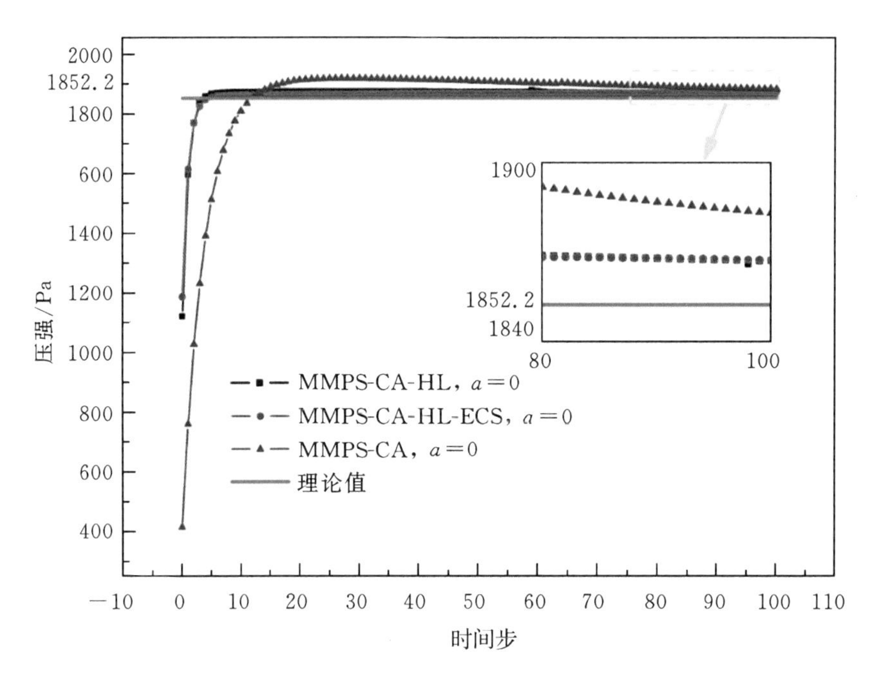

图 4－5　液池底部压力随时间变化趋势（不含可压缩性）

步左右才达到与理论解相近的值，并且其结果并不稳定，存在下降的趋势。这意味着使用高阶精度的拉普拉斯模型来离散 PPE 比标准的 PPE 离散格式更为精确。

图 4－6 展示了考虑流体的弱可压缩性时的计算结果。考虑了流体的弱可压缩性，所有的 PPE 都需要更多的时间步才能达到稳定结果，并且 MMPS－CA－HL－ECS 的计算结果相较 MMPS－CA－HL 要更接近理论值，这说明在流体可压缩性不为 0 时，包含源项误差的 PPE 是更好的选择。

流体的可压缩性首先被 Koshizuka 教授采用来增强计算的稳定性[21]，并且也被后来的许多学者所采用[22-24]，其增强计算稳定性、加快计算速度的作用已经被证实。图 4－7 展示了包含和不包含流体压缩性时 PPE 每步计算至收敛所需的迭代步数。

PPE 迭代至收敛的迭代步数表征了程序的计算效率，迭代残差设置为 10^{-9}。如图 4－7 所示，高阶精度的压力泊松方程需要更多迭代步数才能达到收敛，并且当考虑了流体可压缩性时，计算量明显降低。此外，采用了源项误差的 PPE 在计算过程中经历了更少的波动。

最终，综合考虑计算效率和计算精确度，MMPS－CA－HL－ECS 被确定为更适于多相流压力场求解的方法，也意味着式（4－38）形式的 PPE 是最优方案。

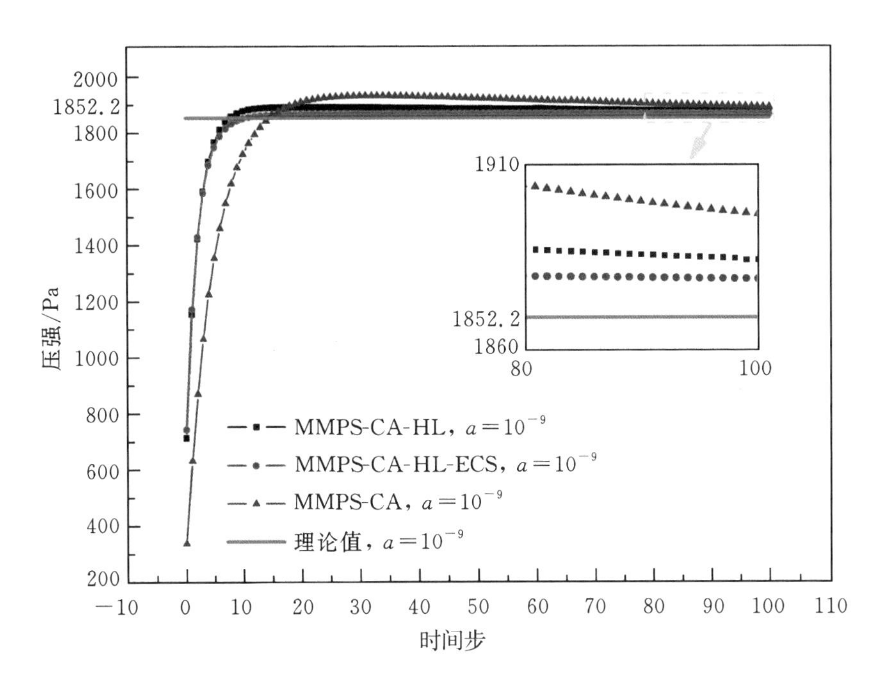

图 4-6　液池底部压力随时间变化趋势(含可压缩性)

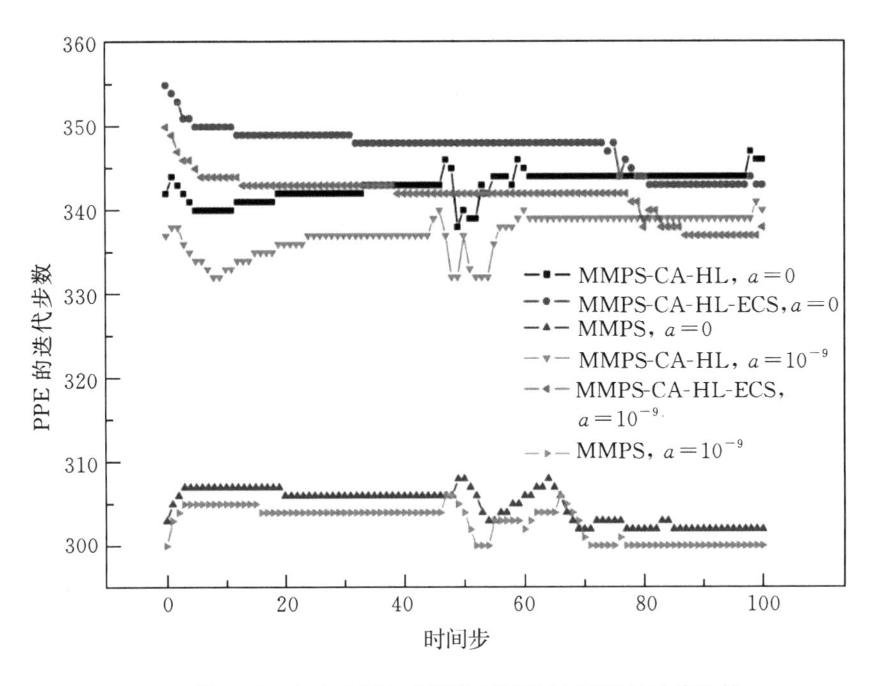

图 4-7　包含和不包含流体压缩性时 PPE 的迭代比较

2. 动态位移修正技术的作用效果

在使用粒子法模拟两相流动时，由于界面附近存在比较大的流体物性变化，会引起粒子分布的不均匀，因此我们需要引入位移修正技术。在本节，将对比 4.2.2 节中提到的动态位移修正技术的必要性和作用效果，所有的待对比检测方法如表 4-2 所示。在这一部分中，前文所述的 MMPS-CA-HL-ECS 方法被称作“改进的 MMPS-CA 方法”。

表 4-2 本节对比的改进 MMPS-MA 方法

方法	缩写	描述
包含了高阶精度拉普拉斯模型和源项误差的压力泊松方程的 MMPS-CA 方法	改进的 MMPS-CA	MMPS-CA-HL-ECS 方法
包含了动态位移修正技术的改进的 MMPS-CA 方法	改进的 MMPS-CA-DDM	包含式(4-44)的 MMPS-CA-HL-ECS 方法

首先要检测动态位移修正技术对流场的影响，为此进行了二维方形液滴变形的算例计算，计算的初始示意图见图 4-8(a)。边长 L 的正方形液滴布置在另一个边长 $2L$ 的正方形液滴中心，初始的粒子配置是 100×100，边界条件采用无滑移边界条件。流体 a 和流体 b 具有相同物理性质，表面张力就成为了驱动液滴变形的唯一作用力，因此这一算例也被用来检测表面张力模型的正确性[3-14, 17]。表 4-3 展示了二维液滴变形算例的计算参数。

表 4-3 二维液滴变形算例的计算参数

ρ_a /(kg·m^{-3})	ρ_b /(kg·m^{-3})	μ_a /(Pa·s)	μ_b /(Pa·s)	g /(m·s^{-2})	σ /(N·m^{-1})	L /m	时长/s
1	1	0.2	0.2	0	0.5	0.5	5×10^{-5}

图 4-8 中展示的是改进的 MMPS-CA-DDM 方法的计算结果，而不包含动态位移修正技术的计算结果(该结果与图 4-8 展示的计算结果也十分相近)。在 0.01 s 时，方形液滴开始在表面张力作用下发生变形，这一变形过程直到 0.50 s 左右停止，液滴由方形变为圆形。

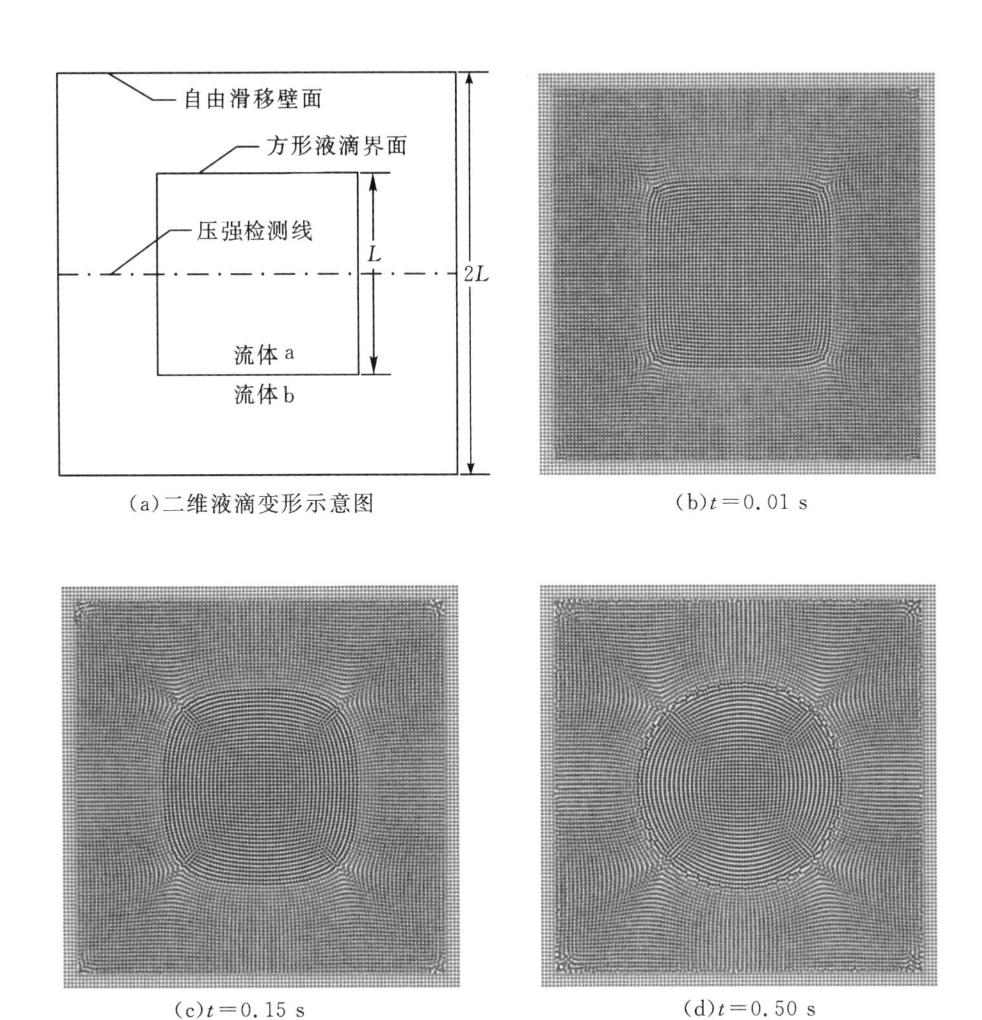

(a)二维液滴变形示意图

(b)$t=0.01$ s

(c)$t=0.15$ s

(d)$t=0.50$ s

图 4-8　液滴变形算例

根据拉普拉斯定律，在流体运动稳定之后，界面两侧的压差为

$$\Delta p = p_a - p_b = \frac{\sigma}{R_L} = \frac{\sigma\sqrt{\pi}}{L} \tag{4-59}$$

式中，R_L 是液滴最终静止时的半径。根据上式，理论压差为 1.772 Pa。图 4-9 展示了沿压强检测线的相对压强 $p-p_{b,mean}$ 的变化，其中 $p_{b,mean}$ 是流体 b 中的平均压强。

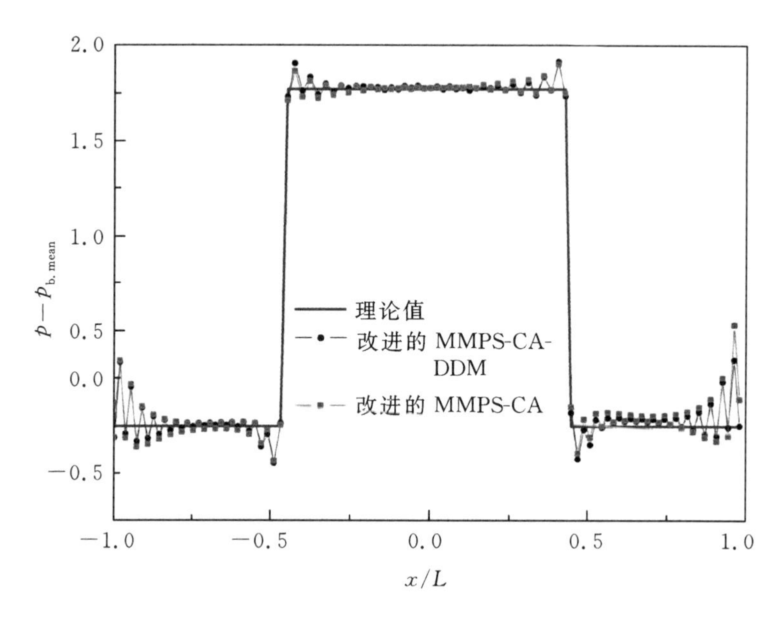

图 4-9　沿压强检测线的压强分布

图 4-9 中由于粒子法本身的精度限制，计算得到的压力分布在理论值附近存在一定的振荡，但总体上，无论是否采用动态位移修正技术，都可以得到一个相对准确的压力场分布结果。这也表明了动态位移修正技术对流场影响较弱。

随后，采用 Hysing 等人[25]介绍的二维气泡上升的基准算例进一步检测动态位移修正技术的必要性。二维气泡上升算例是验证多相流无网格粒子方法[13, 17, 26]模拟正确性的典型算例。计算的初始条件如图 4-10 所示。计算区域的大小为：$W_1 = H_1 = 2D = 0.5$ m，$H = 3W = 12D = 3.0$ m。表 4-4 展示了详细的计算参数。

表 4-4　气泡上浮算例计算参数

ρ_a / (kg・m^{-3})	ρ_b / (kg・m^{-3})	μ_a / (Pa・s)	μ_b / (Pa・s)	g / (m・s^{-2})	σ / (N・m^{-1})	Re	Bo
1	1000	0.1184	11.84	9.8	5.28	33.02	116

在表 4-4 中，Re 代表雷诺数，Bo 代表邦德数(也称爱特威数)。这两个无量纲数是气泡动力学中常用的无量纲数。Re 数表示气泡受到的惯性力和黏性力的比值，Bo 数表示重力和表面张力的比值，表达式如下：

$$Re = \frac{\rho_b \sqrt{gD^3}}{\mu_b} \tag{4-60}$$

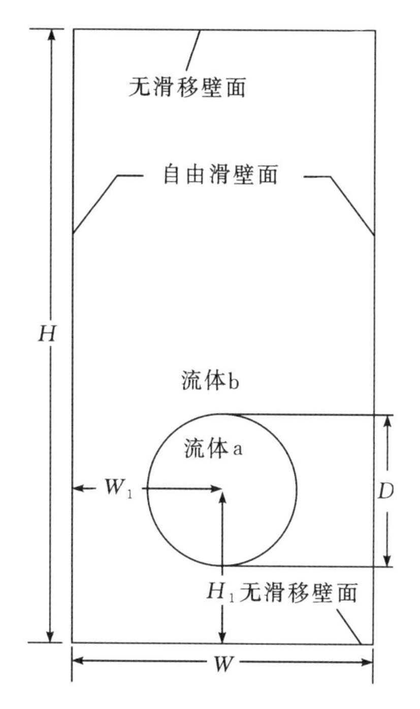

图 4-10　二维气泡上浮算例计算参数

$$Bo = \frac{\rho_b g D^2}{\sigma} \tag{4-61}$$

在气泡上浮的过程中，惯性力、黏性力、重力和表面张力是气泡受到的主要作用力。除此之外，密度比和黏度比也是影响气泡行为的关键因素。在本节的气泡上浮算例中，气泡的密度比为 1000，黏度比为 100，与真实的气液两相物性比接近。

图 4-11 展示了包含和不含动态位移修正技术的改进 MMPS-CA 方法的相同时刻的模拟结果对比，采用了无量纲时间 $\tau = t\sqrt{\frac{g}{D}}$ 作为时间尺度。

在 $\tau = 0.96$ 时，对于改进的 MMPS-CA 方法，在气泡的顶部出现了流体 b 向流体 a 的入侵现象，这不符合物理规律。而在采用了动态位移修正技术的计算结果中，不存在这种现象。在 $\tau = 1.61$ 时，两种方法的计算结果出现了明显差别，气泡顶部的粒子的非物理性穿越导致气泡形状的不对称性，而图 4-11(d) 中的计算结果显然更为合理。

本部分首先通过二维方形液滴的变形算例，证明了动态位移修正技术对流场计算几乎不会产生影响。之后通过一个二维气泡上浮算例验证了动态位移修正技术对计算结果的修正作用。

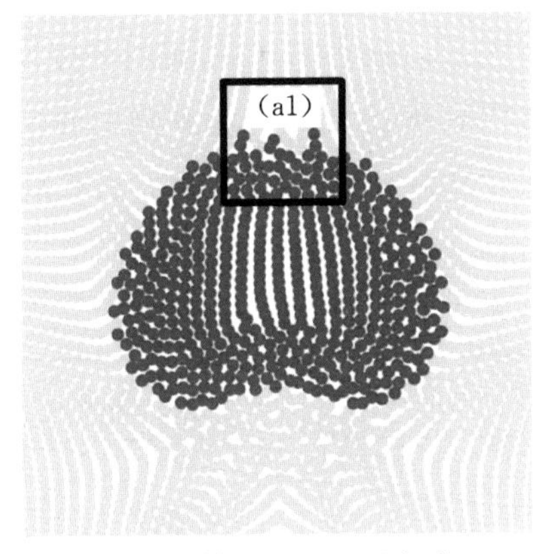

(a)改进的 MMPS - CA 在 $\tau=0.96$ 的计算结果

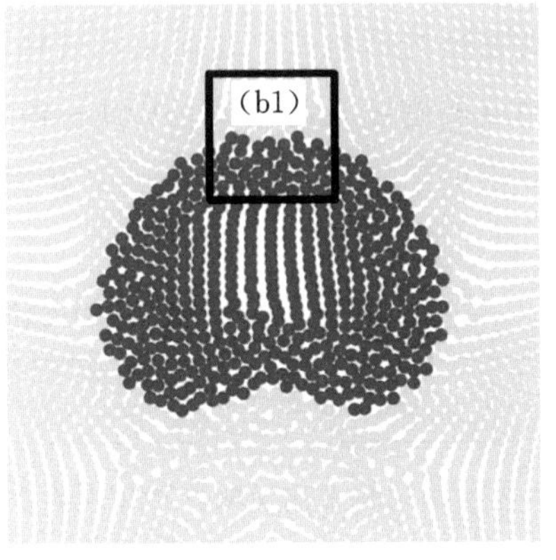

(b)改进的 MMPS - CA - DDM 在 $\tau=0.96$ 的计算结果

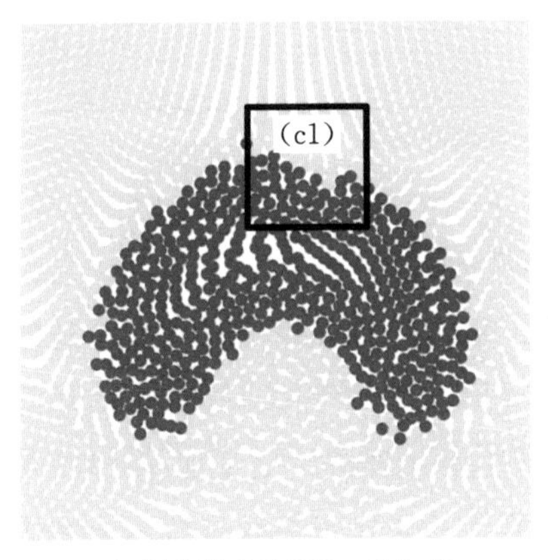

(c)改进的 MMPS - CA 在 $\tau=1.61$ 的计算结果

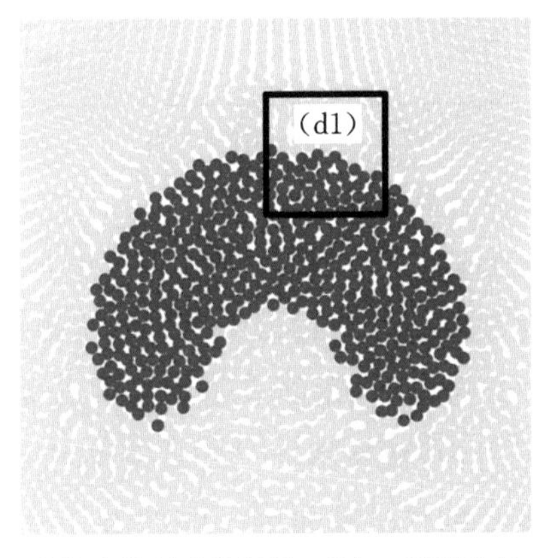

(d)改进的 MMPS - CA - DDM 在 $\tau=1.61$ 的计算结果

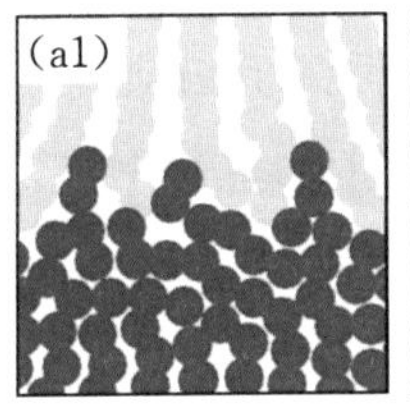

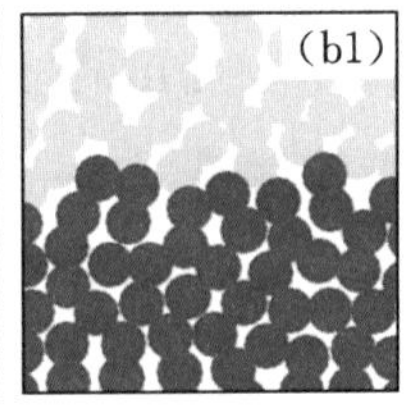

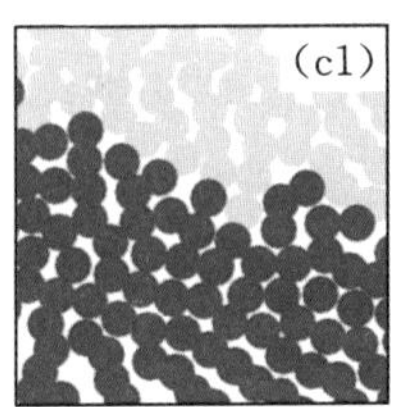

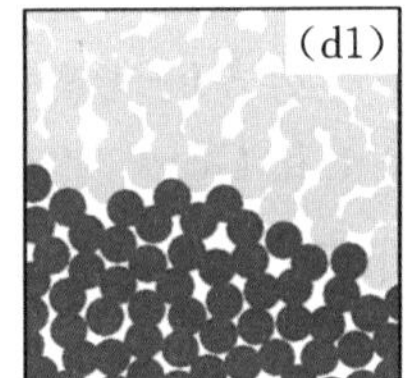

图 4 - 11　模拟结果对比

3. 一阶精度的密度光滑格式的作用效果

密度光滑格式是一种能有效防止界面处粒子非物理性穿越的方法，目前大多数的密度光滑格式仍是采用零阶精度的格式。在本部分中，我们将探讨具有一阶精度的密度光滑格式[式(4-49)]在大密度比气泡上浮算例中的作用效果。本部分沿用了前文气泡上浮算例，待对比检测的各种数值方法总结如表所示。

表4-5　本节待对比检测的改进 MMPS-CA 方法

方法	缩写	描述
包含了高阶精度拉普拉斯模型和源项误差的压力泊松方程以及动态位移修正技术的MMPS-CA方法	改进的 MMPS-CA	上部分中介绍的改进的 MMPS-CA 方法
采用了 FDS 的改进 MMPS-CA 方法	改进的 MMPS-CA-FDS	采用式(4-49)的改进 MMPS-CA 方法

图4-12展示了 $\tau=2.88$ 时的气泡上升算例计算结果。由图4-12(a)和(b)可知，在两种方法计算的结果中，气泡都出现了尾流，但尾流处的光滑密度分布存在明显差别，采用了 FDS 方法的结果在尾流处的光滑密度的过渡更为连续。图4-12(c)和(d)也证明了未采用 FDS 的方法中出现了流体 b 向流体 a 的入侵行为，而在图4-12(d)中却没有发生这一现象。这证明了 FDS 可以在大密度比的气泡算例中产生更为合理的光滑密度分布并且有效阻止粒子的非物理性穿越。

4. 不同黏性项离散格式的作用效果

在以往的 MPS 方法研究中，黏性模型的选择未被重视，使用最广泛的黏性模型仍然是 Koshizuka 教授在20世纪90年代提出的黏性离散格式[27]。尽管 Khayyer 和 Gotoh 推导了高阶精度的拉普拉斯模型，但在他们有关多相流粒子法的研究中却并没有采用这种格式来离散黏性项。因此，总体上说，关于多相流 MPS 方法的黏性项离散格式的讨论还是比较缺乏的。

表4-6展示了待对比检测的各种 MMPS-CA 程序，不同方法间的主要区别是采用了不同的黏性项离散格式。

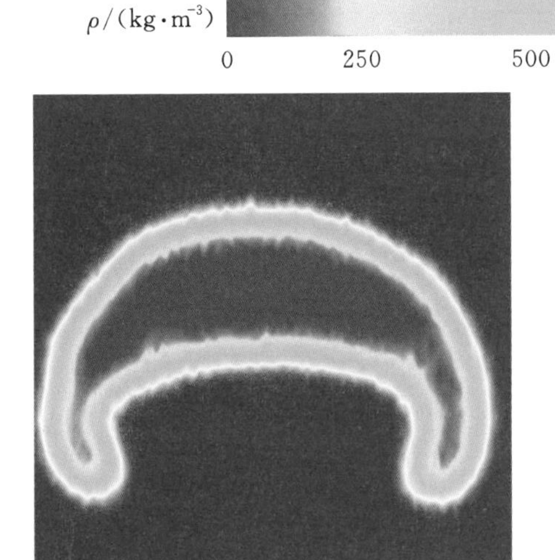

(a) 改进的 MMPS-CA 方法在 τ =2.88 时计算的光滑密度分布

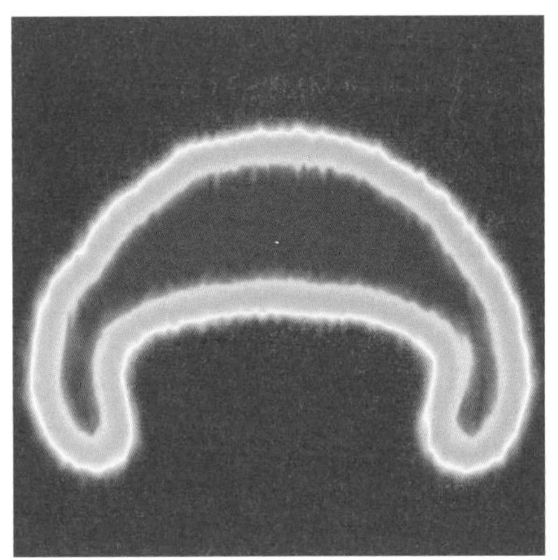

(b) 改进的 MMPS-CA-FDS 方法在 τ =2.88 时计算的光滑密度分布

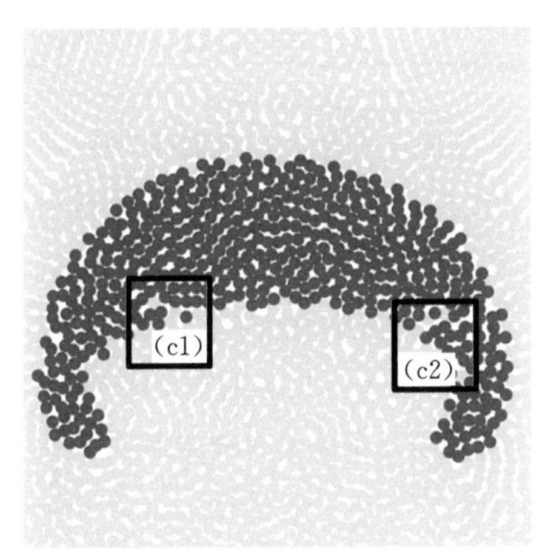

(c) 改进的 MMPS-CA 方法在 τ =2.88 时计算的粒子分布

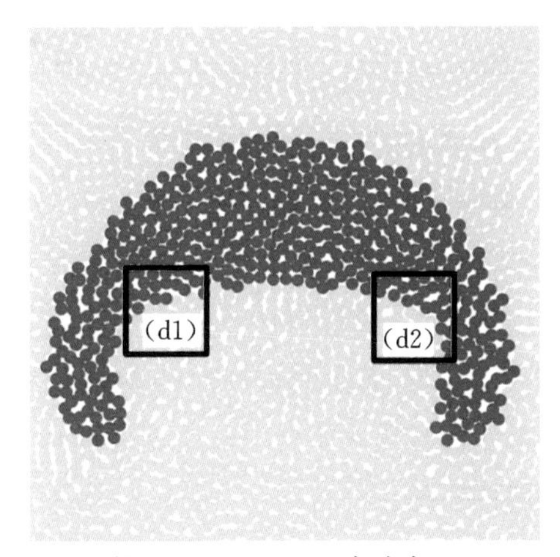

(d) 改进的 MMPS-CA-FDS 方法在 τ =2.88 时计算的粒子分布

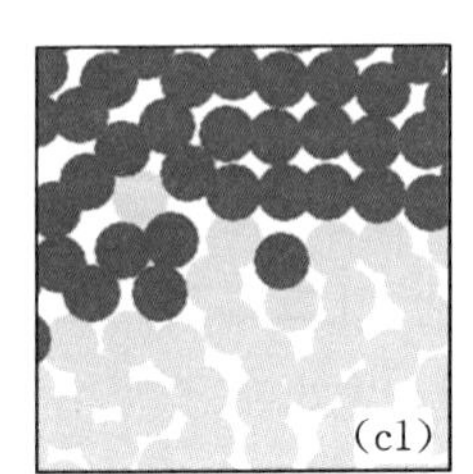

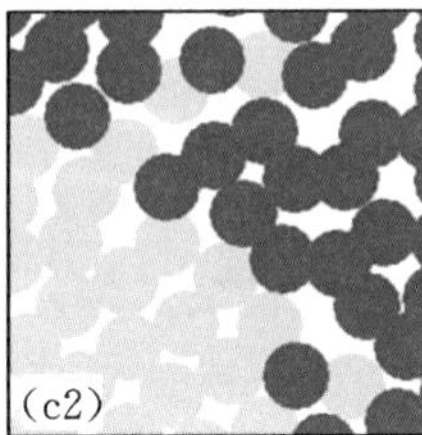

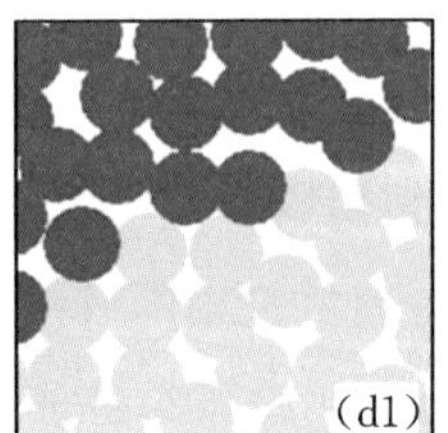

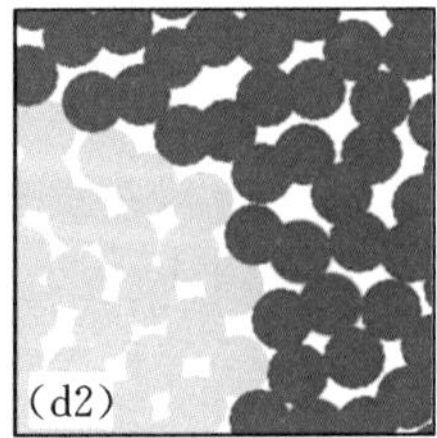

图 4-12　τ =2.88 时的气泡上升算例计算结果

表 4－6　本节待对比检测的改进 MMPS－CA 方法

方法	缩写	描述
包含了高阶精度的 PPE、ECS 源项、DDM 技术、FDS 格式的 MMPS－CA 方法	改进的 MMPS－CA	上部分中介绍的改进的 MMPS－CA－FDS 方法
采用基于双曲核函数的高阶精度黏性项离散格式的改进 MMPS－CA 方法	改进的 MMPS－CA－HV	采用式(4－50)的改进 MMPS－CA 方法
采用基于双曲核函数的低阶精度黏性项离散格式的改进 MMPS－CA 方法	改进的 MMPS－CA－LV	采用式(4－51)的改进 MMPS－CA 方法
采用基于高斯核函数的高阶精度黏性项离散格式的改进 MMPS－CA 方法	改进的 MMPS－CA－HVG	采用式(4－52)的改进 MMPS－CA 方法
采用基于高斯核函数的低阶精度黏性项离散格式的改进 MMPS－CA 方法	改进的 MMPS－CA－LVG	采用式(4－27)的改进 MMPS－CA 方法
采用基于高斯核函数的角动量不守恒的低阶精度黏性项离散格式的改进 MMPS－CA 方法	改进的 MMPS－CA－LVNG	采用式(4－58)的改进 MMPS－CA 方法

如表 4－6 所示，本节共有 5 个待检验的黏性项离散格式，采用气泡上浮算例(示意图见图 4－10)，计算的参数如表 4－7 所示，计算区域设置如下：$W_1 = H_1 = D = 0.5$ m，$H = 2W = 4D = 2.0$ m。

表 4－7　本部分气泡上浮算例的物理参数

ρ_a / (kg·m^{-3})	ρ_b / (kg·m^{-3})	μ_a / (Pa·s)	μ_b / (Pa·s)	g / (m·s^{-2})	σ / (N·m^{-1})	Re	Bo
1	1000	0.1	10	0.98	1.96	35	25

1)高阶精度的黏性项离散格式

图 4－13 展示了 MMPS－CA－HV 方法对于基准算例的计算结果。无量纲时间从左至右分别为 0.6、1.2、1.8、2.4 和 3.0，红色的虚线是 Hysing 文章[25]中使用 TP2D 方法计算得到的最优解。

在图 4－13(a)和(b)中，粒子法的计算结果与网格方法的计算结果符合较好。但在图 4－13(c)、(d)和(e)中，当气泡的变形更加剧烈时，计算结果与基准解出现了一定程度的偏差，尤其是当气泡尾流破碎后，基准解中出现了两个子气泡，但在本节的计算结果中并没有发生气泡的破碎。

在使用改进的 MMPS－CA－HVG 计算时也发现了同样的现象，如图

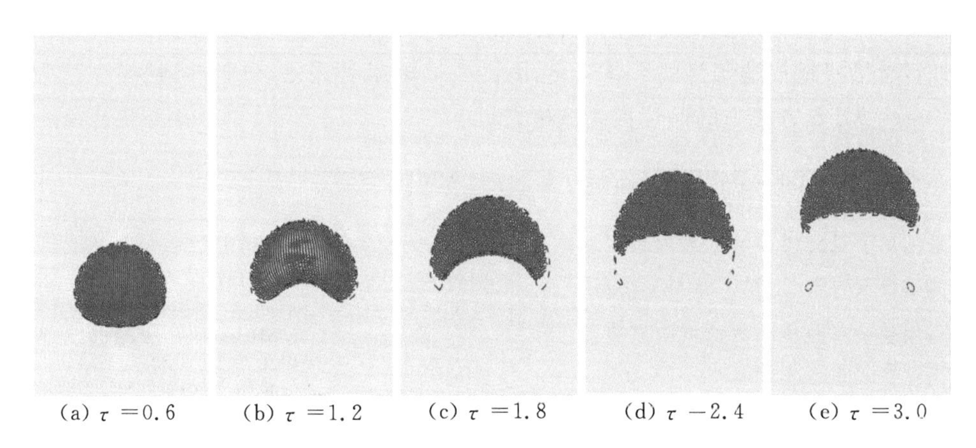

(a) τ =0.6　(b) τ =1.2　(c) τ =1.8　(d) τ −2.4　(e) τ =3.0

图 4-13　改进的 MMPS-CA-HV 方法和 TP2D 方法计算结果对比

4-14所示，粒子法的计算结果仍然不能观察到气泡的破碎现象。对比图4-13和图 4-14 可以看到，HV 和 HVG 两种黏性项离散格式的计算结果很相近，尽管两种格式都具有更高的精度，但却并不能描述气泡的复杂变形。

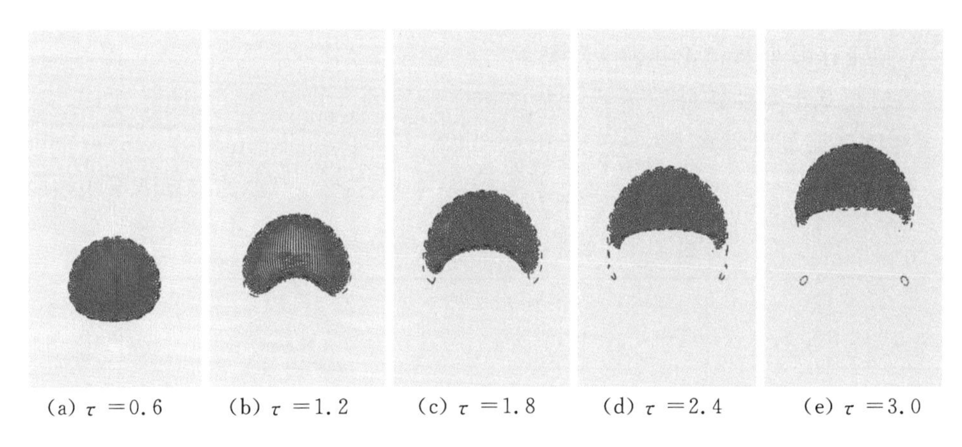

(a) τ =0.6　(b) τ =1.2　(c) τ =1.8　(d) τ =2.4　(e) τ =3.0

图 4-14　改进的 MMPS-CA-HVG 方法和 TP2D 方法计算结果对比

图 4-15 是关于这一算例的定量分析，图 4-15(a)是气泡质心随着时间的变化。可以看到，两种数值方法对于气泡质心的描述十分接近，都与 TP2D 方法相差不多；图 4-15(b)是气泡速度的变化，此时可以看到基于高斯核函数的高阶精度黏性项离散格式的模拟结果更接近 TP2D 程序的模拟结果。此外，还应当注意到，本节中的算例均采用的是 100×200 的初始粒子配置，但所得到的结果却要好于原始 MMPS-CA 程序在 200×400 粒子配置下的计算结果，这证明了我们对于原始 MMPS-CA 程序的一系列改进有效增强了程序的计算效率和计算精度，即使在较稀疏的粒子配置下也可以得到较为精确的结果。

尽管高阶精度的两类黏性项离散格式可以给出足够精确的定量结果，但其却不能很好地描述气泡的形状变化，因此我们不推荐采用这两种黏性模型作为多相流 MPS 方法中的黏性项离散格式。

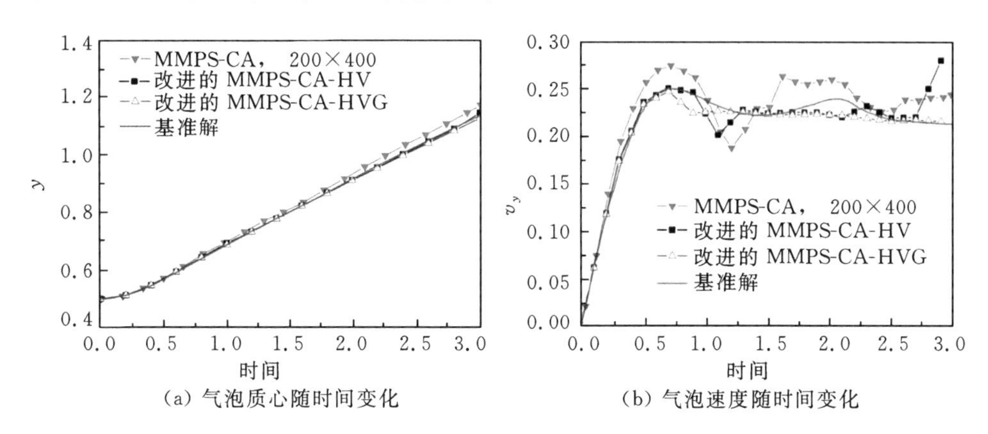

(a) 气泡质心随时间变化　(b) 气泡速度随时间变化

图 4-15　改进的 MMPS-CA-HV 和改进的 MMPS-CA-HVG 方法计算结果对比

2)低阶精度的黏性项离散格式

接下来我们将讨论几类低阶精度的黏性项离散格式的作用效果。图 4-16 展示的是基于双曲核函数的低阶精度黏性模型的计算结果。由图可知，图 4-16 的计算结果要略好于图 4-13 和 4-14 中的计算结果。在图 4-16(e)中可以看到气泡的破碎，但子气泡的位置和大小都和 TP2D 程序的计算结果相差较远，因此这种黏性模型仍然不是最优的。

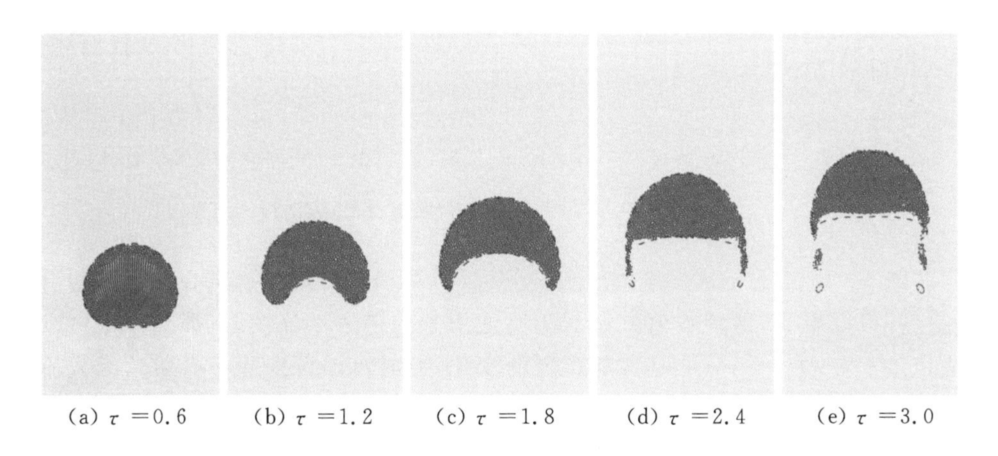
(a) $\tau=0.6$　(b) $\tau=1.2$　(c) $\tau=1.8$　(d) $\tau=2.4$　(e) $\tau=3.0$

图 4-16　改进的 MMPS-CA-LV 方法和 TP2D 方法计算结果对比

最后，我们将目光集中在式(4-27)和(4-58)这最后两种基于高斯核函数的低阶精度黏性离散格式，式(4-27)也是原始 MMPS-CA 程序中采用的一种黏性项离散格式。图 4-17 展示的是式(4-27)形式的黏性模型的计算结果。

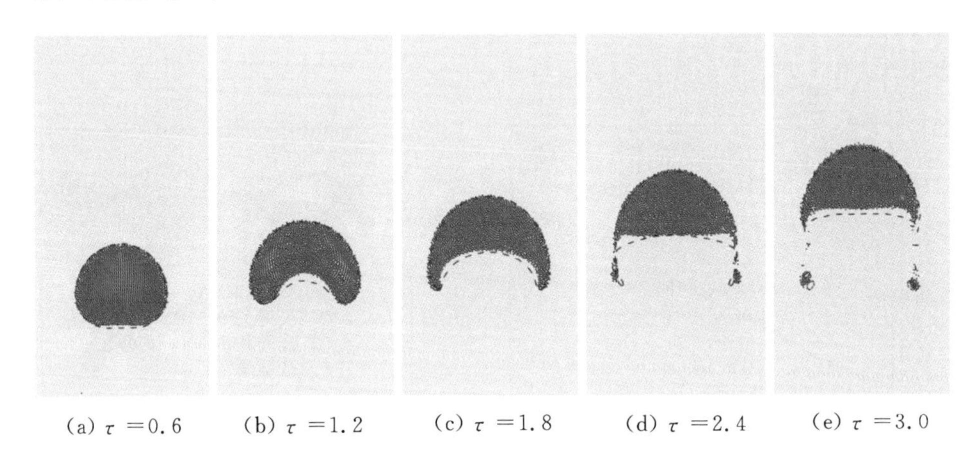

(a) $\tau=0.6$　(b) $\tau=1.2$　(c) $\tau=1.8$　(d) $\tau=2.4$　(e) $\tau=3.0$

图 4-17　改进的 MMPS-CA-LVG 方法和 TP2D 方法计算结果对比

如图 4-17 所示,改进的 MMPS-CA 程序的计算结果是目前最好的,最为接近 TP2D 的计算结果,但是仍然有一些与基准解不符合的地方,最终的气泡位置也略高于基准解。

图 4-18 是式(4-58)形式的黏性模型的计算结果。相较图 4-17,图 4-18 展示的计算结果进一步接近基准解,每一时刻的气泡的位置和形状都与 TP2D 方法计算结果符合较好,除了最终生成的子气泡的大小要略大于基准解。总体上讲,两种基于高斯核函数的低阶精度黏性模型都可以得到比较精确的模拟结果。为了进一步比较这两种模型,图 4-19 展示了 $\tau=3.0$ 时,两种方法模拟的最终气泡形状。

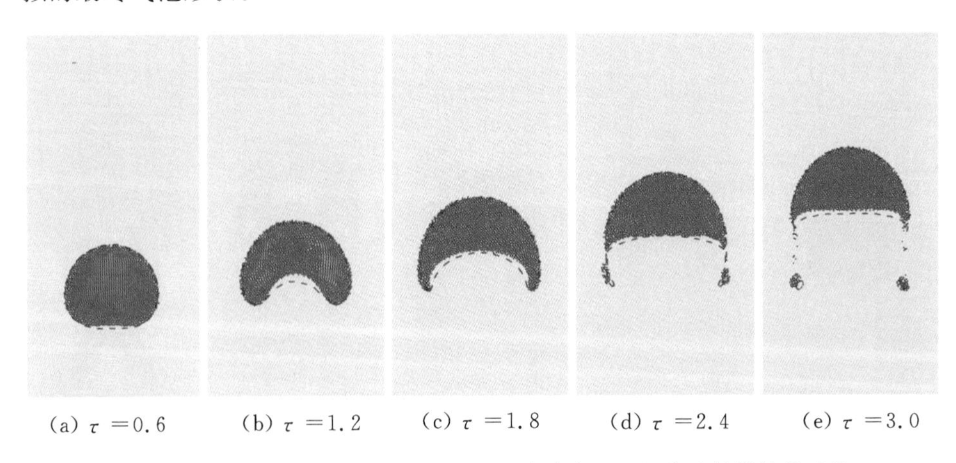

(a) $\tau=0.6$　(b) $\tau=1.2$　(c) $\tau=1.8$　(d) $\tau=2.4$　(e) $\tau=3.0$

图 4-18　改进的 MMPS-CA-LVNG 方法和 TP2D 方法计算结果对比

如图 4-19 所示,与 TP2D 模拟结果相比,改进的 MMPS-CA-LVNG 最

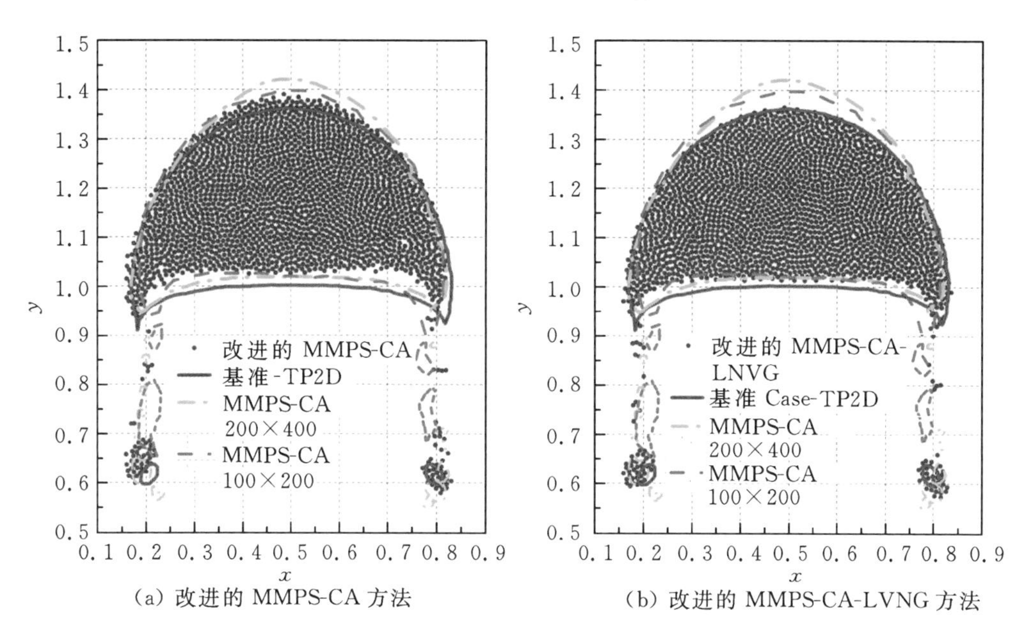

(a) 改进的 MMPS-CA 方法　　(b) 改进的 MMPS-CA-LVNG 方法

图 4-19　$\tau=3.0$ 时刻的气泡形状

终得到了更为精确的结果,主气泡的形状和位置几乎与基准解完全相同,不过仍有少许气体粒子留存在液相中,这在粒子法中是很难避免的。另外,最后介绍的这两种改进过后的 MMPS-CA 方法的模拟结果不仅优于原始 MMPS-CA 在 100×200 粒子配置下的模拟结果,甚至还优于其在 200×400 粒子配置时的模拟结果,这是对 MMPS-CA 方法在计算量方面的一个极大改进。

最后,我们仍然在图 4-20 中对比了几种低精度的黏性模型的定量模拟结果。可以看到,无论在气泡质心还是在气泡上升速度的模拟上,改进的MMPS-CA-LVNG 方法都是最优的。

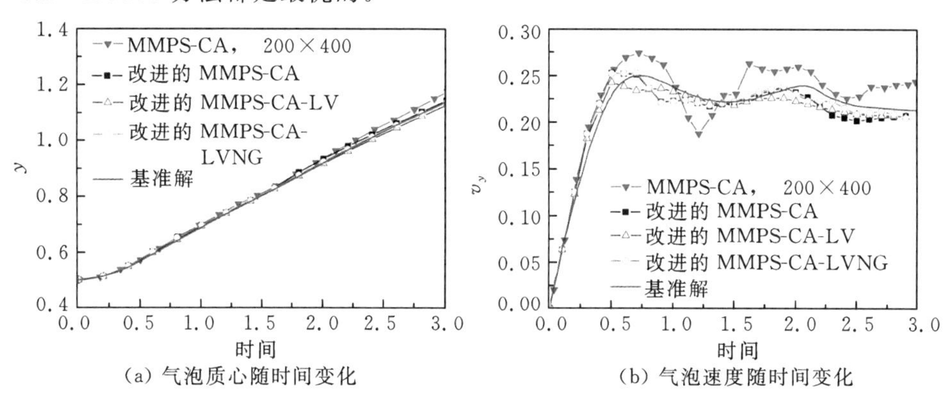

(a) 气泡质心随时间变化　　(b) 气泡速度随时间变化

图 4-20　改进的 MMPS-CA、改进的 MMPS-CA-LV 和改进的 MMPS-CA-LVNG 方法计算结果对比

4.3 两相流动相关研究成果

4.3.1 MPS－MAFL 在气泡动力学中的应用

气泡动力学一直都是两相流研究领域的重点和难点问题之一。Yoon 等人[2, 28-29]使用 MPS－MAFL 方法实现了气泡生长过程的研究，验证了 MPS－MAFL 方法研究气泡动力学问题的可靠性。本小节采用 MPS－MAFL 对竖直壁面上气泡的生长行为、气泡冷凝行为和气泡融合行为展开数值模拟。

1. 气泡生长特性

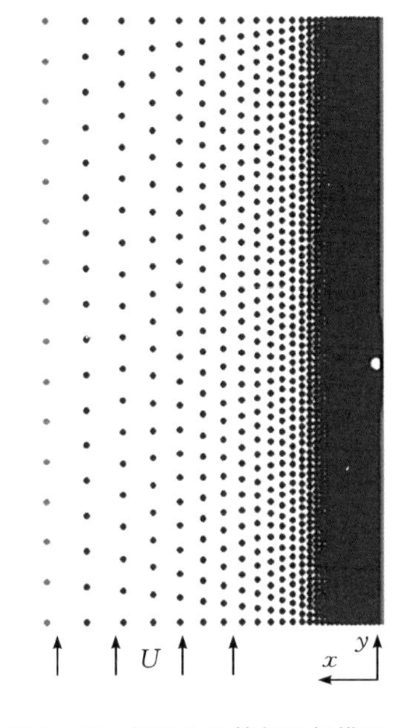

图 4－21 气泡生长算例几何模型

图 4－21 展示了平行刚性壁面间气泡生长的二维粒子几何模型。y 方向长 35 mm，x 方向长20 mm。几何模型包括蓝色的流体粒子和绿色的刚体壁面粒子。右侧壁面上，初始气泡的直径为 0.13 mm，接触角 45°。初始气泡位置距离入口处 15 mm，以保证气泡周围的速度场和温度场与 Maity[30]的实验条件一致。根据理想气体状态方程计算气相参数。假设表面的热力学和水力学边界层处于充分发展阶段。采用湍流边界层换热关系式[31]计算初始热边界层厚度 δ_T。水力学边界层厚度采用 $\delta/\delta_T = 1.026\, Pr^{1/3}$ 计算得到。入口处的速度和温度采用下式计算：

$$\frac{U_{in}(x)}{U_{\infty}} = \left(\frac{x}{\delta}\right)^{1/7} \tag{4-62}$$

$$\frac{T_{in}(x) - T_{\infty}}{T_w - T_{\infty}} = 1 - \left(\frac{x}{\delta_T}\right)^{1/7} \tag{4-63}$$

出口流体压力设置为 0。壁面粒子设置为无滑移边界条件，左壁面设置为绝热边界，右壁面设置为恒温边界。由于气体的密度和黏性远小于流体的，气液界面设置为自由表面边界。通过敏感性分析可知，当粒子直径小于初始气泡直径的 1/100，模拟结果收敛。为了节约计算资源，设置粒子直径等于初始气泡直径的 1/100。

在每一时刻下，根据界面液体层的能量变化确定界面换热，如图 4-22 所示。详细的传热模型见第 3.1 节。气泡的总换热量计算如下

$$Q_b = \rho_l c_p \sum_{i=界面} \Delta V_i \Delta T_i \quad (4-64)$$

气泡与受热表面之间的微液层尺寸为微米量级。然而，采用 MPS 方法很难精确模拟这层微层。由一些研究表明，与气泡搅动引起的传热相比，微液层蒸发对滑动气泡的传热较小[32-33]。Yoon 等人[2]的模拟中忽略了微液层蒸发的影响，且模拟结果与实验结果符合较好。因此，本部分模拟忽略微液层的影响。

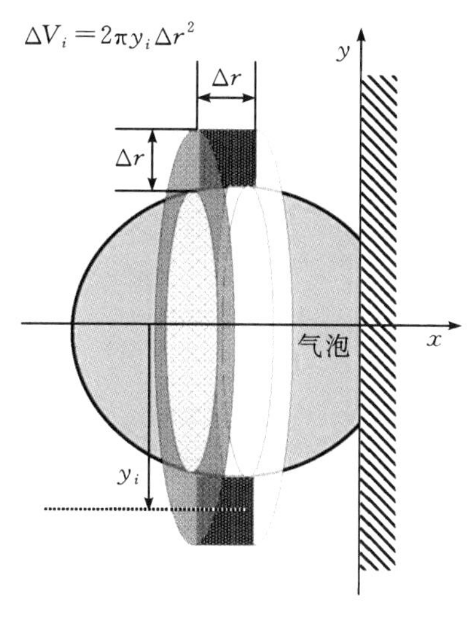

图 4-22 界面换热示意图

图 4-23 展示了主流流速为 0.076 m/s，液体过冷度为 0.6 ℃，壁面过热度为 5.0 ℃时气泡在竖直壁面上的生长及滑移行为。由图可知，离开气化核心的气泡在浮力的作用下贴着壁面向上滑动，模拟得到的气泡行为与实验结果符合较好。气泡在初始阶段为球形，随着不断生长和滑移，开始逐渐扁平，最终变成帽状。此外，Abdelmessih 等人[34]和 Thorncroft 等人[35]也在实验中发现了类似的气泡变形现象。

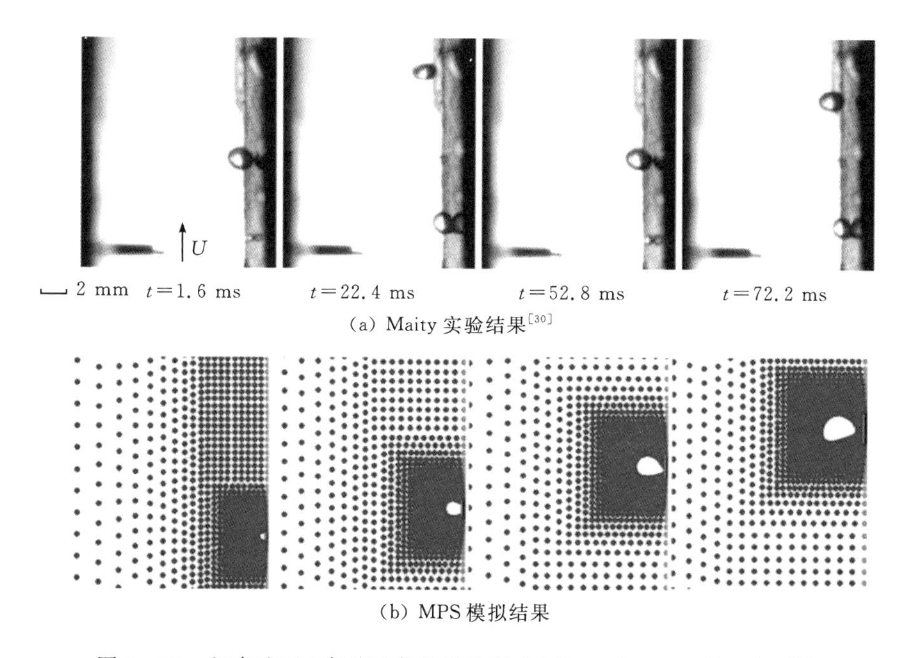

(a) Maity 实验结果[30]

(b) MPS 模拟结果

图 4-23 竖直壁面上气泡生长及滑移行为($D_0 = 8$ mm, $\Delta T = 10$ K)

图 4-24 展示了气泡生长速率的结果。由图可知，模拟得到的生长速率与实验 1 和 2 的结果接近，略小于实验 3 的结果。整体上，模拟结果与实验结果符合较好，且比 Li 等人[36]的模拟结果更好。

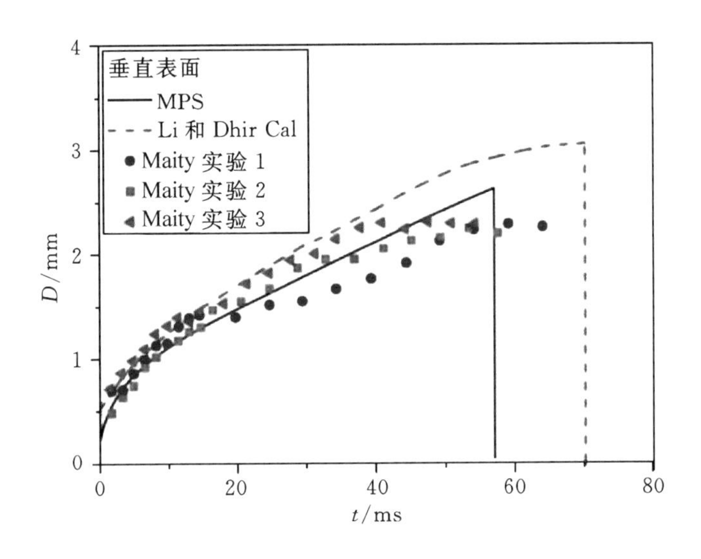

图 4-24　气泡生长速率

2. 气泡冷凝特性

气泡冷凝数值计算区域如图 4-25 所示，气泡位于过冷水池中心位置。过冷水区用离散的粒子描述，计算区域采用非均匀粒子间距布置，沿靠近气泡区域粒子大小逐渐减小。气泡内蒸汽参数采用饱和气体状态方程求解。通过计算每个计算时间步长下紧贴气泡界面的液体层的吸热量得到两相间的换热，两相界面间的冷凝换热量和气泡冷凝体积可用下式计算。

$$Q_{\mathrm{l-v}}^{t+\Delta t} = \rho_{\mathrm{l}} c_{\mathrm{pl}} \sum_{i=\text{界面}} \left[\Delta V_i \left(T_i^{t+\Delta t} - T_i^t \right) \right] \tag{4-65}$$

$$\Delta V_{\mathrm{v}}^{t+\Delta t} = \frac{Q_{\mathrm{l-v}}^{t+\Delta t}}{\rho_{\mathrm{v}} h_{\mathrm{fg}}} \tag{4-66}$$

式中，Q 是热量，kJ；ρ 是密度，kg/m^3；c_{pl} 是比热容，kJ/(kg · K)；V 是体积，m^3；T 是温度，K；h_{fg} 是汽化潜热，kJ/kg。

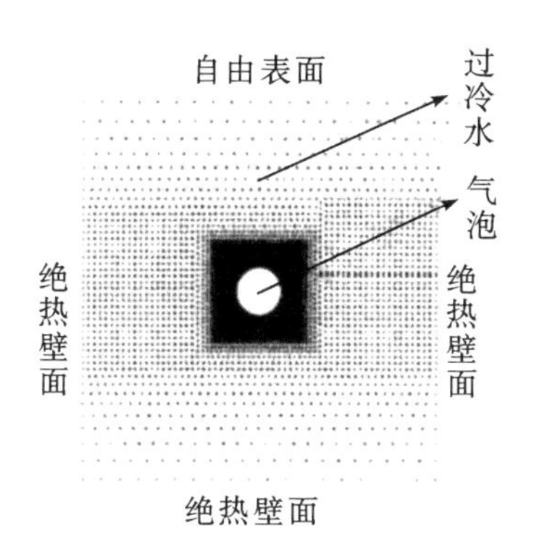

图 4 - 25　气泡冷凝算例几何模型

Kamei 等人[37]对过冷水中气泡冷凝行为进行了实验研究，利用高速摄像仪记录了冷凝过程中气泡的形状。由图 4 - 26 至图 4 - 28 可知，池水过冷度对气泡冷凝变形有很大影响：①在较低的过冷度（10 K）下，如图 4 - 26(a)所示，气泡脱离喷嘴后呈球形，冷凝过程中气泡在浮力作用下上升，气泡底部首先展平，气泡呈半球形，然后又呈扁平椭球形，当气泡尺寸冷凝至很小时，在表面张力的作用下气泡又重新呈球形直至最终消失；②在中过冷度（30 K）下，如图 4 - 27(a)所示，气泡在冷凝过程中首先由球形变为半球形，但没有出现低过冷度下的椭球形，而是由半球形发展为弦月形，并出现了气泡分裂的现象；③在较高过冷度（50 K）下，如图 4 - 28 所示，整个冷凝过程极快且气泡保持近似球形。图 4 - 26(b)和图 4 - 27(b)展示了在 Kamei 实验相同初始条件下利用 MPS 计算得到的气泡变形特征，可以发现二者总体符合较好。

图 4 - 29 显示了不同初始尺寸气泡在不同系统压力和过冷度条件下冷凝时气泡当量直径（利用气泡体积折算）随时间变化的曲线。气泡当量直径基本呈线性衰减。在低过冷度条件下，如图 4 - 29(a)所示，大气泡（20 mm 初始直径）呈现加速溃灭现象，这主要是由于低过冷度下气泡发生了严重变形。气泡变形一方面会增大两相界面换热面积，增强了相间传热，加速了气泡冷凝和溃灭过程；另一方面气泡变形同时会引起气泡周围流体的紊流扰动，形成环流和尾流，这在一定程度上也增强了换热，加快了冷凝速率，所以在图 4 - 29(a)中都出现了气泡变形导致的加速冷凝现象。当池水过冷度增大到 50 K 时，如图 4 - 29(b)所示，虽然气泡形状一直保持为近似球形，但高过冷度引起了冷凝波

动现象，气泡当量直径出现波动式衰减，气泡内部压力也出现一定幅度的波动，而在较低过冷度下气泡压力波动很小。

(a) Kamei 实验结果[37]

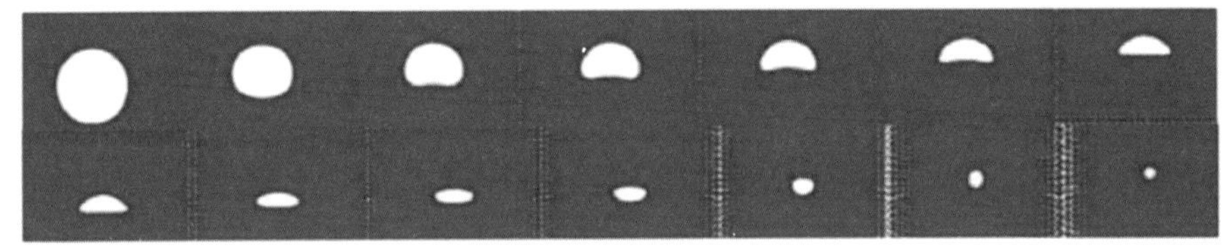

(b) MPS 模拟结果

图 4-26　低过冷度下气泡冷凝行为（D_0 = 8 mm，ΔT = 10 K）

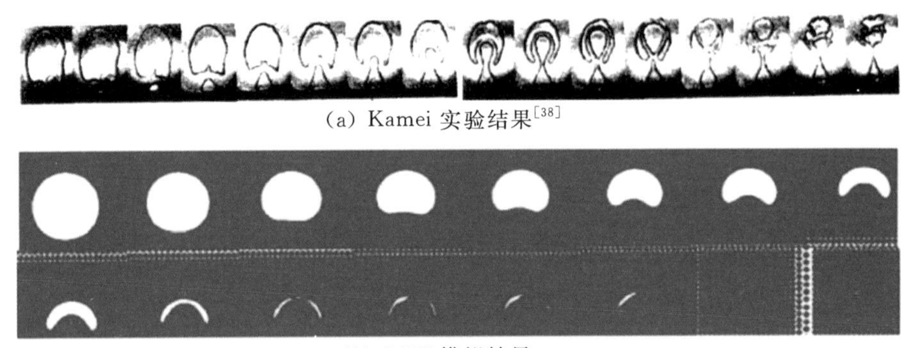

(a) Kamei 实验结果[38]

(b) MPS 模拟结果

图 4-27　中等过冷度下气泡冷凝行为（D_0 = 18 mm，ΔT = 20 K）

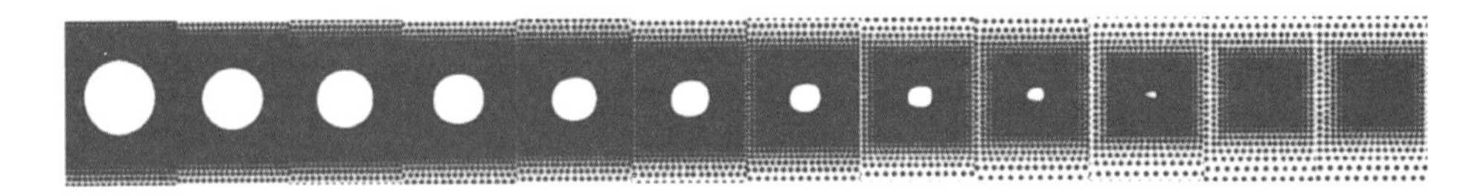

图 4-28　高过冷度下模拟得到的气泡冷凝行为（D_0 = 20 mm，ΔT = 50 K）

图 4-30 展示了 MPS 计算得到的不同过冷度下气泡冷凝寿命与 Kamei 实验结果的比较，总体符合很好。这说明 MPS 方法在定量计算气泡冷凝速率上的精确性。另外，由图还可以看出：在不同过冷度下，气泡寿命与气泡初始尺寸呈正比关系。

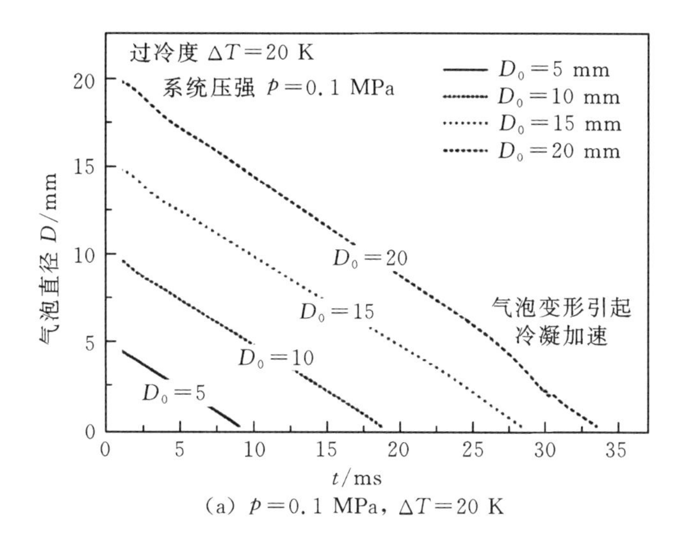

(a) $p=0.1$ MPa，$\Delta T=20$ K

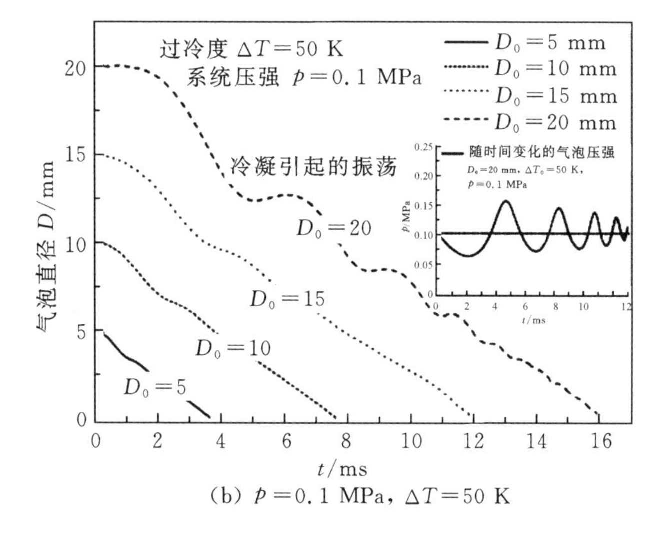

(b) $p=0.1$ MPa，$\Delta T=50$ K

图 4-29　气泡冷凝过程中当量直径变化曲线

3. 气泡融合特性

气泡对融合行为研究的计算区域如图 4-31 所示，气泡间的初始间距等于气泡半径。该研究中不考虑气泡与液体之间的热量传递，粒子布置方式与边界条件设置与前面气泡冷凝部分相同。初始条件设置与 Kemiha 的实验条件[38]一致。

MPS 方法数值模拟结果与 Kemiha 的实验结果对比如图 4-32 所示，其中初始气泡直径为 6 mm。起初气泡由静止开始加速上升，其形状也由球形开始

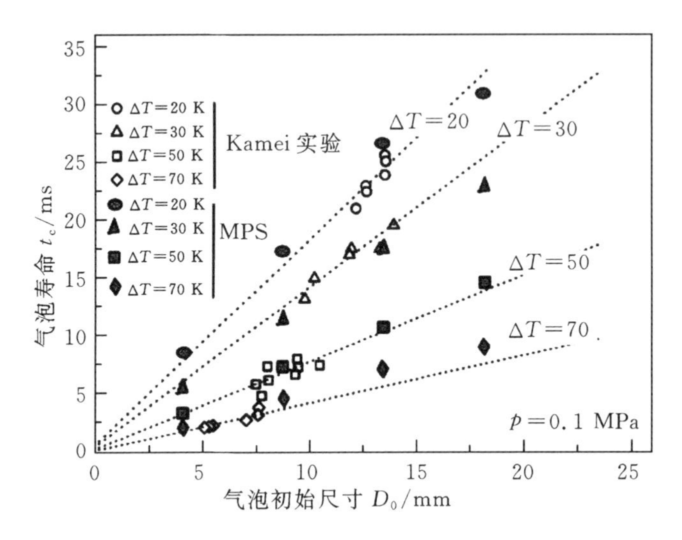

图 4-30　气泡冷凝寿命比较(Kamei 实验值与 MPS 计算值)

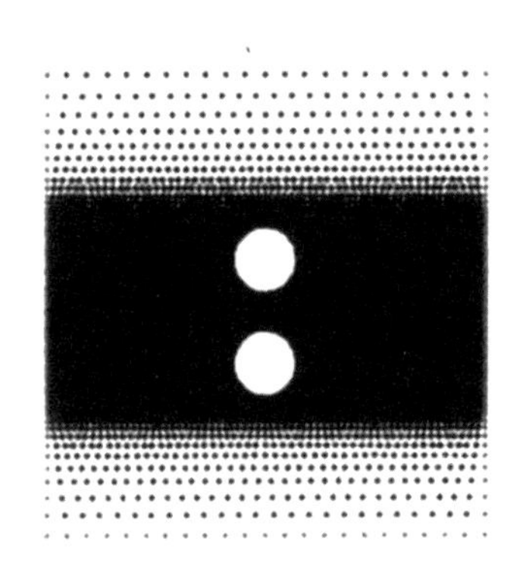

图 4-31　气泡融合算例几何模型

变扁。在上升过程中,尾气泡向头气泡接近,最终与头气泡接触并融合,融合时在两气泡间先形成了一条气体带,在表面张力的拉伸下这条气体带快速向两侧扩张,同时气泡的下表面也向上收缩。从图中可以看出,数值模拟结果与实验结果吻合良好,表明融合数值模型是合理可行的。本研究中当两气泡的最小间距小于粒子大小时则认为达到融合条件。

图 4-33 表示了初始直径为 2 mm 的气泡对的形状变化历史,与 $D=6$ mm 的情况相似,尾气泡在上升过程中向头气泡靠近,且它们的中心连线偏离了竖直方向,最后接触并融合。

图 4-34 给出了气泡融合前后上升速度随时间的变化,其中相同大小的单个气泡的上升速度也在图中示出以作为一个比较对象。从图中可以看出,气泡

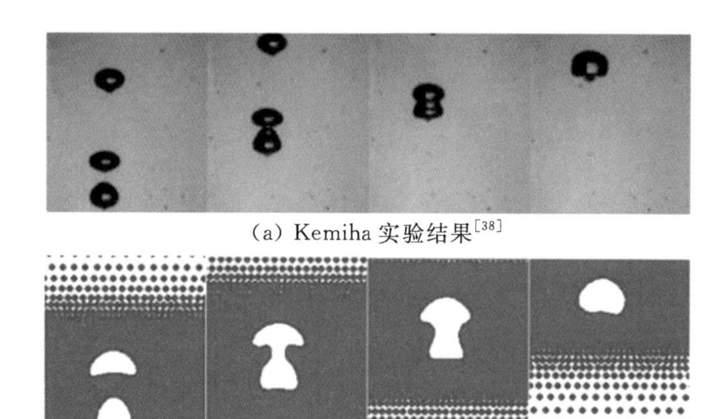

t=63.4 ms　t=91.1 ms　t=95.2 ms　t=108.0 ms

(b) MPS 模拟结果

图 4 - 32　气泡融合行为(D=6 mm)

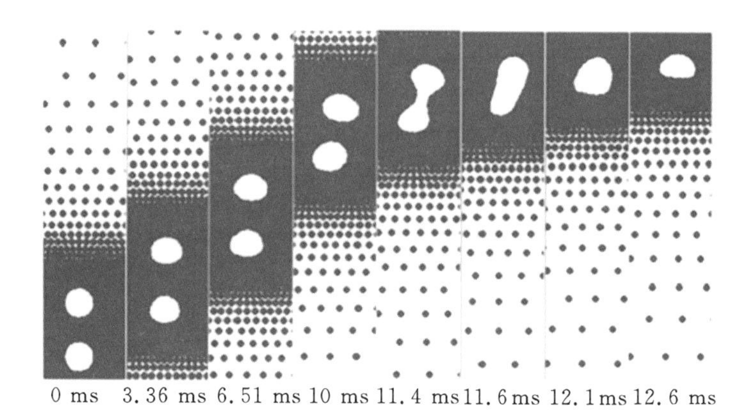

图 4 - 33　模拟得到的气泡融合行为(D=2 mm)

在经历了初始大加速度加速运动后，尾气泡的速度开始超过头气泡，并随着气泡间距的减小，两个气泡的速度都在增加。在融合前的运动中，两个气泡的上升速度都大于单个气泡的上升速度。融合后气泡的速度发生振荡，虽然融合后气泡的体积增大导致相应的浮力也增大了，但是融合气泡的上升速度最终稳定在与单个气泡终极速度相当的一个范围内。

4.3.2　MMPS 在气泡动力学中的应用

随着 MPS 模型的开发及精度和稳定性的提高，纯 MPS 方法(MMPS)也成功应用到气泡动力学的相关研究中。在 4.2.3 节中介绍了 MMPS 方法成功应用于气泡上升的数值模拟，并验证了改进 MMPS 方法的精度和稳定性均能满

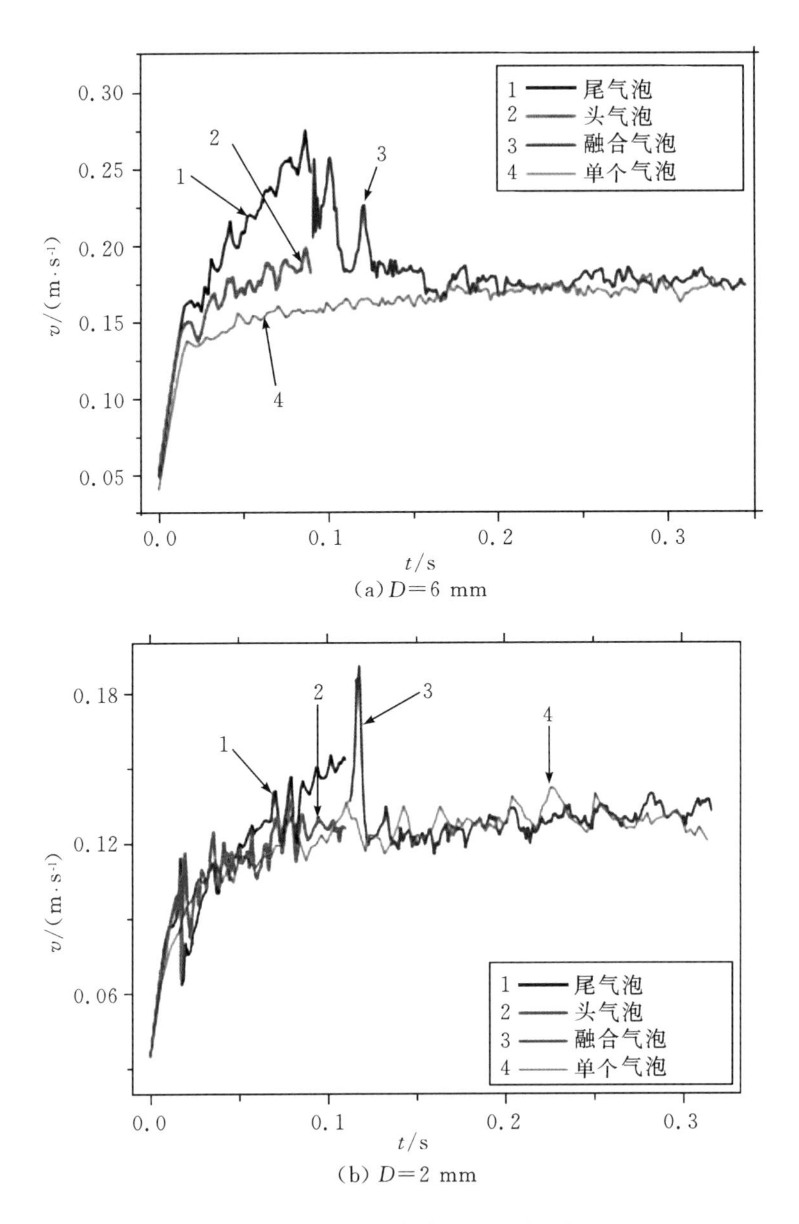

图 4-34　气泡融合前后的上升速度

足研究需求。本小节采用改进 MMPS 方法对气泡融合和密闭汽水分离器内的气泡流动展开数值模拟。

1. 气泡融合特性

图 4-35 展示了气泡融合算例的二维粒子几何模型，图 4-35(a)为竖直上升融合算例，图 4-35(b)为水平上升融合算例。气泡竖直上升融合算例采用与

Sun 等人[26]SPH 模拟中相同的初始条件，气泡直径 0.004 m，气泡中心间距 0.005 m，气液密度比达 1000。气泡水平上升融合算例采用与 Duineveld 等人[39]实验相同的初始条件，气泡直径 0.0018 m，气泡中心间距 0.002 m，气液密度比达 1149。

(a) 竖直上升融合算例

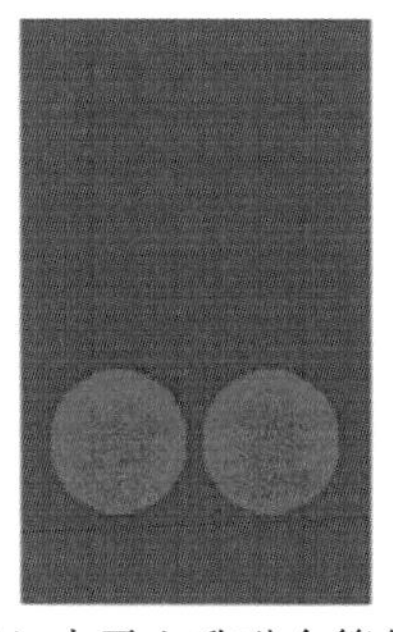
(b) 水平上升融合算例

图 4 - 35　气泡融合算例几何模型

1)气泡竖直上升融合行为

图 4 - 36 展示了气泡竖直上升融合算例的结果。由图可知，MPS 模拟结果与 Sun 等人的模拟结果符合较好。28.8 ms 时，上下两个气泡由规则的圆形向

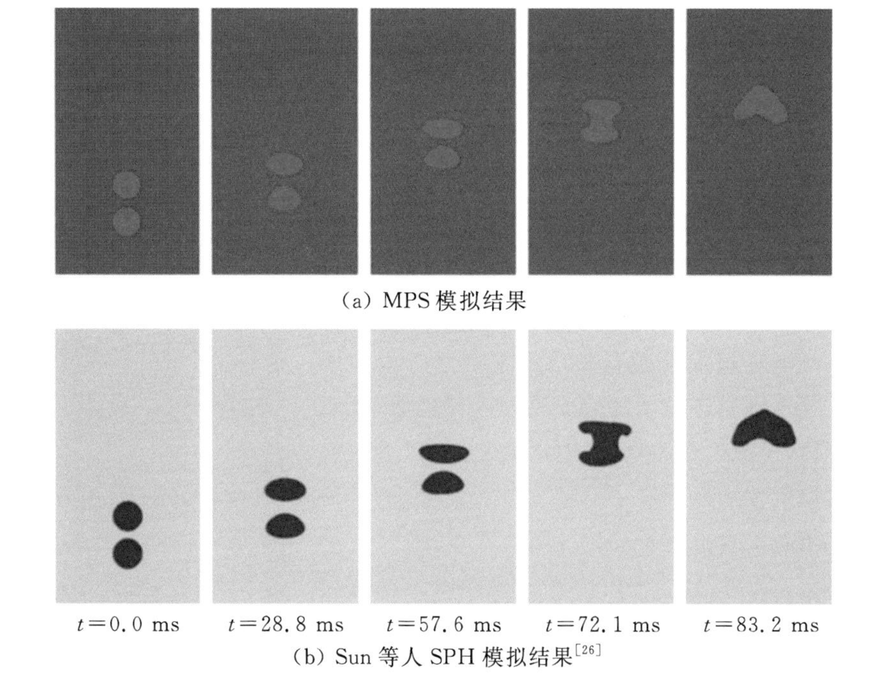

图 4 - 36　气泡竖直上升融合行为

三角形转变；57.6 ms时，上部气泡向椭圆形转变，下部气泡依然维持三角形，两气泡逐渐接近；72.1 ms时，两气泡发生融合，融合处为桥状结构；83.2 ms时，两气泡融合为一个气泡，并在表面张力作用下发生剧烈的变形。

2)气泡水平上升融合行为

图4-37展示了气泡水平上升融合算例的结果。由图可知，模拟结果与Duineveld等人[39]的实验结果符合较好。模拟和实验中均出现了气泡连接处的桥状结构，且该结构在表面张力的作用下迅速膨胀，使得两个气泡融为一体。

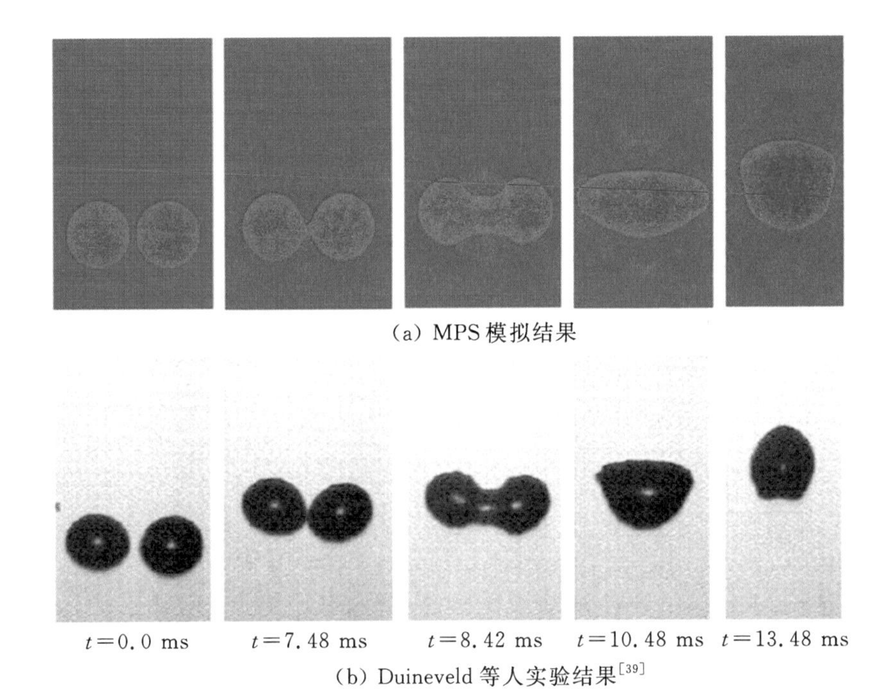

(a) MPS模拟结果

$t=0.0$ ms　$t=7.48$ ms　$t=8.42$ ms　$t=10.48$ ms　$t=13.48$ ms

(b) Duineveld等人实验结果[39]

图4-37　气泡水平上升融合行为

在气泡竖直上升融合和水平上升融合模拟中均未出现不同相态粒子间的非物理入侵现象，证明了MMPS模拟大密度比(密度比大于1000)多相流问题的稳定性和准确性。

2. 密闭汽水分离器内的气泡流动行为

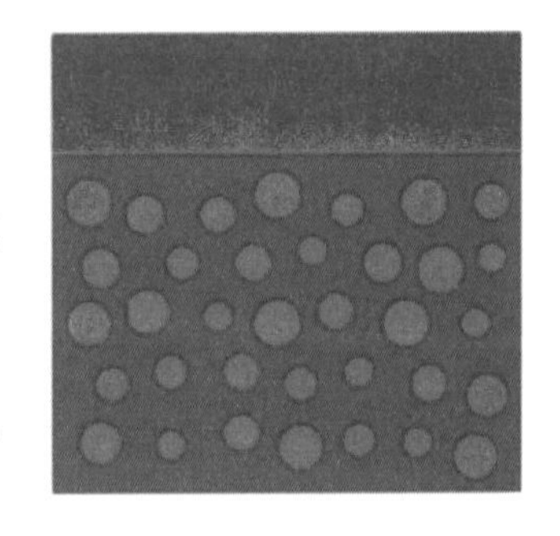

图4-38　密闭汽水分离器内气泡流动几何模型

图4-38展示了密闭汽水分离器内气泡流动算例的几何模型。如图所示，共布置了35个气泡，气泡的半径在0.00126 m至0.002 m范围内随机选取。根据最小半径，设计的Re数为396.5，

Bo 数为 21.5。气液密度比达 1000，黏度比达 100。计算域尺寸为 0.038 m×0.04 m，顶部一层气相厚 0.01 m。边界条件设置为自由滑移边界条件。

图 4-39 展示了密闭气水分离器内气泡流动行为的模拟结果。由图可知，气泡界面发生了剧烈的变形，变形受周围流动的影响很大。0.2 s 时，气泡出现明显的水平拉伸变形，且上部的气泡已经接近自由液面；0.25 s 时，气泡之间出现了融合的趋势，且上部的部分气泡已经脱离液面并发生破裂；0.3 s 时，部分气泡完成融合过程，整体现象受气泡融合和破裂两种行为共同作用，液面由于气泡的破裂而出现较大的波动；0.35 s 和 0.4 s 时，整体现象越发复杂，依然由气泡融合和破裂两种行为共同作用。该过程的成功模拟，证明了 MMPS 模拟复杂多相界面变化问题的稳定性和准确性。

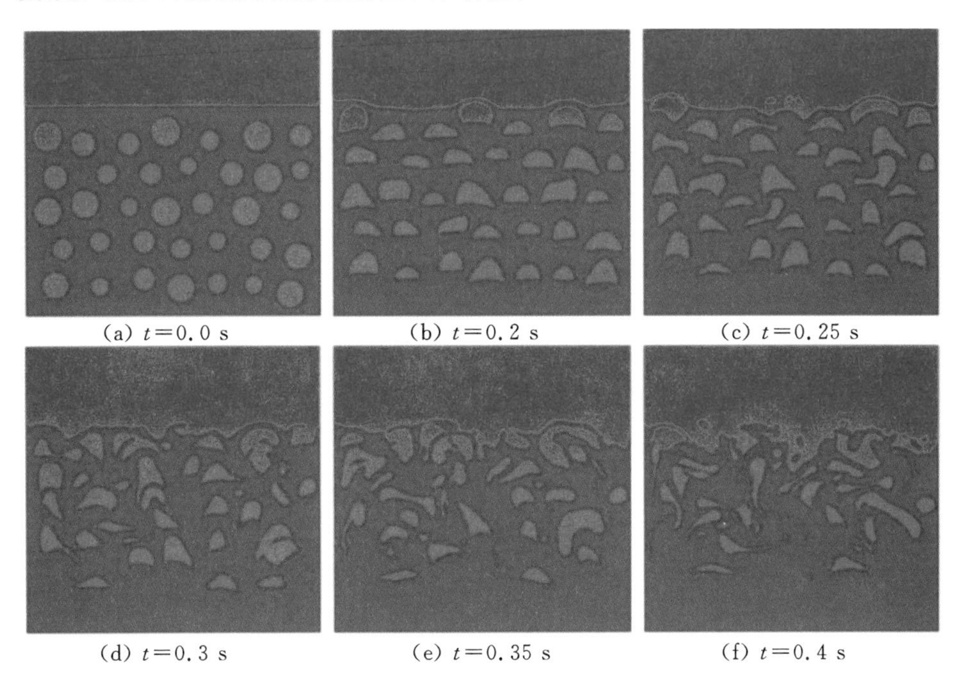

(a) $t=0.0$ s　(b) $t=0.2$ s　(c) $t=0.25$ s

(d) $t=0.3$ s　(e) $t=0.35$ s　(f) $t=0.4$ s

图 4-39　密闭气水分离器气泡流动行为的 MPS 模拟结果

4.3.3　MMPS 在 Rayleigh-Taylor 不稳定性中的应用

Rayleigh-Taylor 不稳定性(Rayleigh-Taylor Instability，RTI)出现在两种不同密度流体的交界面。如果存在一个垂直于界面由轻流体指向重流体的压力梯度(等价于存在一个由重流体指向轻流体的重力)则不稳定性现象可能发生，界面处的小扰动就会随时间增长起来，这种不稳定性叫作 Rayleigh-Taylor 不稳定性。当激波通过两个不同密度流体的交界面时，界面获得一个瞬时加速度，也会发生界面不稳定性，这类不稳定性被称为 Richter-Meshkov 不稳定性(Richter-Meshkov Instability,RMI)。在自然界与传统工业中,流体分层及其引起的流动不稳定性是一种极其重要的过程,RTI 和 RMI 在恒星演化的某些阶段、气膜的破碎、地下的盐结晶坡面(Salt Dome)和惯性约束聚变的点火阶段中起到了重要作用[40]。

此外,在核反应堆严重事故领域,Rayleigh - Taylor 不稳定性也至关重要[41]。在蒸汽爆炸事故过程中,由于反应堆压力容器破裂,高温、高密度、高黏度的熔融物从中泄漏,下泄至底部冷却水槽,在熔融物与冷却剂接触的过程中,产生了界面不稳定性,导致熔融物表面的气膜破裂,熔融物喷出,并在该过程中碎裂,表面积增大,传热量大大增加,导致蒸汽爆炸事故的存在。界面不稳定性的发生,增大了反应堆严重事故的不确定性,是熔融物碎裂过程的关键影响因素,因此,对这一现象进行深入研究是十分必要和重要的。本小节将基于 MMPS 方法对 Rayleigh - Taylor 不稳定性展开数值模拟。

1. 初始扰动布置方式

1)初始位移扰动

在 Rayleigh - Taylor 不稳定性的数值模拟中,初始条件指的主要是界面处初始扰动的布置方式,大部分的研究采取的都是余弦波的初始扰动布置方式。扰动的方式有位移扰动和速度扰动两种,采用位移扰动时,初始界面应布置成余弦波的形状。

考虑如图 4 - 40 所示的坐标系布置,以计算区域的中心为原点,以中轴线

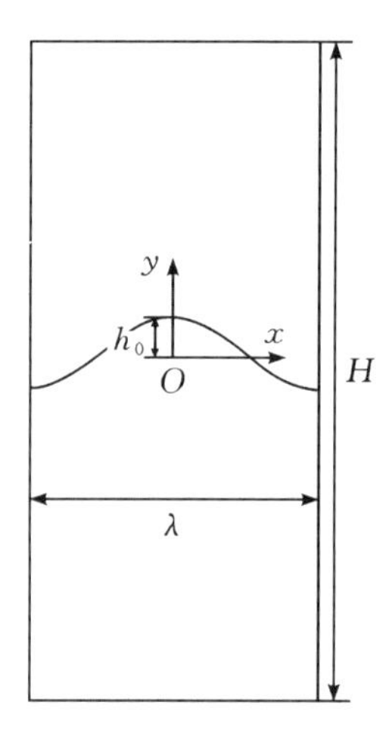

图 4 - 40 计算区域示意图

为 y 轴,计算区域的宽度正好与初始扰动的波长相同,则初始界面的余弦布置可以用数学表达式写为

$$h(x)=h_0\cos(kx) \tag{4-67}$$

式中，$k=2\pi/\lambda$ 是扰动的波数；h_0 是初始扰动振幅幅值。取 $h_0=0.02\lambda$，由上式布置的界面如图 4-41(a)中所示，图中的 $t^*=t(g/H)^{0.5}$ 是本节采用的无量纲时间尺度。由于拉格朗日方法的特殊性，在描述不规则界面时的分辨率很低，导致界面偏离实际的正弦形状较远，在大量的粒子法模拟 RTI 的文章中均存在这一问题。但大部分学者只是应用 RTI 算例检验算法的稳定性，因此关于初始界面扰动对 RTI 发展过程影响的研究相对较少。Shadloo[42] 在 SPH 文章中发现了初始界面布置对于 Rayleigh - Taylor 不稳定性发展过程的影响，因此他提出了正方形布置、交错布置、中心极坐标布置和偏心极坐标布置等四种方式来研究初始位移扰动的影响，但是，这样所形成的界面仍然是不规则的。尽管在一些文章中，收敛性检测的结果表明，其粒子配置已经达到最优，但其模拟的结果却始终与理论解或网格方法存在一定误差。实际上，由于初始位移扰动界面的不规则，相当于在扰动界面上存在许多微小的局部扰动，导致 Rayleigh - Taylor 不稳定性的发展过程，尤其是初始的线性发展过程出现了一定程度的偏差。

2)初始速度扰动

初始速度扰动指的是不布置初始的余弦界面(图 4-41(b))，而是为整个流场赋一个初始的余弦速度，我们可以在一些网格方法中看到此种初始布置，但在粒子法中，尚未见到以初始速度扰动布置的 RTI 模拟[43]。

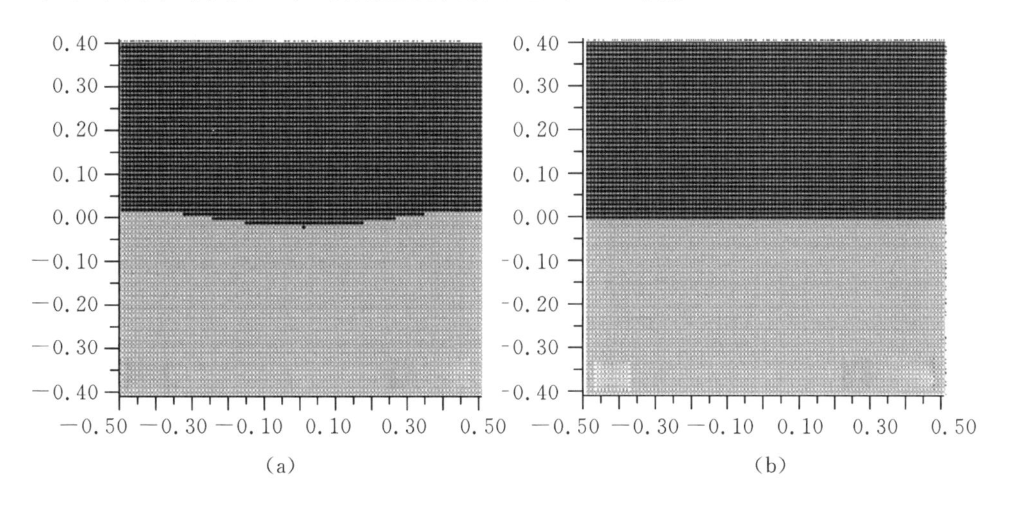

图 4-41　不同初始布置下的界面形状($t^*=0.00$)

在给流场赋值初始速度时，如果简单地对界面赋以 $v_0=B\cos(kx)$，那么我们得到的速度场是无法保证其遵守连续方程的。因此，本节中考虑了如下初始速度场($x=0$ 处初始扰动速度沿 y 轴向上)：

2D：

$$\begin{cases} u_0(x,y) = B\sin(kx) \cdot e^{-g|y|} \cdot \text{sign}(y) \\ v_0(x,y) = \dfrac{Bk}{g}\cos(kx) \cdot e^{-g|y|} \\ w_0(x,y) = 0 \end{cases} \tag{4-68}$$

3D：

$$\begin{cases} u_0(x,y,z) = B\sin(kx) \cdot e^{-g|y|} \cdot \text{sign}(y) \\ v_0(x,y,z) = \dfrac{Bk}{g}(\cos(kx) + \cos(kz)) \cdot e^{-g|y|} \\ w_0(x,y,z) = B\cos(kz) \cdot e^{-g|y|} \cdot \text{sign}(y) \end{cases} \tag{4-69}$$

上式得到的初始速度场可以保证式(4－25)形式的连续性方程守恒。以二维扰动为例，取波长 $\lambda=1.0$ m，计算区域高度 2λ，$x=0$ 处初始扰动速度方向向下，系数 $B=0.1\lambda$，可以得到此时的初始速度场分布云图，如图 4－42 所示。

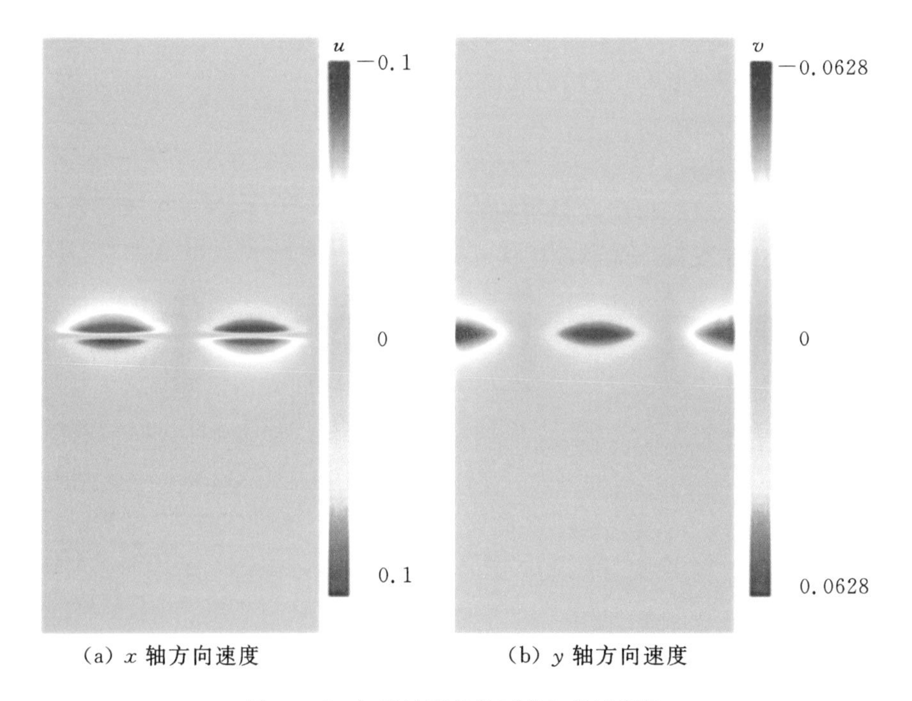

(a) x 轴方向速度　　(b) y 轴方向速度

图 4－42　初始速度条件下的初始速度场

图 4－43 展示了不同初始扰动布置情况下的计算结果，(a)、(b)两图中的计算参数全部设置相同，唯一不同的就是初始扰动的布置。结果显示，两种工况下的 RTI 发展已经出现了很大区别。初始位移扰动的 RTI 由于界面的分辨率低，已经完全脱离了正弦波的发展趋势，轻流体形成的气泡也很不规则，重流

体形成的尖钉更像呈方波形式发展。而初始速度扰动没有这个问题，始终以光滑的正弦形式发展。

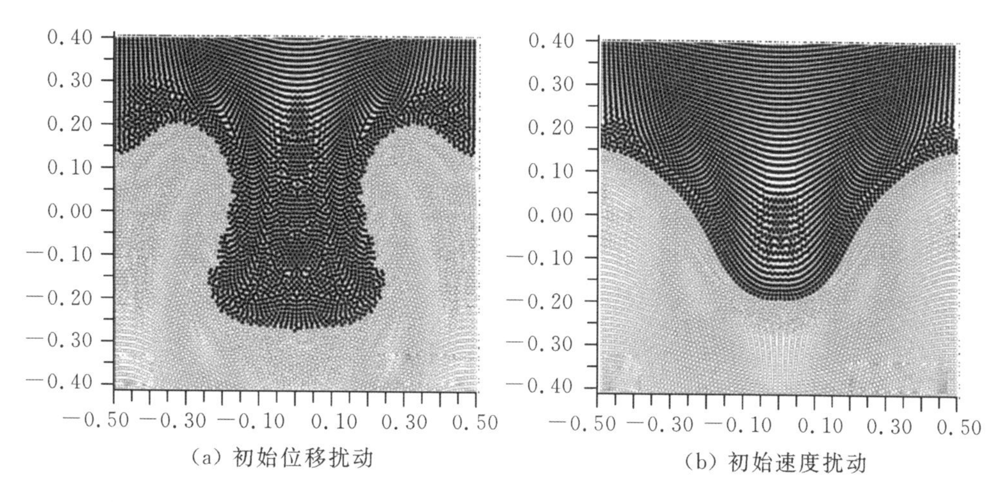

(a) 初始位移扰动　　(b) 初始速度扰动

图 4-43　相同时刻不同初始界面布置的计算结果对比($\lambda=1.0$ m, $t^*=1.71$)

但是，应当指出，这种初始扰动布置造成的如此大的差别并不是总会发生。当我们减小初始扰动的波长，如图 4-44 所示，在初始波长为 0.5 m 的 RTI 发

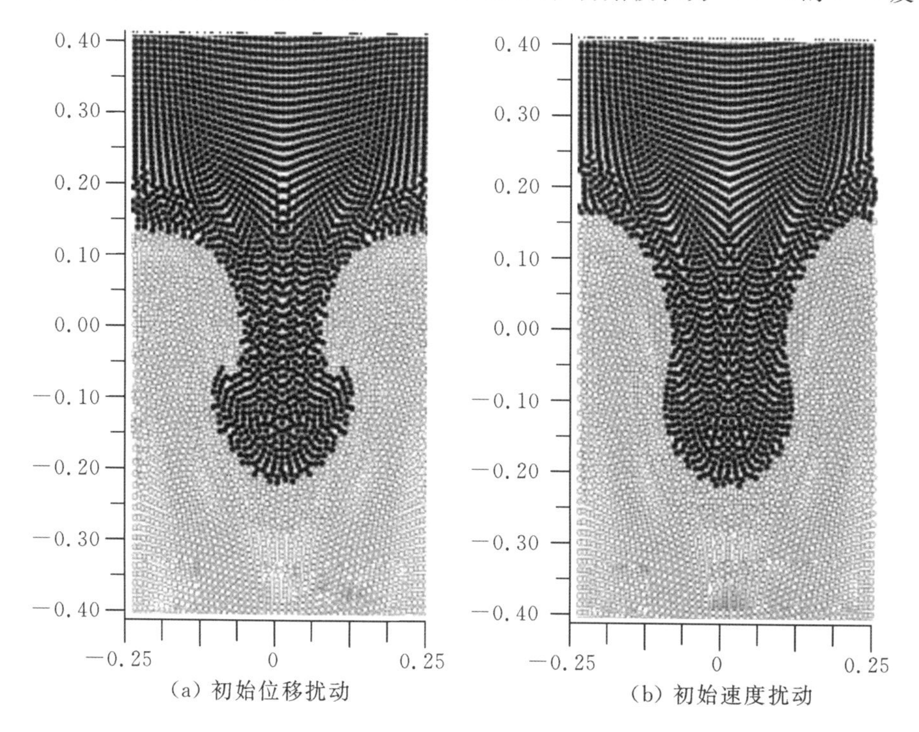

(a) 初始位移扰动　　(b) 初始速度扰动

图 4-44　相同时刻不同初始界面布置的计算结果对比($\lambda=0.5$ m, $t^*=1.72$)

展过程中，初始位移扰动与初始速度扰动的结果很相似，界面形状也很接近，只不过由于初始位移扰动的界面存在微小的波状局部扰动，因此更容易形成尖钉的翻卷。在短波长下两种布置误差减小的原因是由于波长较小时，在扰动界面处的局部扰动也相应减少，对 RTI 发展过程的影响也越小。

通过以上对于初始界面布置的分析我们可以看到，对于初始扰动为余弦的 RTI 模拟，我们应当首选如式(4－68)所示的初始速度布置。在波长较大的情况下，位移扰动与速度扰动的计算结果产生了很大偏差，但在波长较小的情况下，这一偏差将会减弱，因此，我们建议在初始扰动波长较小时才采用位移扰动的界面布置方式。

2. 单模扰动工况数值模拟

对于单模扰动工况，采用的计算区域设置均如图 4－40 所示，区域两侧采用周期性边界条件，计算区域上下采用自由滑移边界条件，初始扰动的波长恰好等于计算区域的宽度，初始的界面布置方式均采用初始速度布置，式(4－68)中的参数 B 取 0.1λ。表 4－8 列出了单模扰动的 RTI 工况参数设置，其中 Case1 和 Case2 的初始扰动波长不同，以研究其对 RTI 发展过程的影响。

表 4－8　单模扰动工况参数

工况	ρ_1/(kg·m^{-3})	ρ_2/(kg·m^{-3})	A	μ_1/(Pa·s)	μ_2/(Pa·s)	Φ	g/(m·s^{-2})	λ/m
Case 1	3	1	0.5	0.03	0.01	0.0	10	0.5
Case 2	3	1	0.5	0.03	0.01	0.0	10	1.0

首先对算例进行收敛性分析，以确定计算结果的可靠性。采用 Case1 的参数设置，对粒子大小展开敏感性分析。图 4－45 展示的是不同粒子大小下 RTI 中轻流体的上升高度，图 4－46 展示了气泡上升速度的变化。由图可知，无论采用 λ/l_0 为 50、100 还是 200，得到的气泡上升高度和上升速度的变化趋势一致。虽然在气泡定常上升的过程中速度产生了一些波动，但其平均值是较为符合的。由此可知，当采用粒子配置 $\lambda/l_0=50$ 时，计算已经达到收敛，而此时的粒子总数又较少，可以加快计算速度，因此后续的数值模拟值均采用 $\lambda/l_0=50$ 的粒子配置进行计算。

图 4－47 展示了 Case1 不同时刻的模拟结果，本部分的模拟结果均通过 SPLASH 软件[44]进行了归一化处理以优化其显示效果。由图可以观察到不同时刻界面扰动随时间的变化，包括谐波的线性增长、变形、气泡与尖钉的形成等过程。图 4－47 中同时还显示了 RTI 发展过程中流线的分布情况，在界面的线

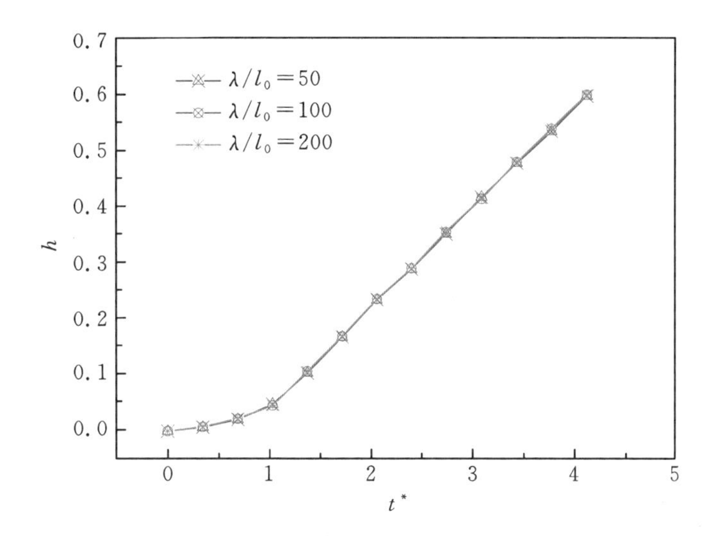

图 4-45 不同粒子配置下 Case1 气泡上升高度对比

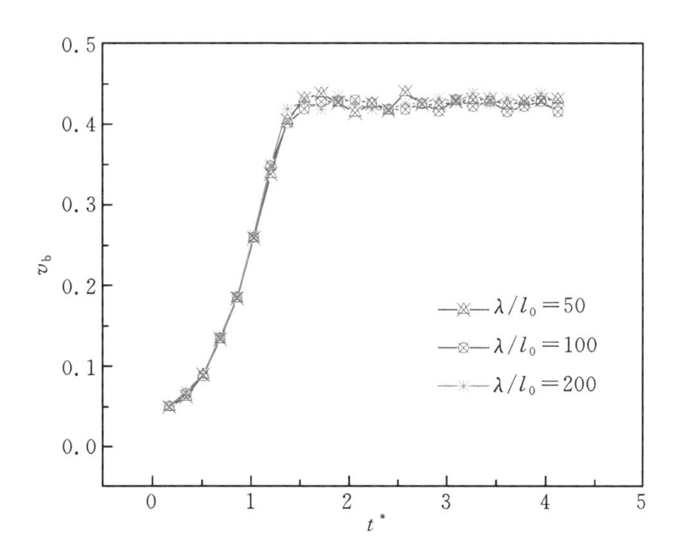

图 4-46 不同粒子配置下 Case1 气泡上升速度对比

性变形阶段，$y=0$ 处出现了两个关于 y 轴对称的涡，在整个线性发展阶段，涡的中心均处于 $y=0$ 处，只是其作用范围不断增大。随着 RTI 过程的不断发展，当尖钉发生了翻卷时，涡随着尖钉的出现而移动，涡的中心始终处于 RTI 尖钉的尾部。随着界面不稳定性的进一步发展，在气泡的尾部形成了新的涡，直到尖钉到达计算区域底部。

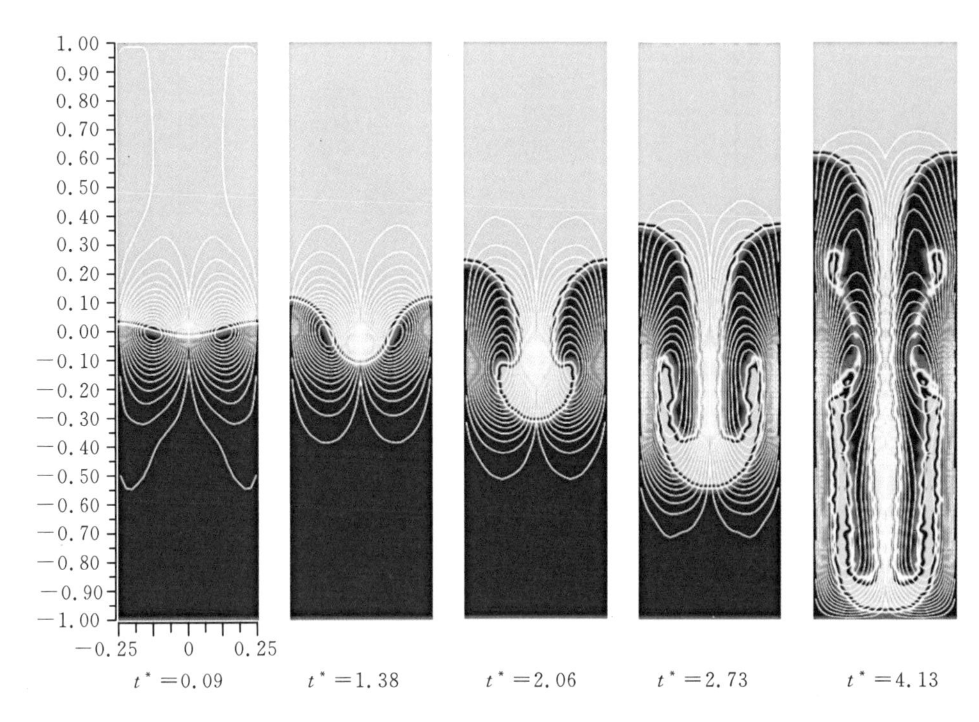

图 4-47 Case1 不同时刻模拟结果

图 4-48 展示了 Case1 典型时刻的无量纲压力分布以及等压线分布，从左至右分别为 $t^*=0.43$，$t^*=1.09$，$t^*=2.46$ 时刻，其中 $\bar{p}$ 为整体流场的平均压强，p_0 是用于将压强无量纲化所取的参考压强，其值为 1 Pa。

由图 4-48 中的等压线可知，压力在重流体中变化较快，而在轻流体中变化较慢，随着界面不稳定性的发展，两流体相互入侵，压力开始出现波动，而压力的波动正好以两流体间的界面为界线。在整个 RTI 过程中，计算区域最底部与顶部的压差始终保持在 40 左右，这也与理论压差 $\Delta p=(\rho_1+\rho_2)gH/2p_0=40$ 符合很好，证明了在 RTI 过程中压力计算的正确性。

图 4-49 展示了初始波长为 1 m 的 Case2 的 RTI 模拟结果，与 Case1 相比，Case2 只改变了初始扰动的波长。为了方便展示，我们将 Case2 各个时刻的计算结果图像进行了缩比处理，采用与图 4-47 相同的展示比例。由图可以看到，Case2 的 RTI 发展过程明显快于 Case1，在 $t^*=3.42$ 时尖钉就到达了计算区域底部，这是由于初始界面扰动的波长越大，不稳定性现象的发展就越迅速的缘故。但是不同波长的 RTI 发展趋势是相似的，都可以观察到界面不稳定性的发展、尖钉与气泡的形成及翻卷等过程。

图 4-50 分别展示了 Case1 与 Case2 整个模拟过程中，轻流体与重流体的

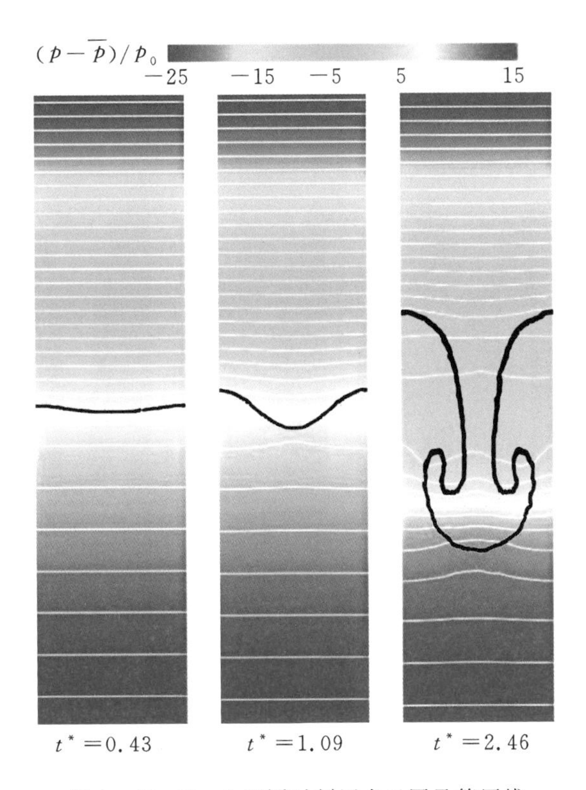

图 4-48　Case1 不同时刻压力云图及等压线

振幅变化情况。其中红色三角代表气泡上升，橘黄色圆代表尖钉的入侵，黑色实线代表线性发展阶段的气泡发展过程的理论解，蓝色虚线是线性发展阶段的尖钉发展过程的理论解，在线性发展阶段，气泡与尖钉的振幅是关于界面对称的。

根据 RTI 发展的非线性阈值理论，即当界面扰动振幅大于初始扰动波长的 0.1 倍时(如图中黑色和蓝色点划线所示的非线性阈值)，RTI 发展即进入非线性发展阶段[45]，据此，可以将定量发展过程分为线性发展阶段与非线性发展阶段。线性发展阶段如图中①所示的区域，在该区域中，模拟结果与理论解[43]符合得很好，证明了 MMPS 在 RTI 线性发展过程模拟中的正确性。

3. 多模扰动工况数值模拟

通过前文分析可知，当初始波长较小时，初始位移扰动与初始速度扰动不会存在过大的误差，因此在本部分的多模扰动模拟中，采用了初始位移扰动的布置形式，每个初始扰动的振幅均为一个粒子的空间尺度 l_0。不同流体的物性取为 $\rho_1=1\ \mathrm{kg/m^3}$，$\rho_2=3\ \mathrm{kg/m^3}$，$\mu_1=\mu_2=0.00334\ \mathrm{Pa\cdot s}$，$g=0.04\ \mathrm{m/s^2}$。

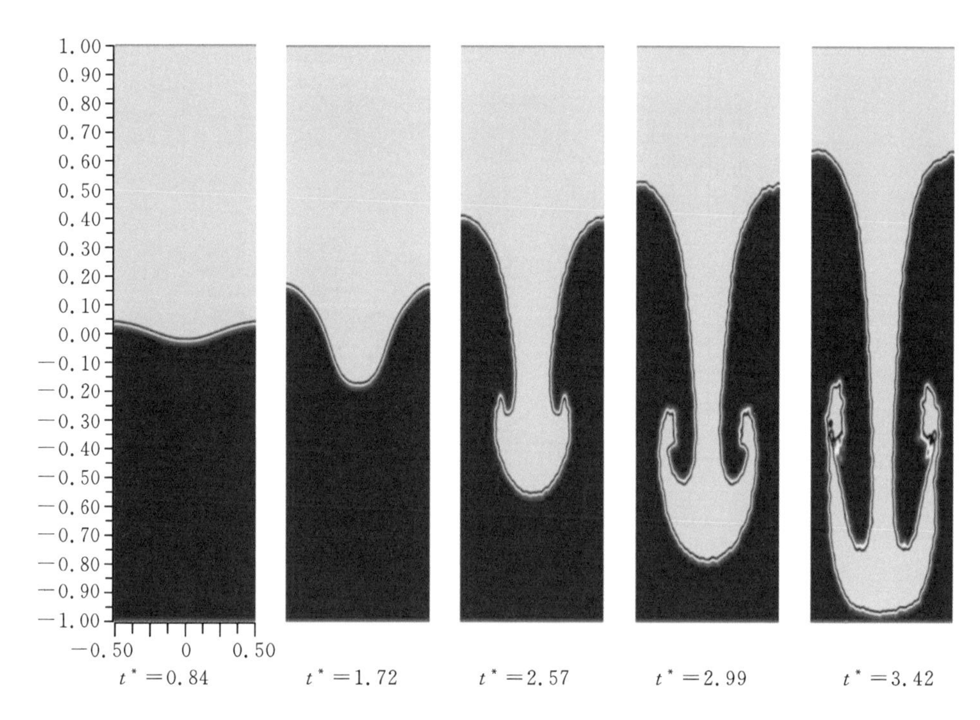

图 4-49　Case2 不同时刻模拟结果

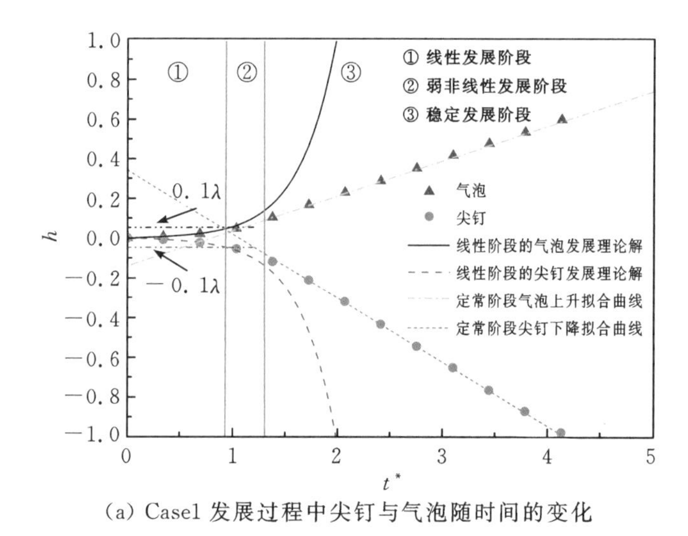

(a) Case1 发展过程中尖钉与气泡随时间的变化

图 4-50　Case1 与 Case2 的 RTI 发展过程定量分析

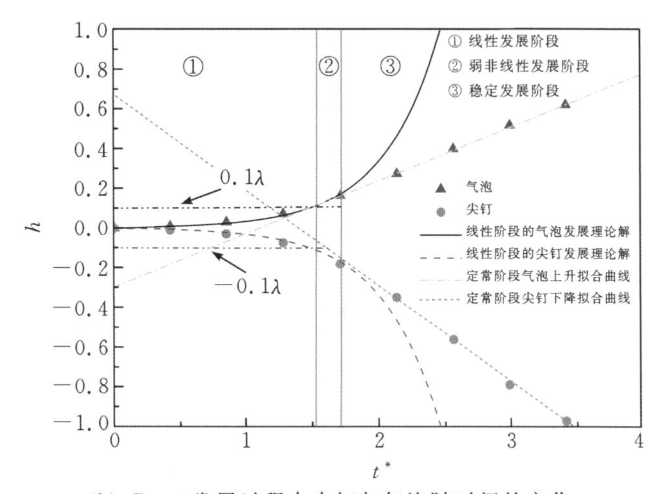

(b) Case2 发展过程中尖钉与气泡随时间的变化

续图 4-50　Case1 与 Case2 的 RTI 发展过程定量分析

图 4-51 中展示了初始扰动波长分别为 0.2 m 和 0.3 m 的双模扰动 RTI 过程。如图所示，在初始的线性发展阶段，两扰动均以正弦形式发展，由于波长

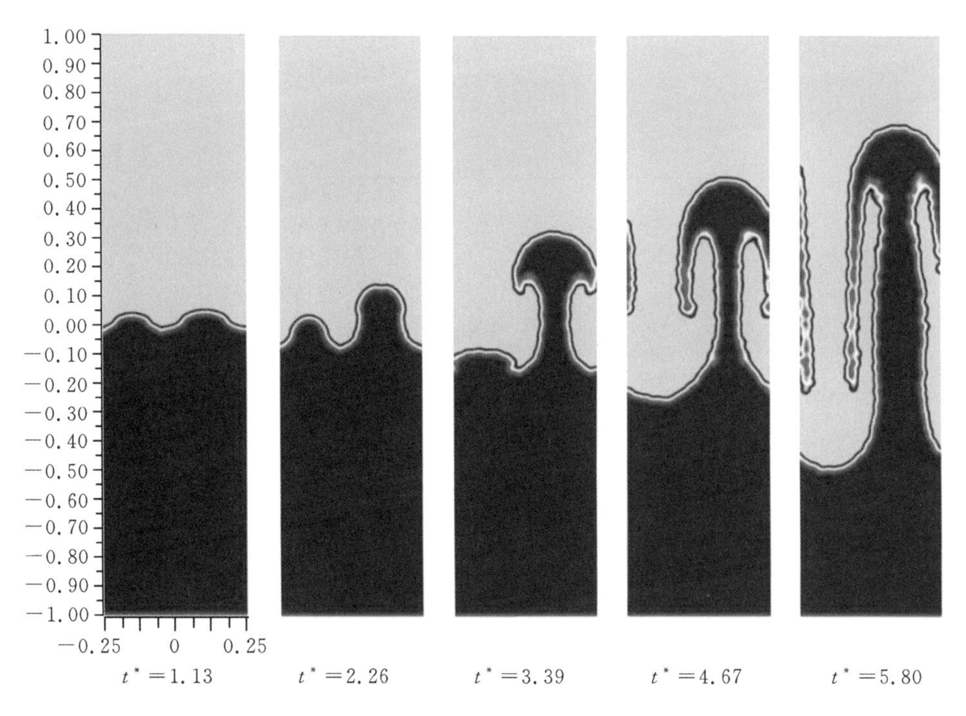

图 4-51　双模扰动 RTI 过程

较大的扰动具有更大的线性发展率，因此 0.3 m 波长的扰动发展更快，更快进入了非线性发展阶段。这时出现了气泡的吞并现象，如图 4-52 所示，小波长的气泡逐渐减小，最终被大波长的气泡吞并，最终形成的大气泡具有更大的波长，以更快的速度向上运动。

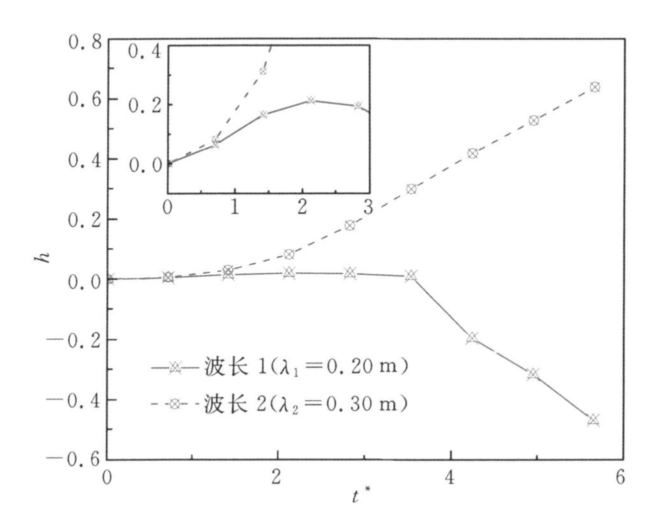

图 4-52　双模扰动 RTI 过程的气泡大小变化

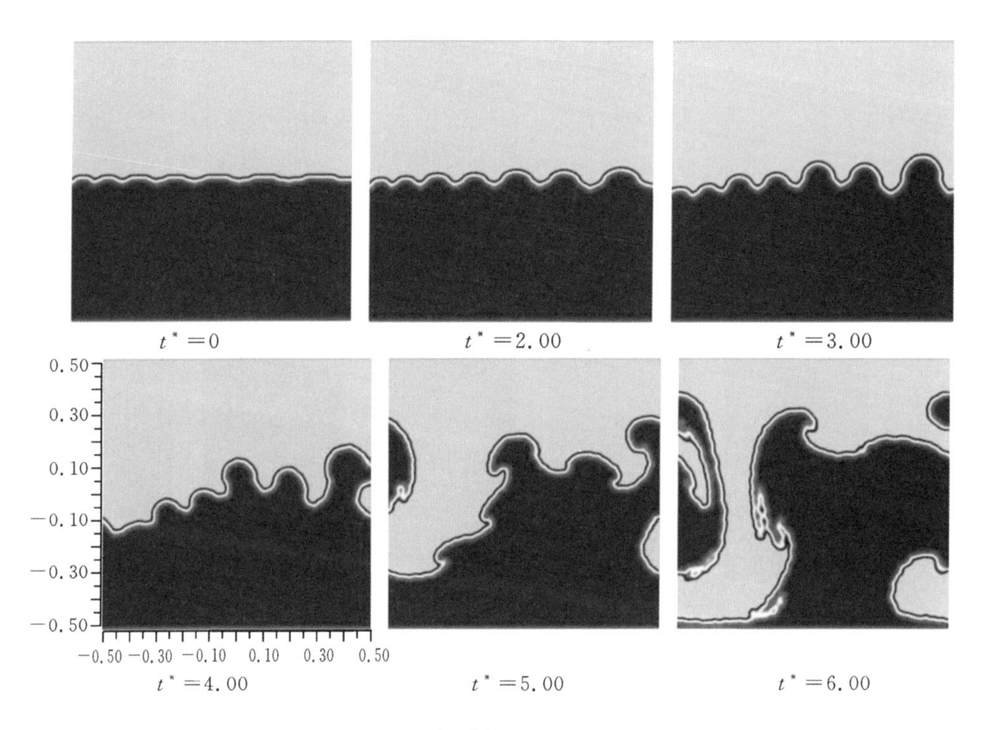

图 4-53　气膜扰动的 RTI 过程

图 4-53 展示了更为复杂的七模扰动的 RTI 发展过程，七个初始扰动的波长分别为 0.08 m、0.1 m、0.12 m、0.14 m、0.16 m、0.18 m 和 0.22 m。可以从图 4-53 中清楚地看到大波长的气泡发展速度最快，并逐渐把小波长的气泡吞并，在其最后的图像中已难以分辨出它们的初始波长了。因此，可以看出，多模扰动的界面不稳定性的发展过程由于存在气泡的竞争机制，扰动波长越变越长，所形成的界面是加速发展的。我们的数值模拟结果与其他研究者用有限差分方法并采用界面追踪技术得到结果是一致的[46-47]。

参考文献

[1] KOSHIZUKA S, IKEDA H, OKA Y. Numerical analysis of fragmentation mechanisms in vapor explosions[J]. Nuclear Engineering and Design, 1999, 189(1): 423-433.

[2] YOON H Y, KOSHIZUKA S, OKA Y. Direct calculation of bubble growth, departure, and rise in nucleate pool boiling[J]. International Journal of Multiphase Flow, 2001, 27(2): 277-298.

[3] LIU J, KOSHIZUKA S, OKA Y. A hybrid particle-mesh method for viscous, incompressible, multiphase flows[J]. Journal of Computational Physics, 2005, 202(1): 65-93.

[4] TIAN W, ISHIWATARI Y, IKEJIRI S, et al. Numerical simulation on void bubble dynamics using moving particle semi-implicit method[J]. Nuclear Engineering and Design, 2009, 239(11): 2382-2390.

[5] TIAN W, ISHIWATARI Y, IKEJIRI S, et al. Numerical computation of thermally controlled steam bubble condensation using Moving Particle Semi-implicit (MPS) method [J]. Annals of Nuclear Energy, 2010, 37(1): 5-15.

[6] CHEN R H, TIAN W X, SU G H, et al. Numerical investigation on coalescence of bubble pairs rising in a stagnant liquid[J]. Chemical Engineering Science, 2011, 66(21): 5055-5063.

[7] LI X, TIAN W, CHEN R, et al. Numerical simulation on single Taylor bubble rising in LBE using moving particle method[J]. Nuclear Engineering and Design, 2013, 256: 227-234.

[8] ZUO J, TIAN W, CHEN R, et al. Two-dimensional numerical simulation of single bubble rising behavior in liquid metal using moving particle semi-implicit method[J]. Progress in Nuclear Energy, 2013, 64: 31-40.

[9] KHAYYER A, GOTOH H. Modified Moving Particle Semi-implicit methods for the prediction of 2D wave impact pressure[J]. Coastal Engineering, 2009, 56(4): 419-440.

[10] KHAYYER A, GOTOH H. A 3D higher order Laplacian model for enhancement and stabilization of pressure calculation in 3D MPS-based simulations[J]. Applied Ocean Research, 2012, 37: 120-126.

[11] KHAYYER A, GOTOH H. Enhancement of stability and accuracy of the moving particle

semi-implicit method [J]. Journal of Computational Physics, 2011, 230(8): 3093 - 3118.

[12] KHAYYER A, GOTOH H. Enhancement of performance and stability of MPS mesh-free particle method for multiphase flows characterized by high density ratios[J]. Journal of Computational Physics, 2013, 242: 211 - 233.

[13] DUAN G, CHEN B, KOSHIZUKA S, et al. Stable multiphase moving particle semi-implicit method for incompressible interfacial flow[J]. Computer Methods in Applied Mechanics and Engineering, 2017, 318: 636 - 666.

[14] DUAN G, KOSHIZUKA S, CHEN B. A contoured continuum surface force model for particle methods[J]. Journal of Computational Physics, 2015, 298: 280 - 304.

[15] YOON H Y, KOSHIZUKA S, OKA Y. A particle-gridless hybrid method for incompressible flows[J]. International Journal for Numerical Methods in Fluids, 1999, 30(4): 407 - 424.

[16] ZAINALI A, TOFIGHI N, SHADLOO M S, et al. Numerical investigation of Newtonian and non-Newtonian multiphase flows using ISPH method[J]. Computer Methods in Applied Mechanics and Engineering, 2013, 254: 99 - 113.

[17] SUN P, LI Y, MING F. Numerical simulation on the motion characteristics of freely rising bubbles using smoothed particle hydrodynamics method[J]. Acta Physica Sinica, 2015, 64(17):

[18] MORRIS J P, FOX P J, ZHU Y. Modeling Low Reynolds Number Incompressible Flows Using SPH [J]. Journal of Computational Physics, 1997, 136(1): 214 - 226.

[19] HU X, ADAMS N A. A multi-phase SPH method for macroscopic and mesoscopic flows[J]. Journal of Computational Physics, 2006, 213(2): 844 - 861.

[20] ZHANG A, SUN P, MING F. An SPH modeling of bubble rising and coalescing in three dimensions [J]. Computer Methods in Applied Mechanics and Engineering, 2015, 294: 189 - 209.

[21] KOSHIZUKA S, NOBE A, OKA Y. Numerical Analysis of Breaking Waves using the Moving Particle Semi-implicit Method[J]. International Journal for Numerical Methods in Fluids, 1998, 26(7): 751 - 769.

[22] CHEN R, OKA Y. Numerical analysis of freezing controlled penetration behavior of the molten core debris in an instrument tube with MPS[J]. Annals of Nuclear Energy, 2014, 71: 322 - 332.

[23] CHEN R, OKA Y, LI G, et al. Numerical investigation on melt freezing behavior in a tube by MPS method[J]. Nuclear Engineering and Design, 2014, 273: 440 - 448.

[24] GUO K, CHEN R, LI Y, et al. Numerical investigation of the fluid-solid mixture flow using the FOCUS code[J]. Progress in Nuclear Energy, 2017, 97: 197 - 213.

[25] HYSING S, TUREK S, KUZMIN D, et al. Quantitative benchmark computations of

two-dimensional bubble dynamics[J]. International Journal for Numerical Methods in Fluids, 2010, 60(11): 1259 - 1288.

[26] SUN P, MING F, ZHANG A, et al. Investigation of Coalescing and Bouncing of Rising Bubbles Under the Wake Influences Using SPH Method[C]// Proceedings of the ASME 2014 33rd International Conference on Ocean, Offshore and Arctic Engineering, 2014.

[27] KOSHIZUKA S, OKA Y. Moving-Particle Semi-Implicit Method for Fragmentation of Incompressible Fluid[J]. Nuclear Science & Engineering, 1996, 123(3): 421 - 434.

[28] YOON H Y, KOSHIZUKA S, OKA Y. A particle-gridless hybrid method for incompressible flows[J]. International Journal for Numerical Methods in Fluids, 1999, 30(4): 407 - 424.

[29] YOON H Y, KOSHIZUKA S, OKA Y. Mesh-free numerical method for direct simulation of gas-liquid phase interface [J]. Nuclear Science and Engineering, 1999, 133(2): 192 - 200.

[30] MAITY S. Effect of velocity and gravity on bubble dynamics[D]. Los Angeles: University of California, 2000.

[31] KAYS W, CRAWFORD M, WEIGAND B. Convective Heat and Mass Transfer[J]. McGraw-Hill Series in Mechanical Engineering, 2005, 158: 427 - 452.

[32] QIU D, DHIR V K. Experimental study of flow pattern and heat transfer associated with a bubble sliding on downward facing inclined surfaces[J]. Experimental Thermal and Fluid Science, 2002, 26(6): 605 - 616.

[33] KENNING D, BUSTNES O, YAN Y. Heat transfer to a sliding vapour bubble[J]. Multiphase Science and Technology, 2002, 14(1): 75 - 94.

[34] ABDELMESSIH A H, HOOPER F C, NANGIA S. Flow effects on bubble growth and collapse in surface boiling[J]. International Journal of Heat and Mass Transfer, 1972, 15(1): 115 - 125.

[35] THORNCROFT G E, KLAUSNERA J F, MEI R. An experimental investigation of bubble growth and detachment in vertical upflow and downflow boiling[J]. International Journal of Heat and Mass Transfer, 1998, 41(23): 3857 - 3871.

[36] LI D, DHIR V K. Numerical Study of Single Bubble Dynamics During Flow Boiling[J]. Journal Heat Transfer, 2007, 129(7): 864 - 864.

[37] KAMEI S, HIRATA M. Condensing phenomena of single vapor bubble into subcooled water: 1st report—Flow visualization[J]. Transactions of the Japan Society of Mechanical Engineers, 1987, 53(486): 464 - 469.

[38] KEMIHA M, DIETRICH N, PONCIN S, et al. Coalescence Between Bubbles in Non-newtonian Media [R]. 8th World Congress of Chemical Engineering. Montreal, Cana-

da, 2009.

[39] DUINEVELD P C. Bouncing and Coalescence of Bubble Pairs Rising at High Reynolds Number in Pure Water or Aqueous Surfactant Solutions[J]. Applied Scientific Research, 1997,

[40] ATZENI S, MEYER-TER-VEHN J. The Physics of Inertial Fusion[J]. The Physics of Inertial Fusion, 2004.

[41] KIM B, CORRADINI M L. Modeling of Small-Scale Single Droplet Fuel/Coolant Interactions[J]. Nuclear science and engineering: the journal of the American Nuclear Society, 1988, 98(1): 158 - 162.

[42] SHADLOO M S, ZAINALI A, YILDIZ M. Simulation of single mode Rayleigh-Taylor instability by SPH method[J]. Computational Mechanics, 2013, 51(5): 699 - 715.

[43] GUO K, CHEN R, LI Y, et al. Numerical simulation of Rayleigh-Taylor Instability with periodic boundary condition using MPS method[J]. Progress in Nuclear Energy, 2018, 109: 130 - 144.

[44] PRICE D J. SPLASH: An interactive visualisation tool for Smoothed Particle Hydrodynamics simulations[J]. Publications of the Astronomical Society of Australia, 2007, 24 (3): 1 - 10.

[45] JACOBS J W, CATTON I. Three-Dimensional Rayleigh-Taylor Instability: Part 1 Weakly Nonlinear Theory[J]. Journal of Fluid Mechanics, 2006, 187(187): 329 - 352.

[46] YOUNGS D L. Numerical simulation of turbulent mixing by Rayleigh-Taylor instability [J]. Physica D Nonlinear Phenomena, 1991, 12(1 - 3): 32 - 44.

[47] GLIMM J, LI X L. Validation of the Sharp-Wheeler bubble merger model from experimental and computational data[J]. The Physics of Fluids, 1998, 31(8): 2077 - 2085.

>>> 第 5 章　共晶反应分析程序

核反应堆是一个多材料、多相态、多维度的大型系统，不同的材料在高温下可能会发生相互作用。例如，在压水堆中存在碳化硼与不锈钢的共晶作用[1-4]、锆与碳化硼的共晶作用[2,4]等。除此之外，锆合金在高温下被水氧化而形成由外到内依次为 ZrO_2、α-Zr(O)、β-Zr 的分层结构。高温下，燃料芯块与锆包壳熔融物在两者界面处发生消熔反应，生成 U-Zr-O 混合物等。这些反应都是源于材料间的质量扩散，从而在界面处形成一种混合相，这种混合相的熔点往往比任何一种原始材料的熔点都要低，从宏观上即表现为材料在低于其熔点的温度下发生了液化现象。在反应堆中如果发生了这类质量扩散现象，轻则会破坏材料性能，重则导致材料熔化，随后熔融物流动会破坏反应堆内的结构，甚至有可能引发放射性物质泄漏等更为严重的后果。因此，对反应堆开展材料间共晶反应等相互作用的研究十分必要。在现有的核反应堆严重事故分析程序中，虽然也有涉及到这方面的计算，但是程序中所选的模型基本上是基于对实验数据的总结得到的经验关系式[5-6]，无法适应多变的反应环境，更不能精细计算具有复杂几何形状的材料间的共晶反应。本章基于 MPS 方法开发了共晶反应分析程序，该程序不仅保留了 MPS 方法的优点，而且能够从原子扩散过程出发，揭示共晶反应的机理。

5.1　共晶反应模型

本章中的共晶反应是对物质间的质量扩散现象的统称，是指两种不同的物质相互接触后发生了质量扩散的现象，从而引起物质熔点降低，导致其在低于任一物质原始熔点的温度下发生熔化。在微观层面上，这类反应的本质是物质间的原子扩散。

5.1.1　质量扩散

质量扩散是指系统中的组分从高浓度区向低浓度区转移的过程，它与热量扩散存在很多相似之处。就质量扩散的方式而言，可以分为原子扩散型和对流型。依靠原子的无规则运动而进行的质量扩散称为原子扩散，扩散的主体方向是从浓度高的区域指向浓度低的区域。所以，即使体系中的两种材料相对静止，只要体系内的某种物质存在浓度梯度，该物质就会发生原子扩散现象。描述原子扩散的基本方程为菲克第一定律(Fick's First Law)：

$$J_{\mathrm{A}} = -D_{\mathrm{A}} \frac{\mathrm{d}c_A}{\mathrm{d}y} \tag{5-1}$$

式中，J_{A}为组分 A 的扩散通量，mol/(m^2 · s)；D_{A}为组分 A 的扩散系数，m^2/s；c_{A}为组分 A 的摩尔浓度，mol/m^3。

实际上，除了上述的原子扩散，还有跟随流体运动而发生的质量扩散，例如，两种互不相溶的流体之间或流体与固体之间的质量扩散，这类质量扩散现象被称为对流质量扩散。在本章的算例中，若存在对流质量扩散则必然同时存在原子质量扩散。对流扩散主要表现为粒子的运动，故而在本章中对对流质量扩散不多加描述。为了方便讨论，下面补充说明一些讨论这类现象常用到的基本概念。

质量浓度：单位体积内某物质的质量，单位为 kg/m^3。一个更常用的名词即密度。简单推导可得，在由组分 A、B 充分搅浑形成的混合物的总密度 ρ 与组分 A、B 的密度 ρ_{A}、ρ_{B}之间的关系为：

$$\rho = \rho_{\mathrm{A}} + \rho_{\mathrm{B}} \tag{5-2}$$

质量分数：密度为绝对浓度的表示方法，有时还需要采用相对浓度来表示各组分在混合物中的含量，如质量分数 ω_{A}、ω_{B}，其定义式为：

$$\omega_{\mathrm{A}} = \frac{\rho_{\mathrm{A}}}{\rho},\ \omega_{\mathrm{B}} = \frac{\rho_{\mathrm{B}}}{\rho},\ \omega_{\mathrm{A}} + \omega_{\mathrm{B}} = 1 \tag{5-3}$$

扩散系数：扩散系数 D_{A}的大小反映了质量扩散过程的难易程度，一般来说，气体的扩散系数高于液体，液体的扩散系数高于固体。

5.1.2 扩散方程

菲克第一定律只适用于一维稳态原子扩散，而对于非稳态原子扩散，则需要运用扩散方程即传质微分方程来描述。以质量守恒定律导出的组分扩散方程如下：

$$\frac{\mathrm{d}\rho_{\mathrm{A}}}{\mathrm{d}t} + \rho_{\mathrm{A}} \nabla u = D_{\mathrm{A}} \nabla^2 \rho_{\mathrm{A}} + r_{\mathrm{A}} \tag{5-4}$$

式中，r_{A}为单位体积内组分 A 的质量生成率，kg/(m^3 · s)，当 A 为产物时，r_{A}为正，当 A 为反应物时，r_{A}为负。下面就某些特殊情况给出相应的扩散方程。

(1)对于不可压缩流体,总质量浓度(即混合物密度)为常数,扩散方程可简化为

$$\frac{\mathrm{d}\rho_{\mathrm{A}}}{\mathrm{d}t} = D_{\mathrm{A}}\ \nabla^2 \rho_{\mathrm{A}} + r_{\mathrm{A}} \tag{5-5}$$

(2)若流体不可压缩,且无化学反应发生,则上述方程可简化为

$$\frac{\mathrm{d}\rho_{\mathrm{A}}}{\mathrm{d}t} = D_{\mathrm{A}}\ \nabla^2 \rho_{\mathrm{A}} \tag{5-6}$$

(3)若反应体系为静止的(固体或停滞流体),且无化学反应发生,则上式可简化为

$$\frac{\partial\rho_{\mathrm{A}}}{\partial t} = D_{\mathrm{A}}\ \nabla^2 \rho_{\mathrm{A}} \tag{5-7}$$

通常将式(5-7)称为菲克第二定律。该式可描述固体内的传质,也可以描述静止液体或气体内的传质。菲克第二定律与傅里叶第二定律相似。

(4)对于稳态传质,菲克第二定律又可以简化为拉普拉斯方程:

$$\nabla^2 \rho_{\mathrm{A}} = 0 \tag{5-8}$$

5.1.3 原子扩散方程的粒子近似形式

从上述微分方程的各种形式来看,其最简单的形式是菲克第二定律。当共晶反应发生的时候,体系中虽然会生成新的化合物,但不会有新的元素生成,也就是说反应中不会出现裂变及聚变等,那么对于共晶反应可以只针对每种固有元素的扩散进行分析,如此即可在原子扩散过程中去掉化学反应项,故本章选取菲克第二定律进行分析。在移动粒子半隐式方法中,涉及到对象的不可压缩特性,认为每个粒子的体积不变,可对菲克第二定律进行变形计算:

$$\frac{\partial m_{\mathrm{A}}}{\partial t} = D_{\mathrm{A}}\ \nabla^2 m_{\mathrm{A}} \tag{5-9}$$

式中,m_{A} 表示组分 A 的质量,kg。

采用 MPS 的原始拉普拉斯模型对上式进行粒子近似可以得到[7-8]:

$$m_i^{n+1} = m_i^n + D\Delta t \frac{2d}{\lambda n^0} \sum_j \left[(m_j^n - m_i^n) w(\| \boldsymbol{r}_j - \boldsymbol{r}_i \|) \right] \tag{5-10}$$

式中,m 表示粒子中某元素的质量,kg;D 表示质量扩散系数,$\mathrm{m^2/s}$;Δt 是时间步长,s;d 表示计算维度;n^0 表示初始时刻的粒子数密度;上标表示的是计算时刻的时层;下标 i、j 是粒子标号;w 求解的是核函数。改进的 MPS 拉普拉斯模型在对式(5-9)进行离散求解时同样适用。

5.1.4 相变准则

共晶反应模型中,除了基于菲克第二定律建立的粒子间原子扩散模型,还

需要建立相应的粒子相变准则,相变准则主要从相图获取。下面对伪二元系统 α-Zr(O)和 UO_2的相图进行分析。如图 5-1 所示,伪二元系统 α-Zr(O)-UO_2的共晶点位于 UO_2摩尔分数约为 27%处。在约 2273 K 时,能够完全熔解的 UO_2摩尔分数约为 28%,此时形成均匀的 Zr-O-U 熔融物(L_1)。而摩尔分数约 85%的 UO_2能熔解形成一种由不均匀的液态 U-Zr-O(L_2)及固态(U,Zr)O_{2-x}颗粒组成的熔融物[9]。

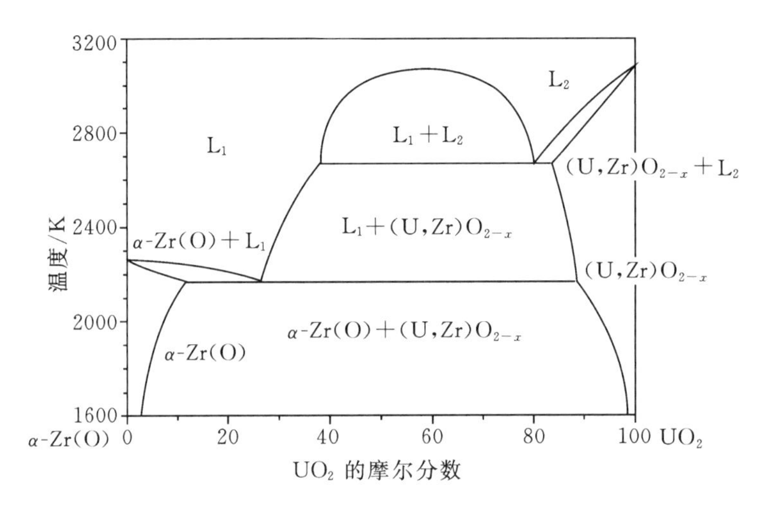

图 5-1 伪二元系统 α-Zr(O)和 UO_2的相图[9]

5.1.5 基于粒子-网格耦合法求解的共晶反应模型

本小节介绍的耦合法是基于移动粒子半隐式法和有限体积法耦合求解的,简称为 MPS-CV 方法。在本方法中,需要先按粒子位置将粒子划分为 3 种类型:A 类型、B 类型和内部粒子(脱离自由面的粒子不计在其中)。若粒子满足式(2-35),则该粒子被确定为 A 类型粒子。对于 B 类型粒子,则分为 2 个部分进行,首先,对于非 A 类型粒子,若粒子的 $\delta_1 \times l_0$ 范围内的所有邻点粒子中存在 A 类型粒子,则该粒子为 B 类型粒子,其中,通常取 $\delta_1=2.1$;其次,对于非 A 类型粒子,如果粒子的 $\delta_2 \times l_0$ 范围内的所有邻点粒子中出现了与目标粒子所表示的物质种类不相同的粒子,那么这个目标粒子也被确定为 B 类型粒子,其中,取 $\delta_2=3.1$。除了 A 类型和 B 类型粒子之外,其余粒子都为内部粒子。在本模型中,A、B 类型粒子将使用网格法计算质量扩散,内部粒子则仍使用拉普拉斯模型对质量扩散方程进行离散计算。下面将简单介绍二维网格生成方案。

图 5-2 为粒子网格化示意图。首先需要对粒子 i 的邻点粒子进行搜索,搜索半径为 $1.7\times l_0$,1.7 为经验系数。如图 5-2(a)所示,j_1、j_2、j_3、j_4、j_5、j_6 为目

标粒子 i 的邻点粒子,然后再依次对这六个邻点粒子进行邻点粒子搜索。如对于粒子 j_1 而言,它的邻点粒子有 j_2、j_6、k_1、k_2,所以粒子 i 与粒子 j_1 的共同邻点粒子有 j_2 和 j_6。选择粒子 i、j_1 和 j_2 组成一个三角形,如图 5-2(b)所示。然后需要寻找一个点,这个点与粒子及粒子连线中点连接后能将三角形分成最多 6 个部分,其中一部分(阴影部分)即为在粒子 j_2 的作用下粒子 j_1 对粒子 i 的作用面积,可将其记为 $S_{ij_1:j_2}$。同理,在粒子 j_6 的作用下粒子 j_1 对粒子 i 的作用面积,可将其记为 $S_{ij_1:j_6}$。所以粒子 j_1 对粒子 i 的总作用面积即为

$$S_{ij_1}=S_{ij_1:j_2}+S_{ij_1:j_6} \tag{5-11}$$

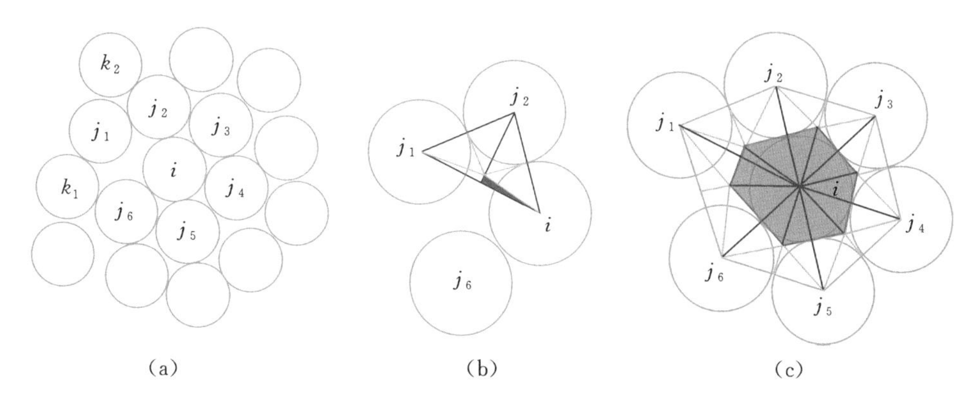

图 5-2　粒子网格化示意图

对目标粒子 i 的所有邻点粒子进行如上的计算就可以得到粒子 i 的网格,如图 5-2(c)所示,粒子 i 的总面积为

$$S=\sum_{j\neq i}S_{ij} \tag{5-12}$$

为了研究网格划分的具体细节,对任意粒子 i、j、k 组成的三角形进一步详细说明,如图 5-3 所示。O_i、O_j、O_k 分别为粒子 i、j、k 的中心。将其两两相连

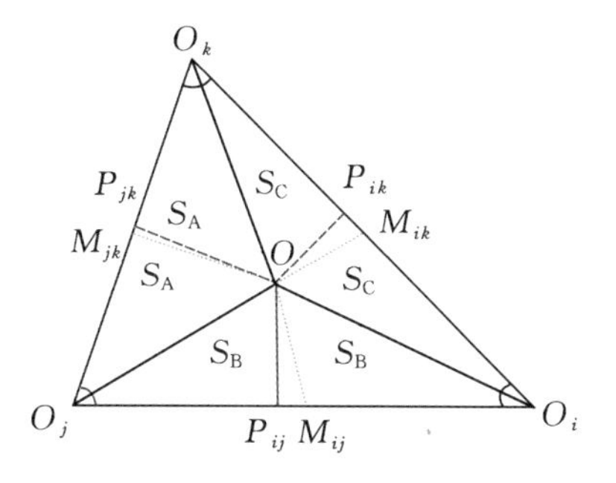

图 5-3　三角形划分

便得到三角形$\triangle O_iO_jO_k$。M_{ij}、M_{ik}、M_{jk} 为线段中点，存在一点 O，将其与三角形顶点及各边中点连接后可以将三角形分成 6 个部分，其中：

$$S_{\triangle OO_kM_{jk}} = S_{\triangle OO_jM_{jk}} = S_A$$
$$S_{\triangle OO_iM_{ij}} = S_{\triangle OO_jM_{ij}} = S_B \quad (5-13)$$
$$S_{\triangle OO_iM_{ik}} = S_{\triangle OO_kM_{ik}} = S_C$$

关于 O 点的位置及 6 部分的面积可以通过下式求得：

$$(S_A + S_B):(S_B + S_C):(S_A + S_C) = \angle O_iO_jO_k : \angle O_jO_iO_k : \angle O_iO_kO_j \quad (5-14)$$

当然，在本研究中我们不需要明确知道点 O 的位置，所以在求解过程中可以极大减少计算量。对应于前面的表述，在粒子 k 的作用下粒子 j 对粒子 i 的作用面积即图 5-3 中的 S_B。然后可求在粒子 k 的作用下粒子 j 对粒子 i 的传质界面长度 $l_{\overline{OP}_{ij}}$（三维情况下称为质量扩散通量面）。P_{ij}、P_{jk}、P_{ik} 为过点O 作的三角形各边垂线的垂点，则有：

$$l_{OP_{ij}} = 4S_B / l_{O_iO_j} \quad (5-15)$$

若粒子 i 和粒子 j 还存在其他的共同邻点粒子，则粒子 j 和粒子 i 的作用线通过对各条作用线进行求和处理得到。

对于 A 类型和 B 类型的粒子，都采用上述的方法进行网格划分。如果粒子脱离自由面，则该粒子按固定面积计算，即为 l_0^2（三维情况下为 l_0^3）。对于完成网格划分的 A、B 类型粒子将使用网格法对质量扩散进行求解，对式(5-9)进行离散可以得到：

$$(m_i^{n+1} - m_i^n)\sum_{j\neq i}\frac{1}{4}l_{OP_{ij}}l_0 r_{ij} = \sum_{j\neq i}\frac{D_{ij}l_{OP_{ij}}l_0}{r_{ij}}(m_j^n - m_i^n)\Delta t \quad (5-16)$$

对于粒子法与网格法的耦合，A、B 类型粒子在计算时使用了与 B 类型粒子紧贴的一层内部粒子的参数作为边界条件，而内部粒子在使用拉普拉斯模型进行计算时，整个计算域的粒子都参与计算。三维网格划分方案是基于二维方案发展而来的，二维的网格基本单元是三角形，三维的网格基本单元是四面体。

5.2 共晶反应模型的验证

一般来说，经常会遇到两种材料的接触扩散问题，可以将其简化成两半无限长区域的非稳态扩散，对于初始条件和边界条件就不过多分析。两半无限长区域的非稳态扩散问题中，质量与时间和位置的函数关系为[7-8]

$$m_{A+}(t,x)=m_{A+,w}+(m_0-m_{A+,w})\left[1-\mathrm{erf}\left(\frac{-x}{2\sqrt{D_1 t}}\right)\right] \tag{5-17}$$

$$m_{A-}(t,x)=m_{A-,w}+(m_0-m_{A-,w})\left[1-\mathrm{erf}\left(\frac{x}{2\sqrt{D_2 t}}\right)\right] \tag{5-18}$$

式中,位置 x 是以两种材料的界面为原点的一维坐标系坐标,m;D_1 表示组分 A 在材料 1 中的扩散系数,D_2 表示组分 A 在材料 2 中的扩散系数,m^2/s;下标"+"表示 x 轴正半轴,"−"表示 x 轴负半轴;下标 w 表示位置;m_0 表示组分 A 在界面的质量,可通过下式求得:

$$m_0=\frac{\sqrt{D_1}m_{Aw}+\sqrt{D_2}m_{Aw}}{\sqrt{D_1}+\sqrt{D_2}} \tag{5-19}$$

本节的验证算例中,使用了 Duan[10-11] 提出的拉普拉斯模型,分别使用了纯 MPS 粒子法和 MPS-CV 方法进行计算。图 5-4 所示为两半无限平板算例,粒子采用不规则布置,混乱度为 $0.1\times l_0$(即粒子在规则布置的基础上横纵坐标存在最大 $0.1\times l_0$ 的位移)。粒子的大小为 0.01 mm。初始时刻,在 Pb 板粒子中,$m_{1,Pb}=11.3\times10^{-12}$ kg,$m_{1,Sn}=0$ kg,$D_1=3.75\times10^{-10}$ m^2/s;在 Sn 板粒子中 $m_{2,Pb}=0$ kg,$m_{2,Sn}=7.3\times10^{-12}$ kg,$D_2=2.50\times10^{-10}$ m^2/s。对应于 5.1.5节的 A、B 类型粒子检测规则,图 5-4 所示的粒子布置检测的 A、B 类型粒子结果如图 5-5 所示。

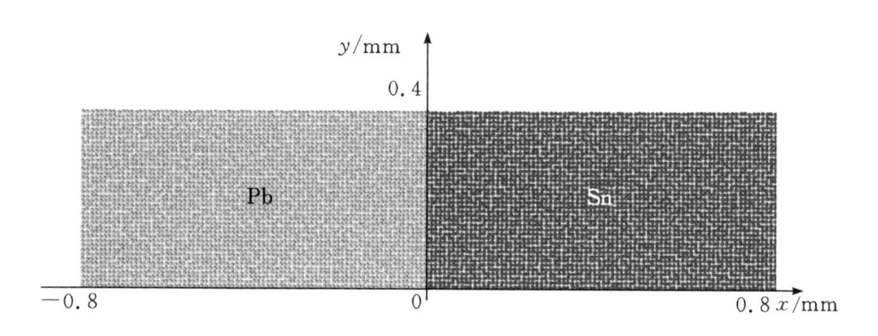

图 5-4 两半无限大平板粒子布置图

在 Pb-Sn 二元系统中,选择了温度为 498 K 时的相变线,即当 Sn 的质量分数位于 0.45~0.9 之间时,粒子将发生相变。图 5-6 展示了 1 s 时 MPS 方法和 MPS-CV 方法的计算结果。从图中可以看出,两种方法计算的结果在计算域边界处存在微小的差异。而且从图 5-6(c1)(c2)中可以看出,在恒温系统中

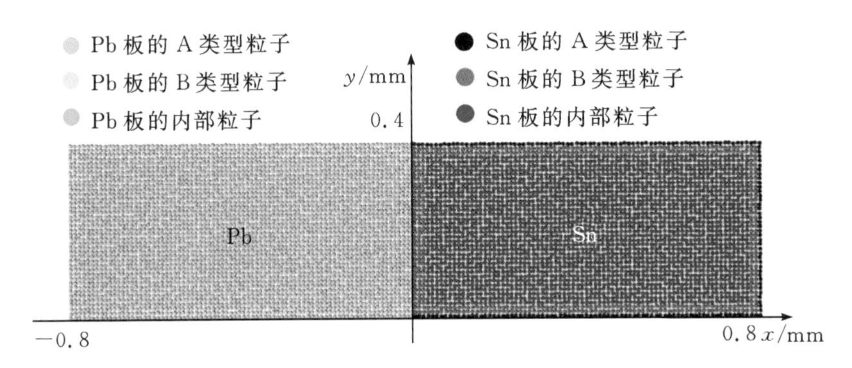

图 5－5　粒子类型检测结果

进行 Pb-Sn 质量扩散验证时，Sn 板由于共晶作用更容易发生相变，即由固态转变为液态。MPS 计算得到的边界处的相变结果要晚于 MPS－CV 计算的结果。

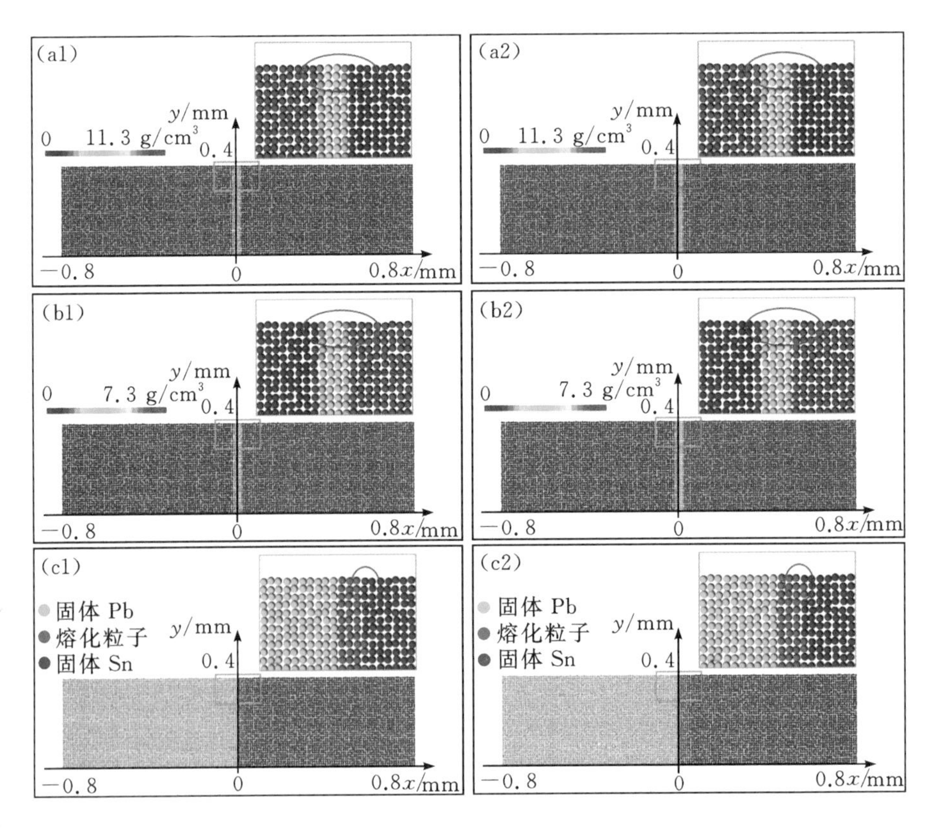

(a)(b)(c)分别对应 Pb 元素浓度云图、Sn 元素浓度云图和平板相变图；

左边是 MPS 方法计算的结果，右边是 MPS-CV 方法计算的结果

图 5－6　MPS 与 MPS-CV 方法在 1.0 s 时的计算结果

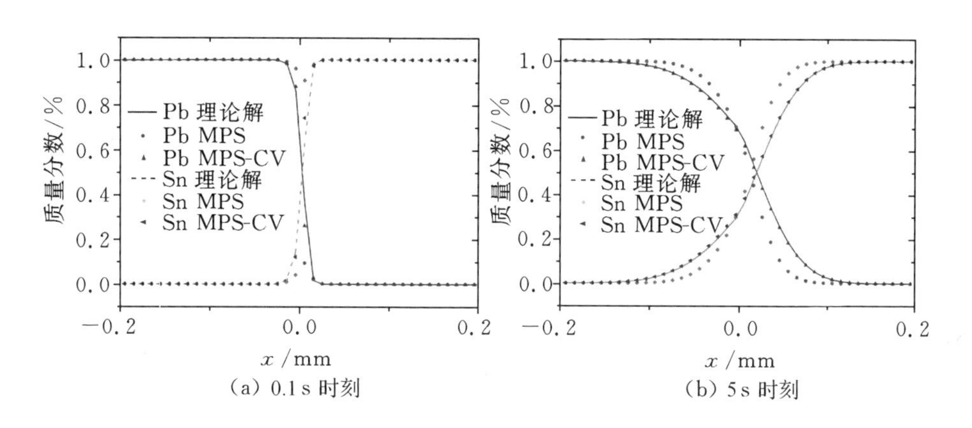

(a) 0.1 s 时刻

(b) 5 s 时刻

图 5－7　两平板交界面附近的元素浓度分布

图 5－7 显示的是两平板交界处 Pb 和 Sn 质量分数沿 x 轴的分布。在本节中，作者将 MPS 方法、MPS-CV 方法计算的模拟结果和理论解进行了比较。可以看出，MPS 计算的结果小于理论解，而 MPS-CV 计算的结果与理论解符合得更好。这是因为，在初始时刻，平板交界处两侧的 Pb 或 Sn 的浓度呈现出断崖式分布，如果使用拉普拉斯模型进行求解会使得界面处的粒子的支撑域出现缺失（计算域缺失包括粒子数密度缺失和物理参数缺失），所以使用纯 MPS 方法在计算断崖式分布的算例时会出现一个较大误差。当然，这也取决于粒子作用域半径的选择，作用域半径越小，MPS 方法计算的结果越接近理论值，但为了保证 MPS 方法的计算稳定性，一般要求粒子作用域半径不能过小，所以，在不同材料交界面处采用网格法求解质量扩散，相对于拉普拉斯模型可以得到更准确的结果。图 5－8 显示了两平板交界面两侧相同扩散深度的 Pb 元素质量沿 y 轴的分布。在计算早期，MPS 方法的计算结果和 MPS-CV 方法的计算结果都与理论解不同，不过，MPS-CV 方法计算的结果更接近理论解。随着扩散时间的增加，MPS-CV 方法计算的结果逐渐与理论解一致，如图 5－8(b)所示。这是因为，在初始时刻，Pb 或 Sn 的质量在两平板交界面处呈断崖式分布，此时误差最为明显。随着质量扩散的进行，界面两侧的 Pb 或 Sn 的质量梯度逐渐减小，所以计算误差也逐渐减小。其次，由图 5－8 也可以看出 MPS 方法的计算结果在平板两侧存在一个质量梯度。这是因为使用拉普拉斯模型求解边界粒子的质量扩散方程时，在粒子作用域半径范围内出现了粒子空白处，会导致粒子数密度的缺失，从而出现了一个计算误差。这个问题在很多文献中有提到，可以通过添加补偿粒子或人工补偿函数的方式进行解决。当然也可以采用 MPS-CV 方法对边界粒子的质量扩散进行网格法求解。

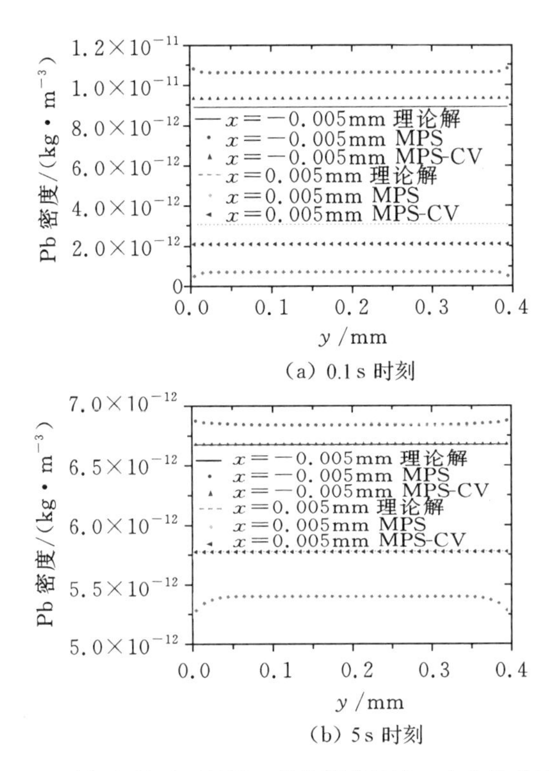

(a) 0.1 s 时刻

(b) 5 s 时刻

图 5-8 平板交界面两侧同一扩散深度处沿 y 方向的浓度分布

图 5-9 显示了 Sn 板厚度减少量随时间的变化。本节中采用了 3 种不同粒子直径进行计算，可以看到，在对同一个问题进行数值模拟计算时，粒子直径越小，所得到的结果越精确。图 5-10 对粒子直径进行了 L_2 归一化分析也说明了这个现象。不过，考虑到粒子直径减小对计算量的增加，只要计算中出现的误差在工程允许范围，选择合适的粒子直径进行计算即可。

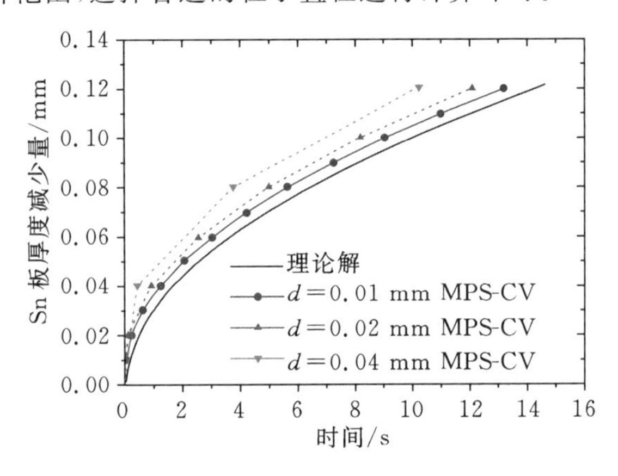

图 5-9 不同粒子尺寸下计算的 Sn 板厚度减少量随时间的变化

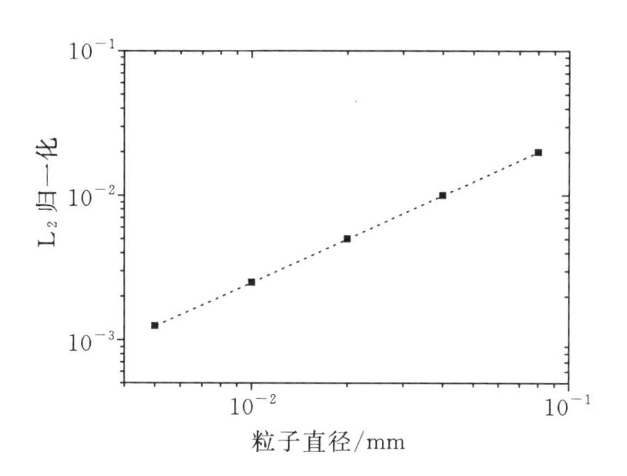

图 5-10　粒子尺寸 L_2 归一化分析

5.3　锆水反应的研究

锆水反应是堆芯熔化过程中一个非常重要的现象。当锆合金温度较低时，反应速率较低，而当堆芯温度达到 1500 K 左右时，锆水反应会变得非常剧烈，反应释放的热量已经相当于衰变热。当温度达到 1800 K 时，释放的热量可以达到衰变热的 10 倍以上[12]。此外，锆水反应生成的氢气会增加发生爆炸的概率。在包壳氧化过程中形成的脆性 ZrO_2 可能会导致包壳破裂，从而引发放射性物质泄漏。

从 20 世纪 50 年代起就有学者开展锆水反应动力学的研究。Baker 和 Just[13] 通过拟合实验结果，提出了第一个锆水反应动力学关系式。Ballinger[14]、Pawel[15]、Urbanic[16]、Leistikow[17] 等人也进行了相关实验，提出了不同的锆水反应动力学关系式。众多的实验揭示了锆水反应遵循抛物线关系式，即：

$$W_{\mathrm{O}}^2 = K_{\mathrm{m}}(T)t \tag{5-20}$$

式中，W_{O} 表示单位面积的氧元素质量增量，$\mathrm{kg/m^2}$；K_{m} 是与温度有关的抛物线速率，$\mathrm{kg^2/(m^4 \cdot s)}$；$T$ 是温度，K；t 是时间，s。一般来说，K_{m} 可以使用阿伦尼乌斯定律表示为

$$K_{\mathrm{m}}^{0.5}(T) = A_{\mathrm{m}}\exp\left(-\frac{E_{\mathrm{ox}}}{RT}\right) \tag{5-21}$$

式中，A_{m} 是一个常数，$\mathrm{kg^2/(m^4 \cdot s)}$；$E_{\mathrm{ox}}$ 是反应活化能，J/mol；R 是气体常数，通常取 8.314 J/(mol · K)。

为了研究氧元素在锆合金包壳中的分布，学者们基于氧扩散模型建立了相关的动力学关系式。Ballinger[14]、He[18] 等人开发了相应的数值分析程序来模

拟锆水反应过程。然而,这些程序都是基于一维几何建立的,而且大多数程序与严重事故分析程序分离,无法分析锆水反应对整个事故序列的影响。基于以上的考虑,Wang 等人[19]采用 MPS 方法对锆水反应进行分析,并将结果与严重事故系统分析程序 MIDAC 中锆水反应部分进行关联,优化程序计算以获得更高精度的锆水反应动力学关系式。然后,选取 TMI－2 事故为研究对象,评价了不同锆水反应动力学关系式对堆芯熔化过程模拟的影响。

对应于共晶反应模型的计算,需要获取 2 个参数:一是氧元素扩散系数,二是相变准则。氧元素扩散系数可由表 5－1 获得[18],而相变准则可由 Zr－O 二元相图获得。

表 5－1　氧元素在不同氧化程度的锆-氧体系中的扩散系数[18]

$D=Ae^{-B/RT}$	$A/(m^2\cdot s^{-1})$	$B/(J\cdot mol^{-1})$
β-Zr	2.630×10^{-6}	117880
α-Zr(O)	1.543×10^{-4}	210550
mo-ZrO_2	5.076×10^{-7}	122880
te-ZrO_2	2.538×10^{-5}	150370
cu-ZrO_2	1.618×10^{-4}	179288

本节给出了 MPS 方法对 Leistikow-Schanz 实验[17]的验证。该实验是在 1173～1573 K 温度范围内开展的等温氧化实验。实验样品为锆－4 合金包壳,长为 30 mm,外径为 10.75 mm,厚度为 0.725 mm。图 5－11 展示了颗粒直径为10 μm时的粒子布置。图 5－12 则展示了实验结果、MPS 方法模拟结果及 Cathcart-Pawel 关系式中包壳质量增加量与反应时间的关系。在 MPS 方法计算的结果中,当温度在 1473 K 时,氧元素质量增加速率为 0.541 $mg/(cm^2\cdot s^{0.5})$;当温度在 1573 K 时,氧元素质量增加速率为 0.897 $mg/(cm^2\cdot s^{0.5})$。相比于 Cathcart-Pawel 关系式计算的结果,MPS 方法得到的结果与实验值符合得更好。

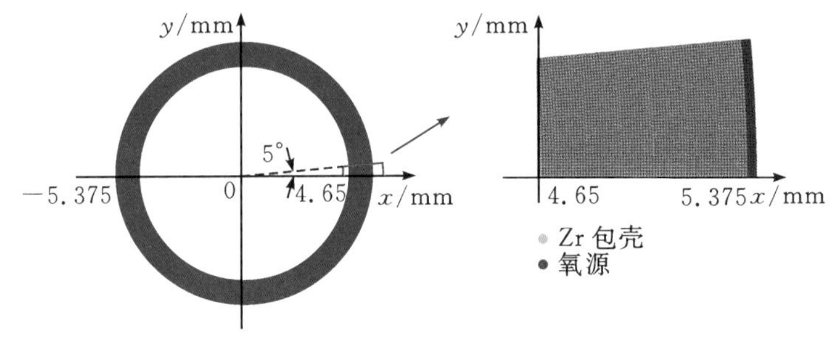

图 5－11　锆水反应粒子布置

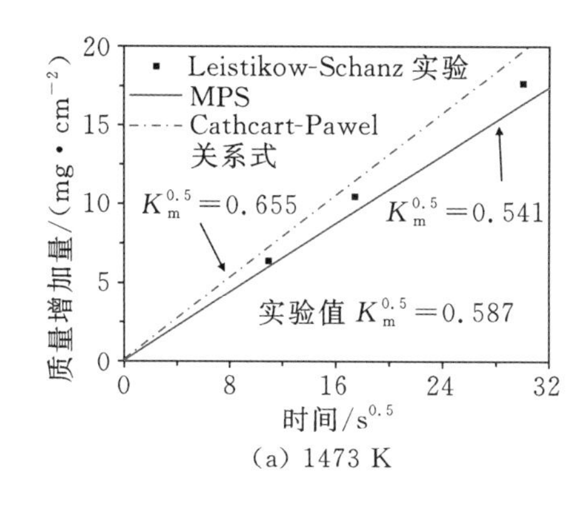

(a) 1473 K

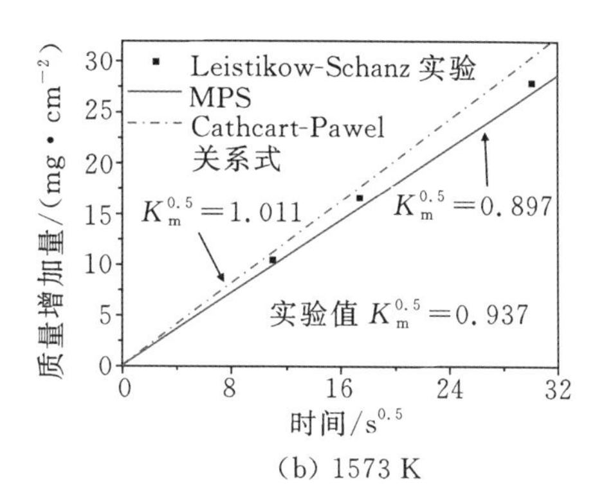

(b) 1573 K

图 5-12 质量增加结果对比

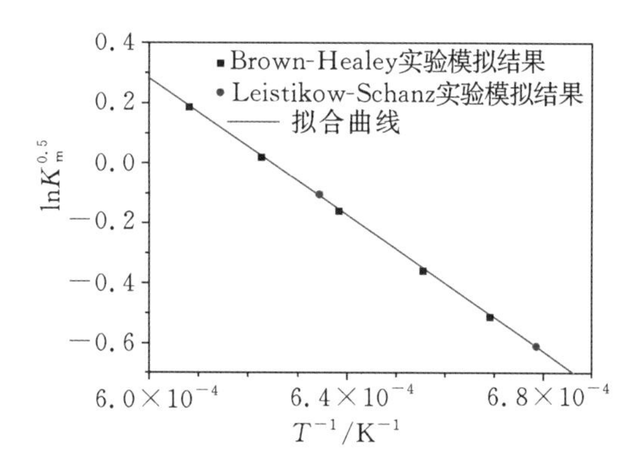

图 5-13 MPS 结果与实验结果对比

通过总结 1800 K 温度下的 MPS 模拟结果可以得到如图 5-13 的结果。并将曲线拟合得到经验关系式：

$$K_m^{0.5}(T)=1284.34\times\exp\left(-\frac{-95187.82}{RT}\right) \tag{5-22}$$

除此之外，还使用 MPS-CV 方法对包壳氧化问题进行了模拟研究。在这个模拟中，也是假设氧扩散只沿着径向方向进行，且在布置时，环形包壳呈现中心对称，类似于图 5-11 所示，也是选择环形的一部分作为计算对象。本部分研究了包壳在 1300～1800 K 温度下的氧化，实验数据来源于文献[20]和[21]。例如，从 Zr-O 二元相图[20](图 5-14)可以看出，当温度为 1500 K 时，包壳中存在多种相态的锆-氧形式。氧元素在不同相中的扩散系数也可由表 5-1[18]计算得到。

图 5-15 展示了温度为 1573 K 时氧化层和 α-Zr(O)层厚度随反应时间的变化曲线。从图中可以看出，MPS-CV 方法计算的结果相比于使用 MAAP 程序计算的结果与实验值符合得更好。包壳氧化的现象通常可以使用氧化层和

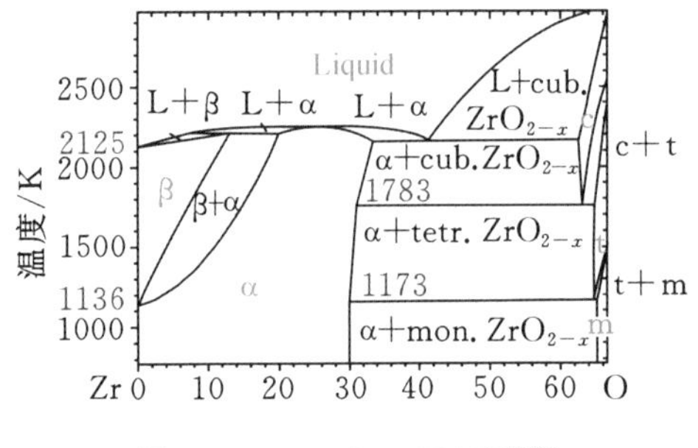

图 5-14　Zr-O 二元相图[20]

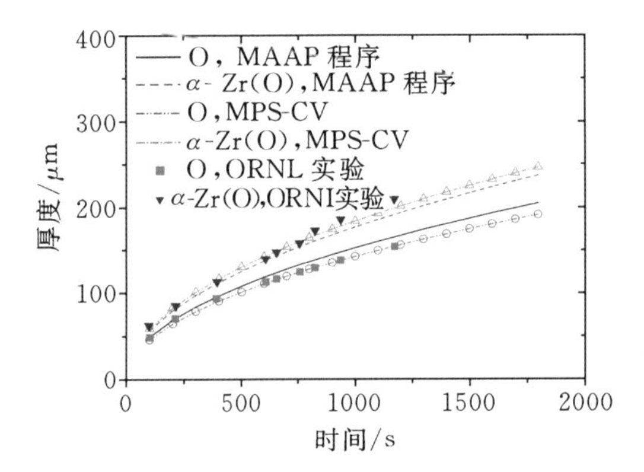

图 5-15　1573 K 包壳氧化氧化层与 α-Zr(O)层厚度变化

α-Zr(O)层厚度增长率来衡量，可由下式进行定义：

$$\begin{aligned} d(x_{ox}^2)/dt &= K_{ox}^2 \\ d(x_{\alpha}^2)/dt &= K_{\alpha}^2 \end{aligned} \tag{5-23}$$

式中，x_{ox}、x_{α} 分别表示氧化层和α-Zr(O)层的厚度，m；K_{ox}、K_{α} 对应于厚度变化率，$m/s^{0.5}$。图 5-16 展示了 K_{ox}、K_{α} 随反应温度的变化。从图中可以看到，MPS-CV 方法计算得到的结果与实验值符合较好，对 MPS-CV 方法的结果进行分析可以得到 1300～1800 K 温度范围内包壳氧化的动力学关系式如下：

$$\begin{aligned} x_{ox}^2 &= 1.640 \times 10^{-6} e^{-1.7789\times10^4/T} t, \ 1300\ K < T \leqslant 1800\ K \\ x_{\alpha}^2 &= 3.5012^{-4} e^{-2.5379\times10^4/T} t, \ 1300\ K < T \leqslant 1800\ K \end{aligned} \tag{5-24}$$

从以上计算可知，MPS 方法可以根据包壳氧化的环境设置相应的反应条件，从而得到较为准确的计算值。而 MAAP 等商业程序中包壳氧化反应使用的关系式是基于部分实验数据拟合得到的公式，普适性不足。所以可以借由 MPS 或 MPS-CV 方法计算得到的拟合关系式对 MAAP 程序进行相应的改进，

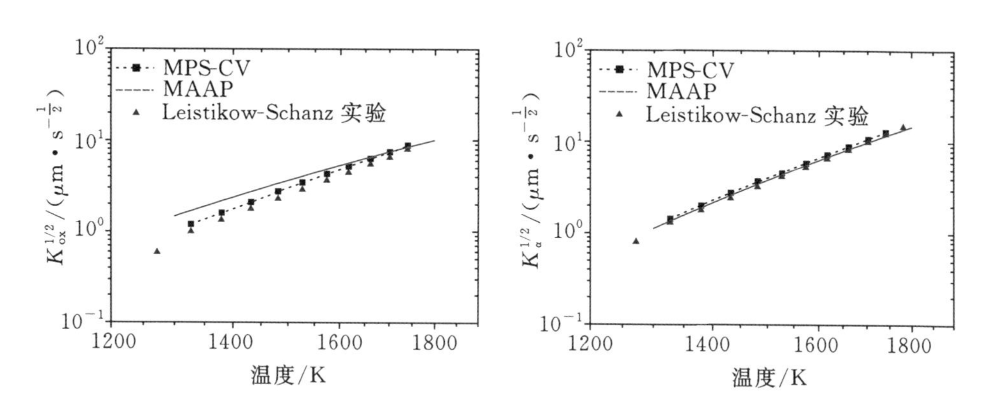

图 5-16 氧化层和 α-Zr(O)层厚度变化率随反应温度的变化

从而为后续的事故进程提供一个准确的输入条件。

5.4 燃料棒材料高温消熔反应

燃料棒作为核反应堆的核心部件，主要由 UO_2 燃料芯块及 Zr 合金包壳组成，如图 5-17 所示。在核反应堆严重事故过程中，随着堆芯温度升高，Zr 合金包壳将与堆芯中的水蒸气发生氧化反应，进而在包壳外表面形成氧化锆层并释放氢气。氧化锆具有较高的熔点，其能延缓燃料元件的几何失效，并限制燃料棒熔融物再定位过程。考虑到 Zr 合金包壳的不同氧化程度，当堆芯温度升高至 1800～2000℃区间时，Zr 合金包壳将发生熔化。Zr 合金熔融物随即与 UO_2 芯块相接触，由于二者之间的热力学不稳定性，它们之间将产生显著的化学反应，导致 UO_2 芯块在低于其熔点的温度下发生消熔，并形成 U-Zr-O 低温熔融物。因此，Zr 合金熔融物对 UO_2 芯块的化学消熔过程将引起堆芯内燃料棒早期失效，加快堆芯熔化事故进程。在消熔 UO_2 芯块的同时，Zr 合金熔融物还将对包壳上的氧化锆层进行消熔，从而导致包壳失效。

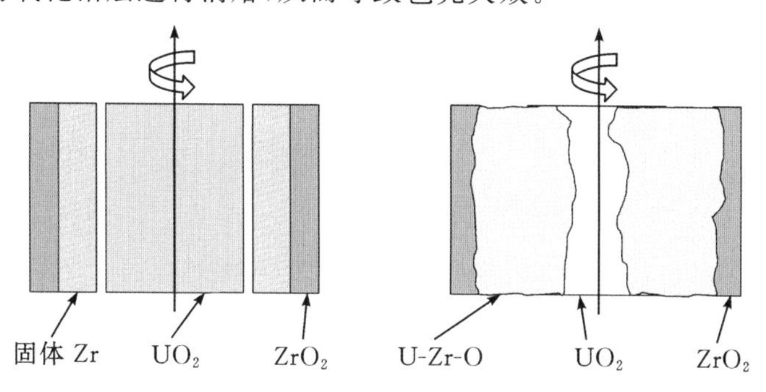

图 5-17 燃料棒消熔前后示意图

欧共体曾启动了 CIT 项目和 COLOSS 项目以研究燃料棒熔化的关键现象[4-5]。其中围绕 Zr/UO_2 和 Zr/ZrO_2 化学消熔反应开展了较多的实验，主要从显微组织形态以及扩散动力学方面进行了研究。对于 Zr/UO_2 的消熔研究，Dienst和 Hofmann[22]、Kim[23]、Hayward 和 George[24] 开展了相关的实验；对于 Zr/ZrO_2 消熔行为也有相关的实验研究，如 Hayward 和 George[25]、Hofmann 等人[20]的研究。这些研究的结果都表明消熔过程中主要遵循抛物线定律。

在实验研究的同时，大量学者也着手于理论模型的开发。Wilhelm 和 Garcia[26]、Kim[23]、Veshchunov [27]、Olander [28]以及其他学者[29]都基于实验数据建立了相关的消熔模型，以便于对燃料棒材料的消熔现象进行模拟研究。现有严重事故程序 MELCOR、MAAP、SCDAP/RELAP5 等仅采用简单的消熔动力学关系式或平衡相图来计算 Zr 对 UO_2 芯块和 ZrO_2 的消熔速率。

5.4.1 UO_2-Zr 高温消熔反应[30]

图 5－18 显示了 UO_2－Zr 消熔反应的加热装置[31]。这个实验主要研究的是原子扩散过程对消熔反应的影响，Kim 和 Olander[31] 设计了下述实验方案，在这个方案中，首先使用了一个由氧化钍制成的坩埚，这种材料在高温下几乎不与二氧化铀、锆等发生反应。在氧化钍坩埚底部放置了一块二氧化铀薄片，薄片上方则是熔化的锆合金。随着反应的进行，铀、氧元素不断从位于底部的二氧化铀扩散到液态锆内，而生成的富铀液体位于熔融物底部，这部分液体密度较大。对于整个熔融物系统而言，密度梯度是沿着重力方向递增的，这就保证了系统的稳定性，基本能够避免熔融物中产生自然对流。

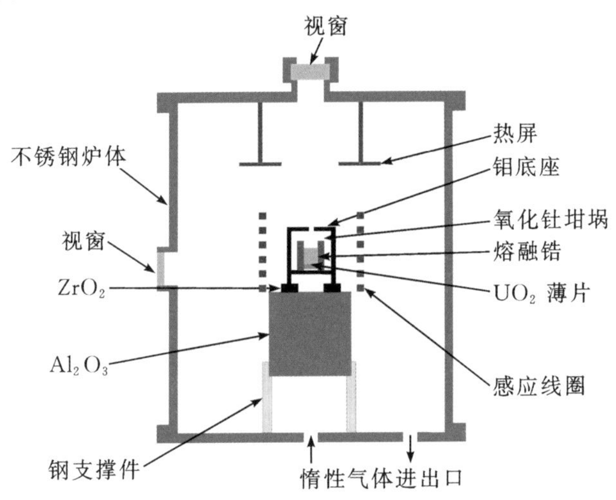

图 5－18 UO_2-Zr 实验加热装置[31]

实验中使用的是一个外径为10.4 mm，内径为4.7 mm的氧化钍材料制成的坩埚，放置于底部的UO_2薄片厚度为2 mm，而在薄片之上的熔融锆的深度则能够达到5 mm，这也是为了尽可能模拟半无限长区域的情况。当实验开始的时候，先把实验样品温度加热到2173 K，然后再以15 K/s的加热速率将其加热到2373 K，保温30 s之后进行冷却处理。

实验样本冷却处理后，观察到的轴线上的样品微观结构如图5-19[31]所示。在图中，观察到样品明显分成了7个区域，A_1区包含了大量的UO_2，析出的铀和少量扩散到固体UO_2内的Zr元素。A_2区主要包含$(U, Zr)O_{2-x}$。在反应过程中，这两个区域主要以固体状态存在。Ⅰ区则是固液相共存的状态，主要包含$(U, Zr)O_{2-x}$、α-Zr(O)和$(U, Zr)_a$。$Ⅱ_a$包含α-Zr(O)和$(U, Zr)_a$，其中$(U, Zr)_a$中，U的质量分数在85%～90%之间；$Ⅱ_b$区则包含α-Zr(O)和$(U, Zr)_b$，其中$(U, Zr)_b$中U的质量分数在85%～90%之间。Ⅲ区则包含了β-Zr和α-Zr(O)，这里远离氧扩散区，氧化程度较低。Ⅳ区则主要包含β-Zr。如果实验样本在进行实验前先进行了氧化，实验后处理得到的实验样本观察不到Ⅳ区域的存在。

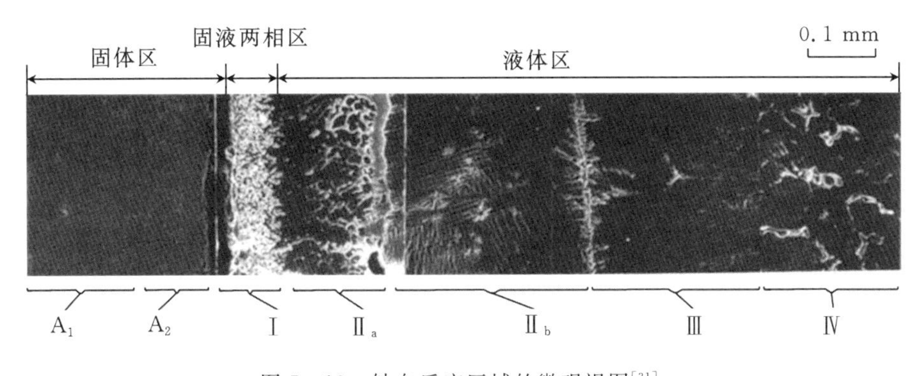

图5-19 轴向反应区域的微观视图[31]

在使用MPS共晶反应分析程序对其进行模拟时，考虑到氧化钍坩埚的作用仅是作为一个容器，将其简化为只有1层结构的壁粒子(如图5-20所示的壁面粒子)，其外层的绿色虚拟壁面粒子则是为了在计算时保证边界压力正确计算的要求而添加。模型使用了0.1 mm的粒子，粒子总数为160304。初始状态下，每个Zr粒子含有6.0×10^{-9} kg的Zr，每个UO_2粒子含有1.3×10^{-9} kg的O和9.7×10^{-9} kg的U，这是根据Zr和UO_2的密度计算出来的数值。在计算中使用的扩散系数为：U在UO_2中的扩散系数是3.3×10^{-9} m^2/s，O在UO_2中的扩散系数是1.0×10^{-8} m^2/s。消熔准则从图5-1获取。

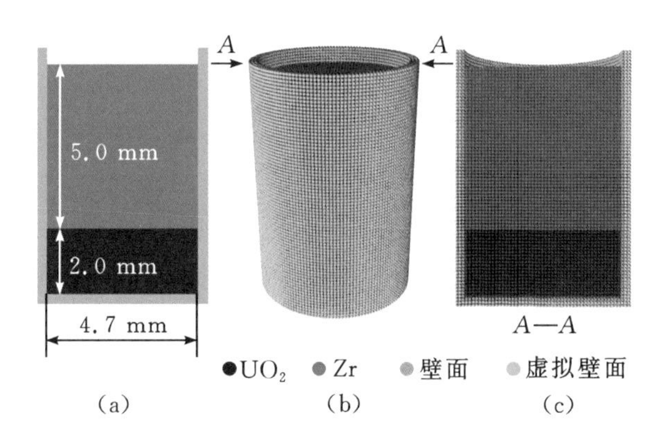

图 5-20　UO_2-Zr 反应计算模型

模拟中对 2373 K 的熔解反应进行了分析。实验数据可以从文献[30]中得到。图 5-21 为反应进行 30 s 时氧(O)、铀(U)和锆(Zr)的浓度分布。浓度分布是固体和液体之间距离的函数。MPS 共晶反应分析程序计算所得到的趋势与实验数据吻合良好。通过实验研究,可以明显看出程序计算值与实验值之间存在偏差。模拟的值大于实验值,因为它是在温度为 2373 K 的恒温条件下进行的。在实验中[31],温度达到 2173 K 的时刻是初始时间,直到温度达到 2373 K 后再维持温度不变。扩散系数和温度之间有一个阿伦尼乌斯关系,扩散系数随温度的升高而增大。温度在 2373 K 以下的扩散系数低于 2373 K 的扩散系数,这就是偏差出现的原因,最终导致 MPS 共晶反应分析程序获得的液体中铀和氧的浓度比实验研究得到的浓度大。

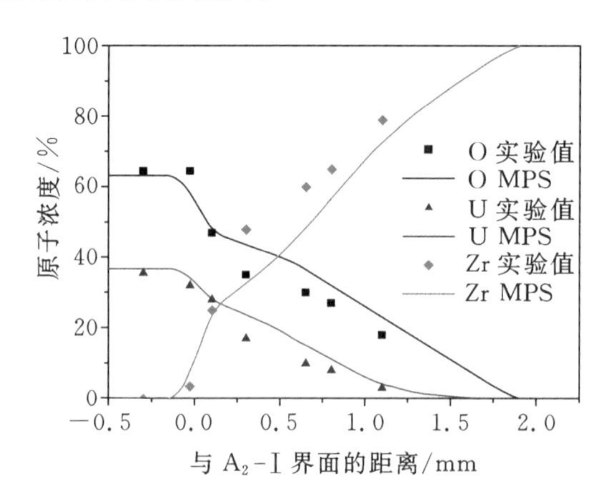

图 5-21　30 s 的氧(O)、铀(U)和锆(Zr)的浓度分布

从图 5-21 可以得到元素扩散深度的值。氧的扩散速度比铀快。不同于

U 和 O 快速扩散到熔融物中，Zr 在固体坩埚中(特别是在 A_1 和 A_2 区域)的扩散不明显。这和实验观察是一致的。另一种定量研究消熔行为的方法是测定 UO_2 薄片厚度的变化。图 5－22 为 MPS 共晶反应程序模拟的熔融锆合金熔解的剖面图。当达到相变条件时，UO_2 或 Zr 的粒子将会变成固液两相粒子。

图 5－23 显示了 2373 K 的 UO_2 消熔厚度与时间的关系。实线表示 MPS 共晶反应分析程序计算获得的值，而红色点是引用实验的值[30]。与实验结果相比，模拟得到的熔解度大于实验结果。但随着反应时间的延长，二者之间出现了偏差，原因是模拟计算是在等温条件下进行，而实验需要一定的时间来加热到所需的温度。

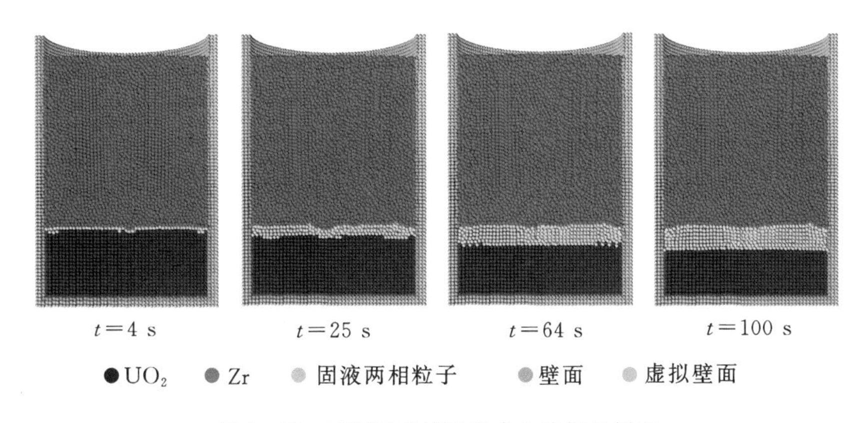

图 5－22 不同时刻熔融锆合金熔解的剖面

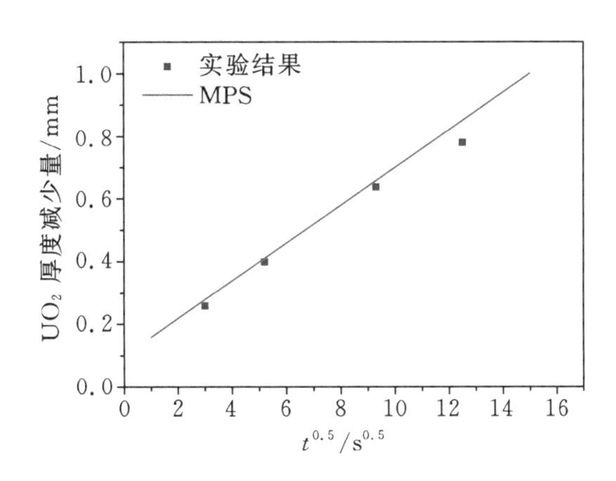

图 5－23 2373 K 的 UO_2 消熔厚度与时间的关系

5.4.2 对流效应对 UO_2-Zr 高温消熔反应的影响[30]

第二组实验[32]是研究自然对流对 UO_2-Zr 消熔反应的影响。实验系统仍然使用如图 5-18 的实验装置[31]，只是在内部使用不同的坩埚。这个坩埚完全使用 UO_2 制作，并且在上部添加了一个 UO_2 盖子。实验样本的尺寸如图 5-24(a)所示。在这个实验中，熔融 Zr 对 UO_2 的熔解同时发生在垂直和水平表面，导致熔融物内部密度在水平方向上出现非均匀性，进而导致熔融物中发生自然对流。第二组实验[32]是在温度为 2223～2473 K 之间开展的，主要研究反应时间在 15～600 s 之间的 UO_2-Zr 消熔反应。

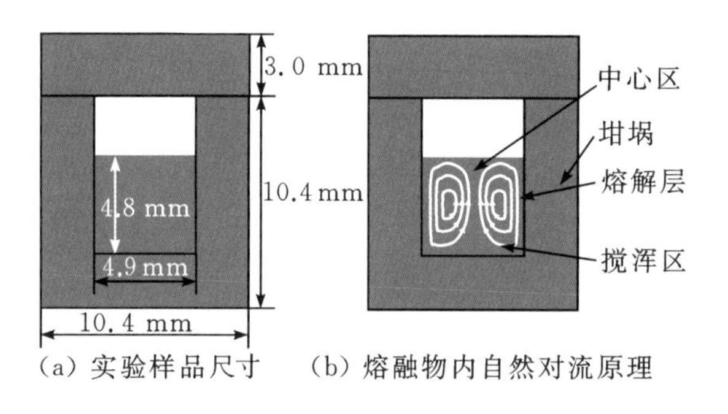

(a) 实验样品尺寸　(b) 熔融物内自然对流原理

图 5-24　实验样本尺寸及熔融物内自然对流原理

在这些实验中[32]，富铀液体与纯锆的密度差异很大。原始熔融物的密度和与固体 UO_2 相邻的液体的密度也有很大的差异。图 5-24(b)展示了液体中自然对流的流线。当消熔反应开始时，与垂直壁面相邻的高密度液体在重力作用下向下运动，当它到达坩埚底部时，与其他液体混合。当流体流动时，又可以为中心液体提供浮升力，从而形成一个完整的循环。坩埚的外径为 10.4 mm，内径为 4.9 mm。坩埚的厚度为 2.8 mm，而锆的深度为 4.8 mm。对于三维模拟，如果粒子大小减少一半，粒子总数将是原始粒子的 8 倍。如果粒子的总数太大，需要耗费漫长的时间才能对实验进行模拟。考虑到目前的计算机性能和模拟的准确性，本模拟中每个粒子的直径设置为 0.2 mm。模拟的粒子总数是 151004。每个锆粒子包含 4.8×10^{-8} kg 锆元素，由于熔融锆合金的密度是 6.0×10^{3} kg/m^3；每个 UO_2 粒子包含 1.1×10^{-8} kg 氧元素和 7.7×10^{-8} kg 铀元素。

如前所述，消熔的液态 UO_2 与固态 UO_2 表面附近的液体存在显著的密度差异。Kim 和 Olander[32]提到，新产生的液体密度介于纯锆和纯铀的密度之间，为此进行了三次模拟。本研究假设新产生的粒子密度分别为 8.0 g/cm^3、11.0 g/cm^3 和 15.0 g/cm^3。

当模拟温度为 2373 K 时，扩散系数与上一部分的模拟相同。模拟温度为 2473 K 时，铀的扩散系数在固体 UO_2 和液体 UO_2 都是 4.5×10^{-9} m^2/s。氧的扩散系数在固体 UO_2 和液体 UO_2 都是 1.4×10^{-8} m^2/s。锆在 U-Zr-O 熔融物中的

扩散系数是 $1.2\times10^{-9}\ m^2/s$，在固体 UO_2 中的扩散系数是 $1.2\times10^{-15}\ m^2/s$[32]。

图 5-25 展示了 UO_2 与熔融锆的反应中熔融物内出现的自然对流。图 5-25(a)、图 5-25(b)和图 5-25(c)的新生成粒子密度分别被假设为 $8.0\ g/cm^3$、$11.0\ g/cm^3$ 和 $15.0\ g/cm^3$。基于上述密度假设，当 UO_2 熔解并产生新粒子时，自然对流会发生。在反应中，新产生粒子的三种不同密度均引起了液体内部的自然对流，且随着新产生粒子密度的增大，自然循环的形成速度更快。

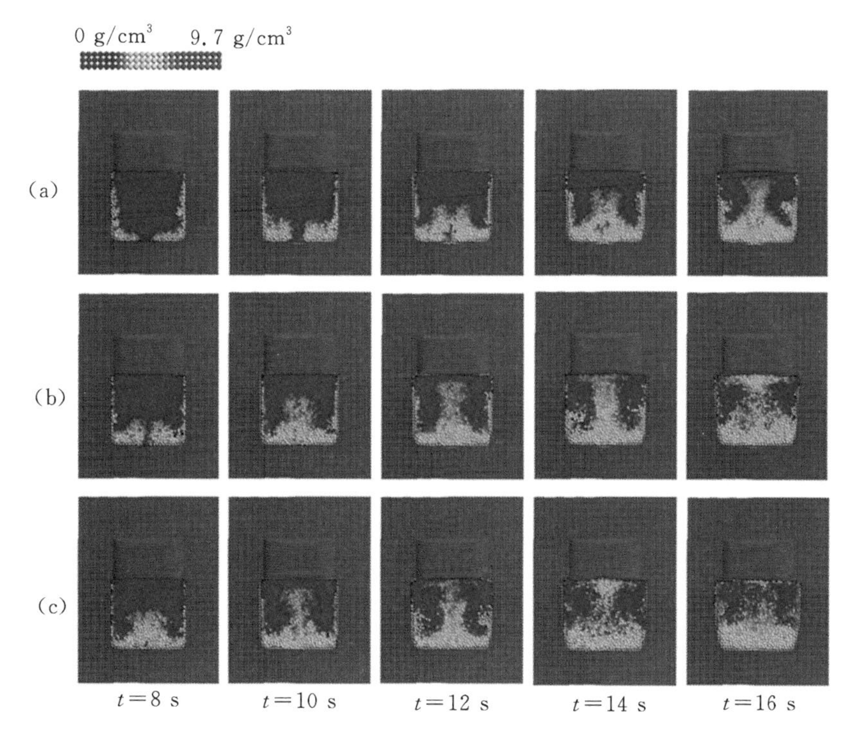

图 5-25　熔融物内的 U 扩散情况

图 5-26 显示了液体中的铀含量随反应时间的变化。从文献[32]中获得了用于对比的实验数据，实验数据是通过使用 X 射线荧光光谱法获得的。模拟的结果也主要获取并处理铀在熔融物中的浓度随时间的变化。曲线在点 A 附近出现了一个拐点(图 5-26)，这是因为 UO_2 发生消熔反应，新的粒子在坩埚壁面上产生，通过前面提到的理论来解释就是因为熔融物中产生了自然对流，而液体的自然对流加速了 UO_2 的熔解。事实上，如果粒子大小足够小，液体中的自然对流就会被更早观察到。当铀在液体中的浓度达到 48.0%时，熔融物中的铀达到饱和状态。相比于实验结果，模拟结果中熔融物中的铀会更快到达饱和点。这是因为粒子直径的选取会对模拟结果产生影响。由之前的分析得，粒子

尺寸越大，粒子类型的变化越快，而新产生的粒子比锆粒子重，因此当新产生的粒子在液体中受重力下沉，自然对流会随之出现。液体中的自然对流会加速 UO_2 的消熔速率。此外，在铀浓度达到饱和点之后，UO_2 的消熔速率呈现出与时间的平方根成正比。这意味着，在熔融物中铀浓度达到饱和点的前后，熔融 Zr 对二氧化铀的消熔都遵循抛物线规律。在熔融物中铀元素未达到饱和前，二氧化铀以一个较高的速率被消熔，而当熔融物中铀元素达到饱和之后，二氧化铀以一个相对较低的速率被消熔。比较模拟结果表明，新产生的粒子密度对结果有轻微的影响。

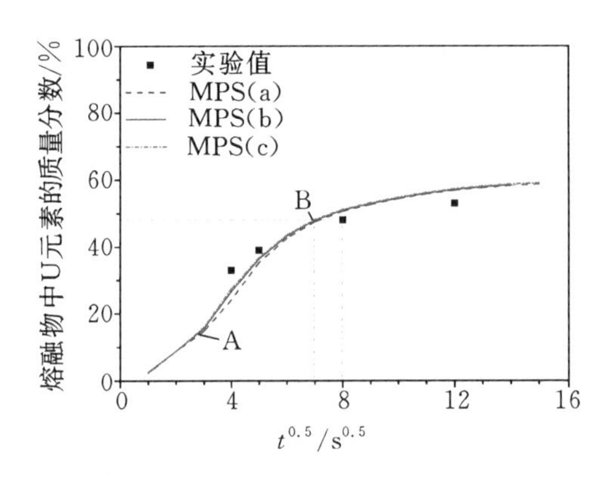

图 5-26　随时间推移液体中的铀含量

图 5-27 为 2473 K 实验工况中 60 s 时各元素的浓度分布。在熔融物中如果发生了自然对流，则不能观测到各元素的明显的浓度梯度变化。在每一个时间步长中，熔融物内每个粒子含有的相同的化学元素（U、Zr 或 O）的量几乎对应相等，只有少量与坩埚相邻的粒子不能及时地与中间的粒子混合在一起，因

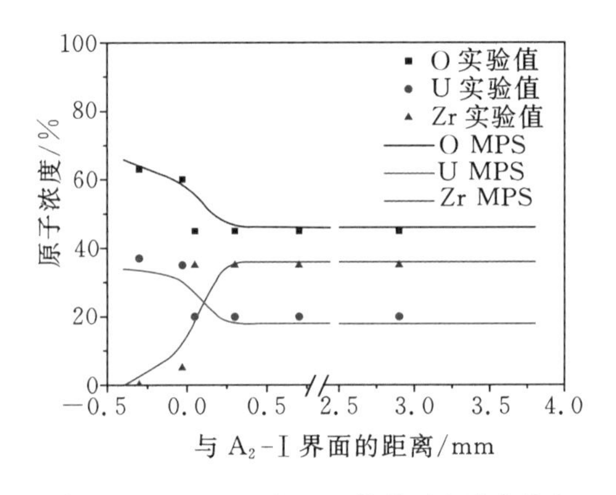

图 5-27　2473 K 中 60 s 化学元素浓度分布

此存在浓度梯度的变化。在 MPS 方法的模拟结果中，能在固液界面处看到明显的元素浓度梯度变化。这种现象是由模拟中使用的粒子尺寸决定的。因为在模拟中使用的粒子尺寸不够小，在消熔过程中会对对流产生延迟作用，所以近壁面处的粒子不能及时与熔融物中心的粒子进行搅浑。不过总体来说，MPS 共晶反应分析程序获得的模拟值与实验值基本一致。

根据 MPS 共晶反应分析程序的模拟，可以得出以下结论：①在对原子扩散过程主导的实验的模拟中，化学元素（U、O、Zr）的渗透深度受时间限制，而 UO_2 的消熔遵循抛物线规律。②在对自然对流影响的实验的模拟中，可以很明显地观察到熔融物中的对流现象。熔融锆对 UO_2 的消熔速率在熔融物内铀浓度到达液体饱和点之前符合抛物线定律。在此之后，熔融锆对二氧化铀的消熔速率仍然满足抛物线规律，不过是以一个相对较低的速率进行。③在反应开始后，即使在液体中发生自然对流，粒子间的原子扩散仍在不断进行。而自然对流的存在大大增加了铀的扩散深度，同时也降低了与固体相邻的液态铀的浓度，这会造成铀浓度梯度的增加从而加速铀的扩散。

5.4.3　ZrO_2-Zr 高温消熔反应

本研究主要对 Hofmann 等人[33]的实验进行了模拟。模拟中选取了熔融 Zr 底部不放置 Y_2O_3 薄片的情况，实验的温度范围为 2273～2673 K。

根据 Hofmann 等人[33]所做的实验得出的结论表明，只要熔融 Zr 的体积足够小，而且熔融 Zr 的深度和表面积满足一定比例，就可以避免熔融 Zr 内产生自然对流。实验样本中，熔融 Zr 的深度为 4.5 mm。ZrO_2 的密度为 5.85 g/cm^3，熔融 Zr 的密度为 6.00 g/cm^3；坩埚材料为 ZrO_2，外径为 26.5 mm，内径为16.5 mm。正如 Hofmann[33]所述，熔融 Zr 的体积小到满足避免发生自然对流的条件。

图 5－28 为 ZrO_2-Zr 反应模型中粒子的初始排列。在这个模型中，每个粒子的直径为 0.5 mm。模拟模型的粒子总数为 98421。绿色的粒子构成了 ZrO_2 坩埚。每个绿色粒子包含 5.33×10^{-7} kg 锆和 1.87×10^{-7} kg 氧。蓝色的粒子表示熔融的锆。每个蓝色粒子包含 7.71×10^{-7} kg 锆。正如在上一节 UO_2-Zr 高温消熔实验的模拟分析中所述，在模拟中很难获得相关元素扩散系数，本模拟选取了从 LISI 程序中获得的相关氧扩散系数，氧元素在 ZrO_2 和液态 Zr 中的扩散系数可由下式分别计算得到。

$$D_{O\rightarrow ZrO_2}=0.127\exp(-144435/RT) \tag{5-25}$$

$$D_{O\rightarrow 液态Zr}=2.3\times10^{-3}\exp(-76.6\times10^3/RT) \tag{5-26}$$

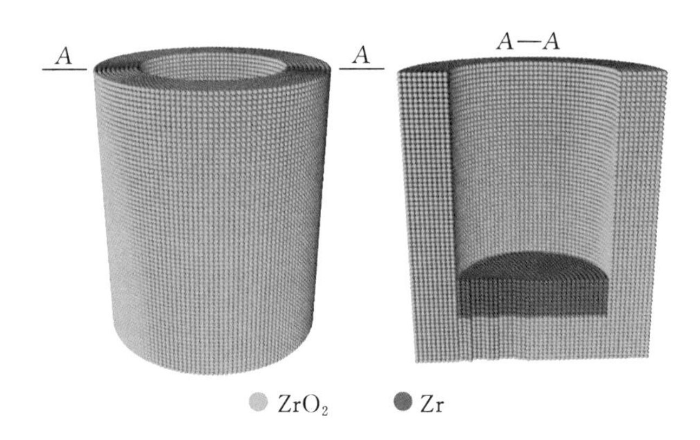

图 5-28　ZrO_2-Zr 反应模型初始排列的粒子

根据 ZrO_2 坩埚与熔融锆的反应条件，氧元素在熔融氧化锆的当量扩散系数由以下方程推导得出，氧元素在熔融 Zr 中的平衡态扩散系数可由下式计算。

$$D_{O\to液态Zr}(r,t,T)=D_{O\to ZrO_2}(T)\left[1+\frac{1}{2}(S(T)-1)\times \mathrm{erfc}\left(\frac{\xi(t)-\delta(t)-r}{\sigma}\right)\right] \tag{5-27}$$

式中，r 表示所处的径向位置；$\xi(t)$ 表示随着时间变化的固液界面位置；$\delta(t)$ 是互补误差函数下降到其最大值的 0.5 倍时所处的位置；σ 是依赖于 D_{II} 的、描述位置依赖性平滑度的色散参数。在固液交界面处，有

$$D_{O\to液态Zr}\approx S(T)D_{O\to ZrO_2} \tag{5-28}$$

式中，$S(T)$是界面影响因子。在 MPS 模拟中，所使用的氧元素在熔融物内的扩散系数由式(5-28)计算得到。所有的模拟都假定在恒温条件下进行，而且在五个不同温度的模拟中，所使用的扩散系数都是不同的，模拟中使用的扩散系数如表 5-2 所示。

表 5-2　氧元素扩散系数及影响因子

温度 /K	$D_{O\to液态Zr}$ $/10^9(m^2\cdot s^{-1})$	$D_{O\to ZrO_2}(T)$ $/10^9(m^2\cdot s^{-1})$	$S(T)$
2273	6.09	3.99	1.0
2373	8.40	4.74	1.0
2473	11.3	5.54	1.0
2573	14.8	6.40	1.55
2673	19.1	7.32	3.91

本研究从Zr-O的二元相图(图5－14)中,研究了ZrO_2-Zr系统消熔行为的消熔准则,绘制出简化的等效Zr-O相变图,所应用的消熔准则如图5－29所示。由该消熔准则可得,对于Zr在固体ZrO_2坩埚中的相变,在2673 K的温度下,Zr的原子浓度大于75.6%时由固体转变为固液两相的状态,或在熔融物中Zr的原子浓度低于79.8%时,熔融物由液态转变为固液两相状态。

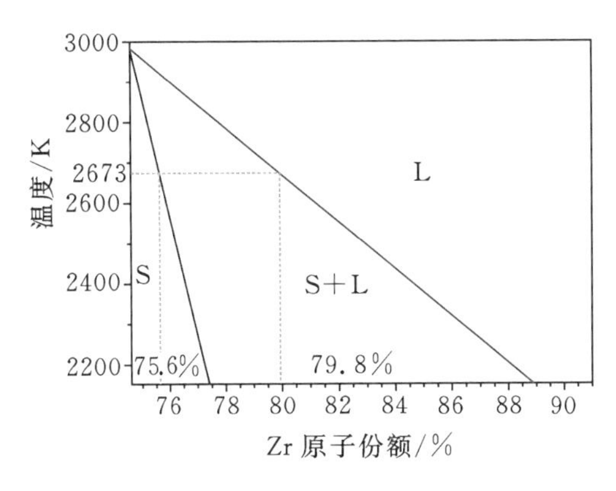

图5－29 Zr-O二元系统相变准则

LISI程序的计算结果表明,只有在初始时间间隔(约14 s)之后ZrO_2的消熔规律才满足抛物线规律。而在这一段时间内,已经有相当数量的ZrO_2(质量分数约为23.3%)发生了消熔[20]。为了将LISI程序与MPS共晶反应分析程序的计算结果进行比较,将ZrO_2含量在熔融锆质量分数达到23.3%的时刻作为MPS共晶反应分析程序计算的初始时刻。

MPS共晶反应分析程序对ZrO_2消熔过程进行模拟得到的结果如图5－30,由图可以看出氧浓度的分布随时间和温度的变化而变化。温度越高,氧元素扩散得越快,因此固体ZrO_2也消熔得越快。MPS共晶反应分析程序与LISI程序的计算结果的比较如图5－31所示。

图5－31显示了在5个不同的温度下,熔融物中ZrO_2含量随时间的变化。在温度低于2473 K的情况下,MPS共晶反应分析程序模拟结果与LISI程序计算的结果非常一致。而随着温度升高,偏差会逐渐增大。此外,当温度低于2473 K时,熔融Zr对ZrO_2的熔解行为均服从抛物线规律。但是,当温度逐渐升高的时候,消熔反应并没有严格遵循抛物线规律,这是因为熔融氧化锆中存在氧饱和点,当熔融锆的氧浓度接近饱和点时,熔解速率会变小。

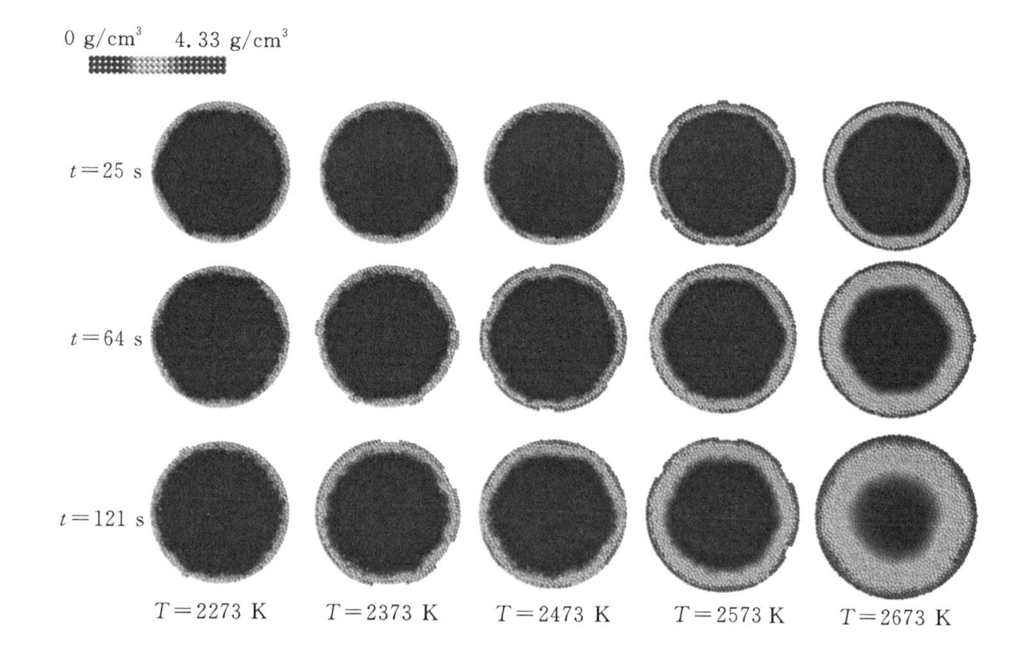

图 5-30 ZrO_2熔解过程的模拟结果

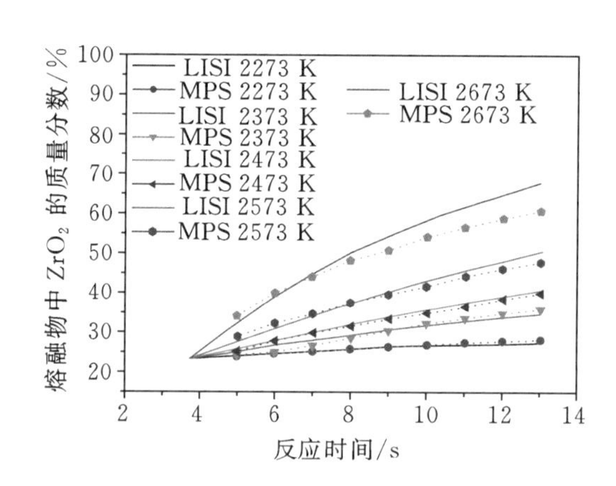

图 5-31 MPS 共晶反应分析程序与 LISI 程序之间的比较结果

接下来对消熔反应的界面位移进行分析：图 5-32 为 MPS 共晶反应分析程序预测的 ZrO_2消熔行为的系列剖面图。ZrO_2或 Zr 的粒子达到消熔准则后会变成一种新的粒子，这种粒子在此规定为两相粒子。图 5-32 从上到下，显示了在 25 s、64 s 和 121 s 的时间上的模拟结果；从左到右显示了模拟温度从 2273 K 到 2673 K 的模拟结果。MPS 方法在模拟化学反应引起的相变过程中具有独特的优势，如图 5-32 所示。可以发现，由于温度的升高，消熔速率会变得越来越快。

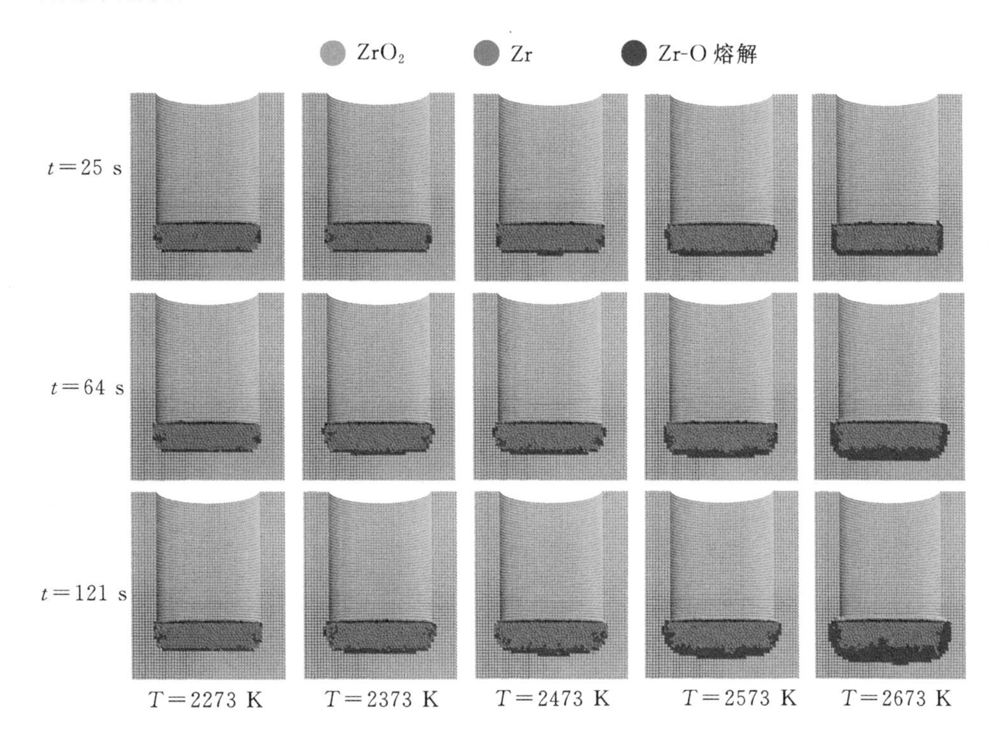

图 5-32　MPS 模拟的 ZrO_2 熔解实验结果剖面图

为了更好地对结果进行比较，在图 5-33(a)中对数据进行了细微的处理，以反应时间作为 x 轴，描述了 14 s 后等效界面位移的净增量。为了得到 MPS 共晶反应分析程序计算的消熔速率数值，采用了最小二乘法的原理对数据进行了曲线拟合，图中实线①～⑤分别对应温度为 2273～2673 K 的 MPS 程序模拟结果拟合曲线。如图所示，当温度在 2273 K、2373 K、2473 K 时，由 MPS 共晶反应分析程序计算的结果和 LISI 程序计算的结果较为接近。而当温度进一步升高，即温度在 2573 K 和 2673 K 的时候，由 MPS 共晶反应分析程序计算的结果相比 LISI 程序计算的结果而言偏小。我们将其归因于两个程序不同的相变规则。图 5-33(b)显示的是界面位移速率与反应温度的关系。MPS 共晶反应分析程序的预测结果与 LISI 程序计算结果较为符合，特别是当温度低于 2473 K 时。综上所述，MPS 共晶反应分析程序对 Hofmann 等[33]的实验的模拟具有良好的可信性。

在本研究中，MPS 共晶反应分析程序分析了 ZrO_2 在 2273 K 至 2673 K 温度范围内的消熔动力学，可以得出以下结论：熔融物中氧含量随温度和反应时间的增大而增大。当温度低于 2473 K 时，熔融锆对 ZrO_2 的消熔速率遵循抛物线规律。而当温度高于 2473 K 时，ZrO_2 的消熔速率会随反应时间而减小，因为在熔融物中消熔的氧化锆更快地接近了饱和浓度；对 ZrO_2-Zr 反应系统的界面位移的分析结果表明，除 2573 K 和 2673 K 的温度外，MPS 程序预测的固体 ZrO_2 的消熔速率与 LISI 程序预测的结果一致，都可以得出 ZrO_2 的消熔速率遵循抛物线规律的结论。

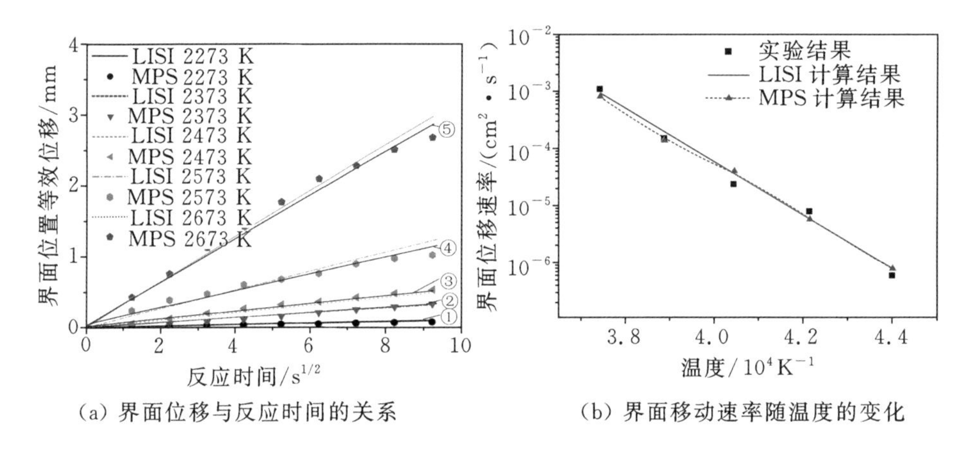

(a) 界面位移与反应时间的关系　　(b) 界面移动速率随温度的变化

图 5-33　消熔反应界面移动

除了使用基于 MPS 方法建立的共晶反应分析程序对 ZrO_2-Zr 消熔反应进行的模拟研究，作者也使用 MPS-CV 方法建立的共晶反应分析程序对其进行了模拟研究。本部分的研究是为了进一步探索影响消熔动力学的因素。图 5-34 显示了研究使用的几何布置[20]，分为两种类型。图 5-34(b)相比于 5-34(a)而言，在熔融物的底部增加了一个由 Y_2O_3 制作的圆盘，这是为了将熔融锆与底部的 ZrO_2 进行隔离。两种不同的布置，会出现不同的 S/V 值（S 是指熔融物与固体的接触面积，V 是指熔融物的体积），图 5-34(a)、(b)的 S/V 值分别为 370 m^{-1} 和 230 m^{-1}。ZrO_2 坩埚的密度为 5.3 g/cm^3，熔融锆的密度为 5.9 g/cm^3。

如图 5-35 所示，MPS-CV 方法计算的结果可以清楚地看到坩埚外部形成的条纹，这与实验结果几乎一致。在实验中，氧扩散导致熔融锆周围二氧化锆的氧含量降低，导致白色金属条纹的析出。从图 5-14 所示的 Zr-O 二元相图可以看出，当温度继续升高时，白色条纹坩埚将比其他部分先熔化。

图 5-36 展示了坩埚内底部存在 Y_2O_3 圆盘时，2373 K 温度的熔融锆熔解 ZrO_2 的模拟结果。图中红色线对应实验中熔融物的轮廓。总地来说，MPS-CV 方法的模拟结果在形态上与实验结果较为接近。图 5-37 为底部无 Y_2O_3 圆盘

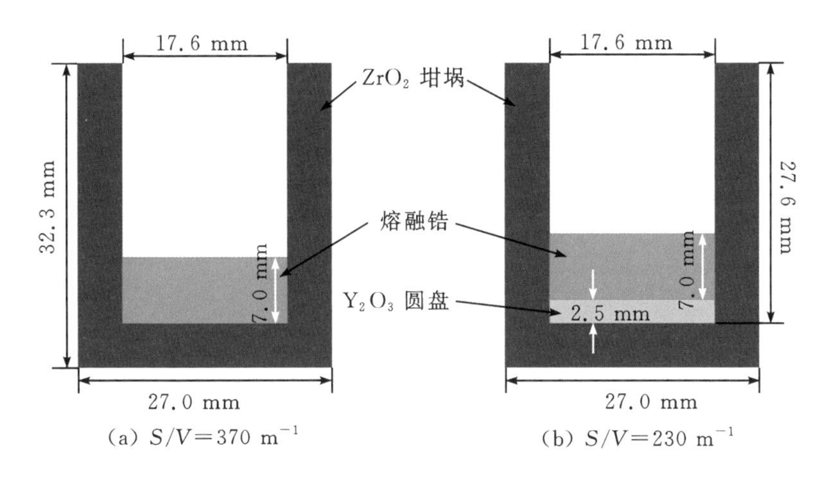

(a) $S/V=370\ m^{-1}$　　(b) $S/V=230\ m^{-1}$

图 5-34　ZrO_2-Zr 消熔反应初始几何布置

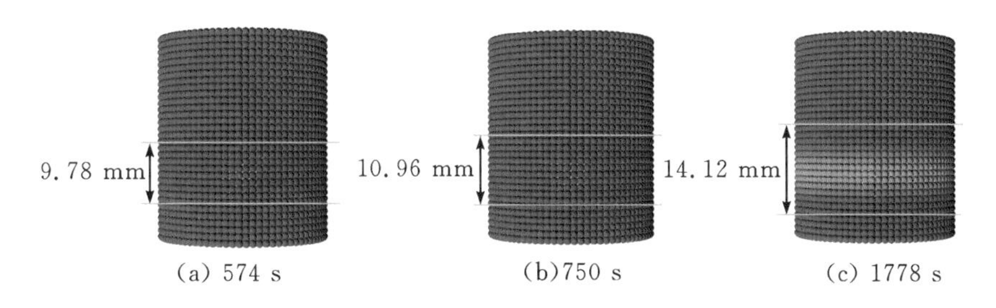

(a) 574 s　(b)750 s　(c) 1778 s

图 5-35　2373 K 温度下消熔反应模拟结果

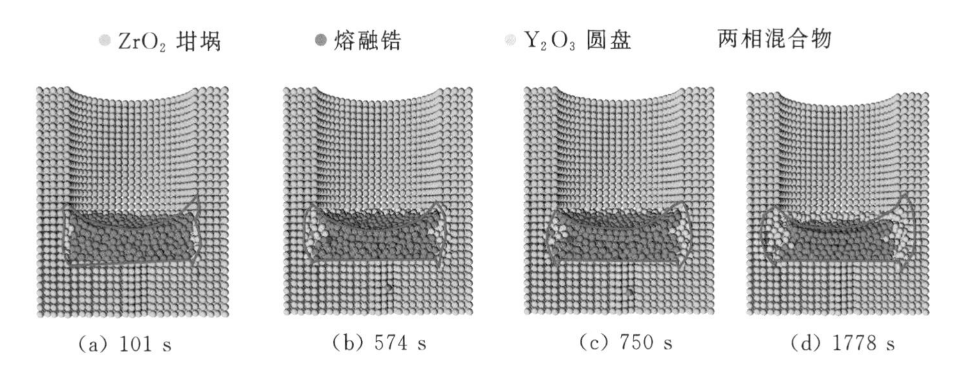

(a) 101 s　(b) 574 s　(c) 750 s　(d) 1778 s

图 5-36　2373 K 温度下液体锆熔解 ZrO_2 的模拟结果

的坩埚消熔反应模拟结果。可以清楚地看到，熔融物与坩埚内壁和底部之间都有消熔反应。此外，还可以从氧浓度的变化进行研究，在没有 Y_2O_3 的坩埚消熔反应计算中，坩埚外壁面白色金属条纹宽度较小是因为氧元素不仅从坩埚壁面扩散进入熔融物，同时也从坩埚底部扩散进入熔融物。图 5－38(a)比较了不同条件下熔融物中氧含量随时间的变化。温度越高，氧元素扩散速度越快，但随着氧浓度的增加，氧元素扩散速度会逐渐减慢。熔体中氧的含量也与 S/V 值有关：在相同温度下，S/V 值越高，熔体中氧含量增加得越快。图 5－38(b)比较了不同条件下坩埚消熔体积与熔融锆初始体积的比值随时间的变化。温度越高，坩埚的消熔体积越大，但最终趋于恒定，这是因为本算例中熔融锆的体积不足以熔穿坩埚。

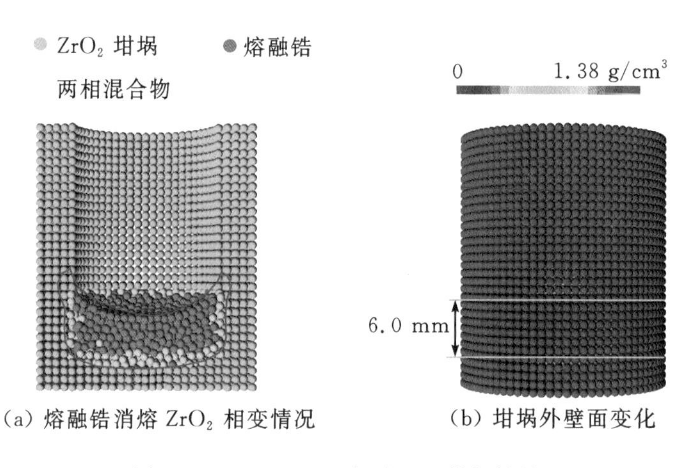

(a) 熔融锆消熔 ZrO_2 相变情况　　(b) 坩埚外壁面变化

图 5－37　2573 K 温度下 67 s 模拟结果

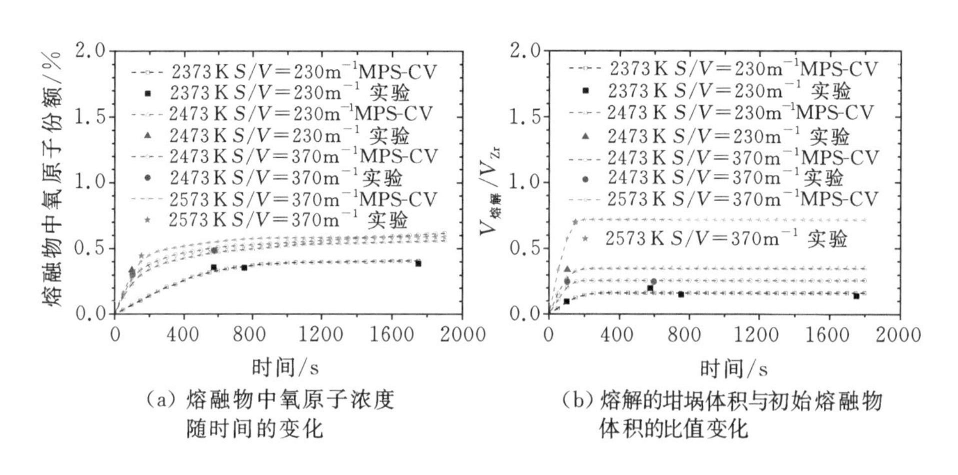

(a) 熔融物中氧原子浓度随时间的变化　　(b) 熔解的坩埚体积与初始熔融物体积的比值变化

图 5－38　MPS-CV 模拟结果与实验值的比较

参考文献

[1] HEUVEL H J, HÖLLER P, DONNER P. Absorber material cladding chemical interaction in vented fast breeder reactor absorber pins. B_4C/stainless steel chemical interaction in sodium environment and effect of metallic Nb and Cr_4 layers[J]. Journal of Nuclear Materials, 1985, 130: 517 - 523.

[2] HOFMANN P, MARKIEWICZ M E, SPINO J L. Reaction behavior of B_4C absorber material with stainless steel and zircaloy in severe light water reactor accidents[J]. Nuclear technology, 1990, 90(2): 226 - 244.

[3] VESHCHUNOV M S, HOFMANN P. Modelling of the interactions between B_4C and stainless steel at high temperatures[J]. Journal of nuclear materials, 1995, 226(1 - 2): 72 - 91.

[4] SASAKI R, UEDA S, KIM S J, et al. Reaction behavior between B_4C, 304 grade of stainless steel and Zircaloy at 1473 K[J]. Journal of Nuclear Materials, 2016, 477: 205 - 214.

[5] BEUZET E, LAMY J S, BRETAULT A, et al. Modelling of Zry-4 cladding oxidation by air, under severe accident conditions using the MAAP4 code[J]. Nuclear engineering and design, 2011, 241(4): 1217 - 1224.

[6] WANG J, CORRADINI M L, HASKIN T, et al. Comparison of hydrogen generation rate between CORA-13 test and MELCOR simulation: clad solid-phase oxidation models using self-developed code MYCOAC[J]. Nuclear Technology, 2015, 192(1): 25 - 34.

[7] MUSTARI A P A, OKA Y. Molten uranium eutectic interaction on iron - alloy by MPS method[J]. Nuclear Engineering and Design, 2014, 278: 387 - 394.

[8] MUSTARI A P A, OKA Y, FURUYA M, et al. 3D simulation of eutectic interaction of Pb-Sn system using Moving Particle Semi-implicit (MPS) method[J]. Annals of Nuclear Energy, 2015, 81: 26 - 33.

[9] HOFMANN P. A review of current knowledge on core degradation phenomena [J]. Journal of Nuclear Materials, 1999, 270: 194 - 211.

[10] DUAN G, KOSHIZUKA S, YAMAJI A, et al. An accurate and stable multiphase moving particle semi-implicit method based on a corrective matrix for all particle interaction models[J]. International Journal for Numerical Methods in Engineering, 2018, 115 (10): 1287 - 1314.

[11] DUAN G, YAMAJI A, KOSHIZUKA S. A novel multiphase MPS algorithm for modeling crust formation by highly viscous fluid for simulating corium spreading[J]. Nuclear engineering and design, 2019, 343: 218 - 231.

[12] 苏光辉,田文喜,张亚培,等. 轻水堆核电厂严重事故现象学[M]. 北京：国防工业出版

社,2016.

[13] BAKER L, JUST L C. Studies of Metal-Water Reactions at High Temperatures Ⅲ. Experimental and Theoretical Studies of the Zirconium-Water Reaction[R]// Argonne National Laboratory, Argonne, IL, USA, 1962.

[14] BALLINGER R G, DOBSON W G, BIEDERMAN R R. Oxidation reaction kinetics of Zircaloy-4 in an unlimited steam environment[J]. Journal of Nuclear Materials,1976, 62(2-3): 213-220.

[15] PAWEL R E, CATHCART J V, MCKEE R A. The kinetics of oxidation of zircaloy-4 in steam at high temperatures[J]. Journal of the Electrochemical Society, 1979, 126(7): 1105-1111.

[16] URBANIC V F, HEIDRICK T R. High-temperature oxidation of zircaloy-2 and zircaloy-4 in steam[J]. Journal of Nuclear Materials, 1978, 75(2): 251-261.

[17] LEISTIKOW S, SCHANZ G. Oxidation kinetics and related phenomena of Zircaloy-4 fuel cladding exposed to high temperature steam and hydrogen-steam mixtures under PWR accident conditions[J]. Nuclear Engineering and Design, 1987, 103(1): 65-84.

[18] HE X, YU H, JIANG G, et al. Cladding oxidation model development based on diffusion equations and a simulation of the monoclinic-tetragonal phase transformation of zirconia during transient oxidation[J]. Journal of Nuclear Materials, 2014, 451(1-3): 55-64.

[19] WANG D, ZHANG Y, CHEN R, et al. Numerical simulation of zircaloy-water reaction based on the moving particle semi-implicit method and combined analysis with the MIDAC code for the nuclear-reactor core melting process[J]. Progress in Nuclear Energy, 2020, 118: 1-13.

[20] HOFMANN P, STUCKERT J, MIASSOEDOV A, et al. ZrO_2 dissolution by molten Zircaloy and cladding oxide shell failure. New experimental results and modelling[R]// Forschungszentrum Karlsruhe, 1999.

[21] LEISTIKOW S, SCHANZ S. The oxidation behavior of Zircaloy-4 in steam between 600 and 1600 ℃[J]. Materials and Corrosion,1985, 36(3): 105-116.

[22] DIENST W, HOFMANN P, KERWIN-PECK D. Chemical interaction between UO_2 and Zircaloy-4 from 1000 ℃ to 2000 ℃[J]. Nuclear Technology, 1984, 65: 109-124.

[23] KIM K T. UO_2 dissolution by molten zircaloy [D]. Berkeley: University of California, 1988.

[24] HAYWARD P J, GEORGE I M. Dissolution of UO_2 in molten Zircaloy-4 Part 3: Solibolity from 2000℃ to 2500℃[J]. Journal of Nuclear Materials, 1996, 232(1): 1-12.

[25] HAYWARD P J, GEORGE I M. Dissolution of ZrO_2 in molten Zircaloy-4[J]. Journal of Nuclear Materials, 1999, 265(1): 69-77.

[26] WILHELM A N, GARCIA E A. Simulation of the dissolution kinetics of ZrO_2 by molten Zircaloy-4 between 2000 ℃ and 2400 ℃[J]. Journal of Nuclear Materials, 1990, 171: 245 - 252.

[27] VESHCHUNOV M S, HOFMANN P, BERDYSHEV A V. Critical evaluation of uranium oxide dissolution by molten Zircaloy in different crucible tests[J]. Journal of nuclear materials, 1996, 231(1 - 2): 1 - 19.

[28] OLANDER D R. Materials-Chemistry and Transport Modeling for Severe Accident Analysis in Light-Water Reactors [R]. San Francisco: Lawrence Berkeley Laboratory, 1992.

[29] VESHCHUNOV M S, BERDYSHEV A V. Modeling of chemical interaction of fuel rod materials at high temperatures. Part 1: Simulation dissolution of UO_2 and ZrO_2 by molten zircaloy in an oxidizing atmosphere[J]. Journal of Nuclear Materials, 1997, 252 (1 - 2): 98 - 109.

[30] LI Y, CHEN R, GUO K, et al. Numerical analysis of the dissolution of uranium dioxide by molten zircaloy using MPS method[J]. Progress in Nuclear Energy, 2017, 100: 1 - 10.

[31] KIM K T, OLANDER D R. Dissolution of uranium dioxide by molten zircaloy: Ⅰ. Diffusion-controlled reaction[J]. Journal of Nuclear Materials, 1988, 154(1): 85 - 101.

[32] KIM K T, OLANDER D R. Dissolution of uranium dioxide by molten zircaloy: Ⅱ. Convection-controlled reaction[J]. Journal of Nuclear materials, 1988, 154(1), 102 - 115.

[33] HOFMANN P, ADELHELM C, GARCIA E, et al. Mechanical and chemical behaviour of Zircaloy-4 cladding and UO_2 fuel during severe core damage transients[R]. Kernfors-chungszentrum Karsruhe, 1987.

>>> 第 6 章　流固耦合分析程序

移动粒子半隐式(MPS)法在计算流固耦合工况时具有显著优势。传统 MPS 方法在计算流固耦合问题时,对于含有大量离散的固体颗粒的问题无法准确计算固体颗粒之间的相互作用。为解决这一问题,作者团队将 MPS 方法和离散单元法(Discrete Element Method, DEM)耦合,开发了流固耦合分析方法。

在工程实际中,存在大量离散固体的平衡与运动问题。对于这类问题,通常使用连续介质模型,并基于有限元或边界元的方法加以研究。但对于理想的离散固体,往往不满足连续介质的假设,应用整体连续介质模型势必会产生较大的误差,因此必须采用非连续介质模型。离散单元法是目前能够较好处理非连续介质问题的数值方法之一。它的基本原理是将离散固体分散成离散单元的集合,利用牛顿第二定律建立每个单元的运动方程,采用松弛迭代法求解运动方程,从而求得离散固体的整体运动状态。该方法最初由 Cundall 于 1971 年提出[1],经过多年的发展,其原理和计算方法日趋成熟,应用也越发广泛,目前已广泛应用于采矿工程、岩土工程及水利水电工程等[2]。

本章将介绍 DEM 及其与 MPS 方法的耦合,并采用钢球倒塌算例、二维漏斗算例、钢球溃坝倒塌算例和三维水下滑坡算例对该耦合方法进行验证,最后将耦合方法应用于颗粒靶流动的模拟。

6.1　数值计算模型

6.1.1　离散单元模型

MPS 方法是将连续介质转变为离散颗粒来处理的一种无网格方法,因此基于 MPS 方法进行 DEM 模型的开发有很大的便利条件。但 MPS 方法中的离散颗粒往往是独立运动,且颗粒大小一致,而离散固体碰撞中经常会遇到大小不一致的固体发生碰撞的情况。因此在 MPS 方法中耦合 DEM 模型首先要解决将离散粒子聚集成刚性物体统一运动的问题。

下式为刚体运动速度的初始化方程

$$\begin{cases} \boldsymbol{u}_{ii} = \dfrac{1}{N}\sum_{i=1}^{N}\boldsymbol{u}_i \\ \boldsymbol{\omega}_{ii} = \dfrac{1}{\boldsymbol{I}_{ii}}\sum_{i=1}^{N}m_i(\boldsymbol{r}_i - \boldsymbol{r}_{ii})\times\boldsymbol{u}_i \\ \boldsymbol{I}_{ii} = \sum_{i=1}^{N}m_i(\boldsymbol{r}_i - \boldsymbol{r}_{ii})^2 \\ \boldsymbol{r}_{ii} = \dfrac{1}{N}\sum_{i=1}^{N}\boldsymbol{r}_i \end{cases} \tag{6-1}$$

式中，下标 i 代表组成刚体的粒子；下标 ii 代表刚体；N 为组成刚体的粒子数量；$\boldsymbol{r}_{ii}$ 为刚体的重心；$\boldsymbol{I}_{ii}$ 为刚体的转动惯量。其中粒子的速度均由 MPS 方法给出初始值，再根据上式计算出刚体的速度和角速度。下一步，将整个刚体的运动离散分配到组成刚体的各个粒子上，就修正得到了各个粒子围绕刚体重心运动的速度、角速度及位置。

研究对象不同，DEM 的刚体单元模型也不同。常见的模型有块体单元、圆盘单元、球体单元等。对于不同的单元模型，DEM 的原理和计算过程都是一样的。本小节以球体单元为例进行了 DEM 模型的开发。

在任意时刻 t，考虑每一单元受力作用后产生的运动，由牛顿第二定律可得：

$$\boldsymbol{a}_{ii}^{n} = \frac{\partial \boldsymbol{u}_{ii}^{n}}{\partial t} = \frac{\boldsymbol{F}_{\mathrm{col}}^{n}}{m_{ii}} \tag{6-2}$$

$$\boldsymbol{\alpha}_{ii}^{n} = \frac{\partial \boldsymbol{\omega}_{ii}^{n}}{\partial t} = \frac{\boldsymbol{T}_{\mathrm{col}}^{n}}{I_{ii}} \tag{6-3}$$

式中，$\boldsymbol{a}_{ii}^{n}$ 和 $\boldsymbol{\alpha}_{ii}^{n}$ 分别代表刚体的加速度和角加速度；$\boldsymbol{u}_{ii}^{n}$ 和 $\boldsymbol{\omega}_{ii}^{n}$ 分别代表刚体的速度和角速度；$\boldsymbol{F}_{\mathrm{col}}^{n}$ 和 $\boldsymbol{T}_{\mathrm{col}}^{n}$ 分别为刚体的合力及合力矩。则下一时刻刚体的速度和位移为

$$\boldsymbol{u}_{ii}^{n+1} = \boldsymbol{u}_{ii}^{n} + \boldsymbol{a}_{ii}^{n} \cdot \Delta t_{\mathrm{DEM}} \tag{6-4}$$

$$\boldsymbol{\omega}_{ii}^{n+1} = \boldsymbol{\omega}_{ii}^{n} + \boldsymbol{\alpha}_{ii}^{n} \cdot \Delta t_{\mathrm{DEM}} \tag{6-5}$$

$$\boldsymbol{r}_{ii}^{n+1} = \boldsymbol{r}_{ii}^{n} + \boldsymbol{u}_{ii}^{n} \cdot \Delta t_{\mathrm{DEM}} \tag{6-6}$$

$$\boldsymbol{\theta}_{ii}^{n+1} = \boldsymbol{\theta}_{ii}^{n} + \boldsymbol{\omega}_{ii}^{n} \cdot \Delta t_{\mathrm{DEM}} \tag{6-7}$$

这样，下一时刻的刚体 m_{ii} 移动到了一个新的位置，并产生新的接触力和接触力矩，再次计算其所受的合力 $\boldsymbol{F}_{\mathrm{col}}^{n+1}$ 和合力矩 $\boldsymbol{T}_{\mathrm{col}}^{n+1}$，重复此计算流程，一直循环迭代，即可得到每个刚体及整个离散固体系统的运动。

1. 碰撞模型

DEM 球体单元的接触模型如图 6-1 所示，接触单元间的相互作用通过弹簧阻尼器和滑动摩擦器的变形所产生的力体现。图中，K_N、C_N代表切向弹簧阻尼器，K_E、C_E代表法向弹簧阻尼器，μ 代表滑动摩擦器。其法线方向的相互作用简化为两个法向弹簧阻尼器，切线方向的相互作用简化为两个切向弹簧阻尼器和两个滑动摩擦器。绕法线方向还有一个回转弹簧阻尼器和一个回转摩擦器。当切向力大于静摩擦力时，两粒子之间发生相对滑动，这时滑动摩擦器起作用，否则，弹簧阻尼器起作用。对于回转方向来说亦然。研究对象为刚性固体，在此均不考虑单元的塑性变形。

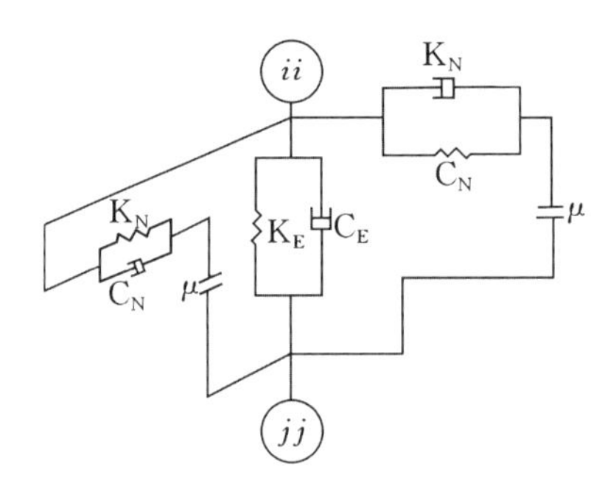

图 6-1　接触单元模型

所有单元的坐标均置于坐标系的第一象限，在 t 时刻，空间两球体单元 ii、jj 的位置如图 6-2 所示。设两球体单元的半径分别为 r_{ii}、r_{jj}。当两球心之间的距离满足 $D_{ij} < r_{ii} + r_{jj}$ 时，即认为两个球体发生接触。为计算方便，取球体单元 ii 的球心作为局部坐标系原点，由球体单元 ii 到球体单元 jj 的球心连线为局部坐标系 X 轴；在与 X 轴垂直的平面内，过球心 ii 取一条平行于 xOy 平面的直线为局部坐标系 Y 轴；Z 轴由右手螺旋法则确定，建立如图 6-2 所示的局部坐标系。局部坐标系和整体坐标系中各物理量间有如下对应关系：

$$\begin{bmatrix} X \\ Y \\ Z \end{bmatrix} = \boldsymbol{M}_{ii} \begin{bmatrix} x \\ y \\ z \end{bmatrix} \text{ 或 } \begin{bmatrix} x \\ y \\ z \end{bmatrix} = \boldsymbol{M}_{ii}^{-1} \begin{bmatrix} X \\ Y \\ Z \end{bmatrix} \tag{6-8}$$

式中，

$$\boldsymbol{M}_{ii} = \begin{bmatrix} l_x & m_y & n_z \\ -m_y/\sqrt{l_x^2+m_y^2} & l_x/\sqrt{l_x^2+m_y^2} & 0 \\ -l_x n_z/\sqrt{l_x^2+m_y^2} & -m_y n_z/\sqrt{l_x^2+m_y^2} & \sqrt{l_x^2+m_y^2} \end{bmatrix} \tag{6-9}$$

式中，l_x、m_y、n_z 是局部坐标系 X 轴与整体坐标系三个坐标轴方向的方向余弦，通过下式求得：

$$l_x = (x_{jj} - x_{ii})/D_{ij} \tag{6-10}$$

$$m_y = (y_{jj} - y_{ii})/D_{ij} \tag{6-11}$$

$$n_z = (z_{jj} - z_{ii})/D_{ij} \tag{6-12}$$

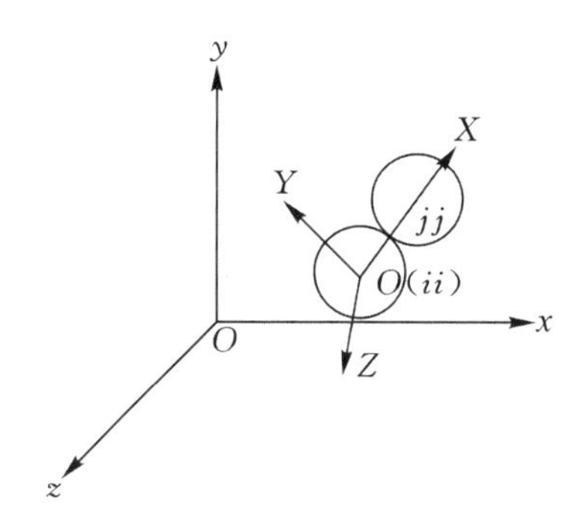

图 6-2　球体单元碰撞局部坐标系

在 Δt_{DEM} 时间内，单元 ii 或 jj 在各坐标系中的位移增量和转角增量为

$$\Delta \boldsymbol{r}_{ii(jj)} = \boldsymbol{u}_{ii(jj)} \cdot \Delta t_{\mathrm{DEM}} \tag{6-13}$$

$$\Delta \boldsymbol{\theta}_{ii(jj)} = \boldsymbol{\omega}_{ii(jj)} \cdot \Delta t_{\mathrm{DEM}} \tag{6-14}$$

由此可得局部坐标系中单元 ii 相对于单元 jj 的相对位移和转角为

$$\begin{bmatrix} \Delta X_{ii,jj} \\ \Delta Y_{ii,jj} \\ \Delta Z_{ii,jj} \end{bmatrix} = \boldsymbol{M}_{ii} \begin{bmatrix} u_{ii} - u_{jj} \\ v_{ii} - v_{jj} \\ w_{ii} - w_{jj} \end{bmatrix} \cdot \Delta t_{\mathrm{DEM}} + \begin{bmatrix} 0 & 0 \\ \omega_{z,ii} & \omega_{z,jj} \\ -\omega_{y,ii} & -\omega_{y,jj} \end{bmatrix} \begin{bmatrix} r_{ii} \\ r_{jj} \end{bmatrix} \cdot \Delta t_{\mathrm{DEM}} \tag{6-15}$$

$$\begin{bmatrix} \Delta \theta_{X,ii,jj} \\ \Delta \theta_{Y,ii,jj} \\ \Delta \theta_{Z,ii,jj} \end{bmatrix} = \boldsymbol{M}_{ii} \begin{bmatrix} \omega_{x,ii} - \omega_{x,jj} \\ \omega_{y,ii} - \omega_{y,jj} \\ \omega_{z,ii} - \omega_{z,jj} \end{bmatrix} \cdot \Delta t_{\mathrm{DEM}} \tag{6-16}$$

相对位移和相对转角的方向以坐标轴正方向和沿坐标轴逆时针方向为正。

在 t 时刻，单元 ii 和 jj 接触时的法向弹性力和阻尼力为

$$\begin{cases} F_{X,jj \to ii}(t) = e_{\mathrm{n}}(t) + d_{\mathrm{n}}(t) \\ e_{\mathrm{n}}(t) = e_{\mathrm{n}}(t - \Delta t_{\mathrm{DEM}}) + k_{\mathrm{n}} \Delta X_{ii,jj} \\ d_{\mathrm{n}}(t) = c_{\mathrm{n}} \dfrac{\Delta X_{ii,jj}}{\Delta t_{\mathrm{DEM}}} \end{cases} \tag{6-17}$$

切向弹性力和阻尼力为

$$\begin{cases} F_{Y(Z),jj\to ii}(t)=e_s(t)+d_s(t) \\ e_s(t)=e_s(t-\Delta t_{DEM})+k_s\Delta Y(Z)_{ii,jj} \\ d_s(t)=c_s\dfrac{\Delta Y(Z)_{ii,jj}}{\Delta t_{DEM}} \end{cases} \tag{6-18}$$

式中,e 和 d 分别代表弹性力和阻尼力;k 和 c 分别代表弹性系数和阻尼系数;下标 n 和 s 分别代表接触的法向和切向。其中 Y 轴方向和 Z 轴方向同为切线方向,计算时只有方向不同,其余参数均相同。

单元的切向运动受摩擦力的影响不是一个连续的过程,因此切向力须根据摩擦力进行修正。如果 $\sqrt{F_{Y,jj\to ii}^2(t)+F_{Z,jj\to ii}^2(t)}>|F_{X,jj\to ii}(t)|\cdot\mu$,则表示两球体单元之间发生相对滑动,这时切向力须按摩擦力修正,修正后的切向力为

$$F_{Y(Z),jj\to ii}(t)=|F_{X,jj\to ii}(t)|\cdot\mu\cdot F_{Y(Z),jj\to ii}(t)/\sqrt{F_{Y,jj\to ii}^2(t)+F_{Z,jj\to ii}^2(t)} \tag{6-19}$$

同理,在时间步长 Δt_{DEM} 内,回转力矩的弹性增量和回转力矩的阻尼分量分别为

$$\Delta T_{Xe,jj\to ii}=k_r\Delta\theta_{X,ii,jj} \tag{6-20}$$

$$T_{d,jj\to ii}=c_r\Delta\theta_{X,ii,jj}/\Delta t_{DEM} \tag{6-21}$$

式中,k_r 和 c_r 分别为回转弹性系数和回转阻尼系数;ΔT_{Xe} 为 X 轴方向的回转力矩的弹性增量;T_d 为回转力矩的阻尼分量。

由此可得 t 时刻回转力矩的弹性分量和总的回转力矩为

$$T_{Xe,jj\to ii}(t)=T_{Xe,jj\to ii}(t-1)+\Delta T_{Xe,jj\to ii}(t) \tag{6-22}$$

$$T_{X,jj\to ii}(t)=T_{Xe,jj\to ii}(t)+T_{d,jj\to ii}(t) \tag{6-23}$$

如果 $|T_{X,jj\to ii}(t)|>|F_{X,jj\to ii}(t)|\cdot\mu\cdot r$($r$ 为两球的接触面半径),则须修正回转力矩为

$$T_{X,jj\to ii}(t)=|F_{X,jj\to ii}(t)|\cdot\mu\cdot r\cdot\mathrm{sign}(T_{X,jj\to ii}(t)) \tag{6-24}$$

式中 $\mathrm{sign}(T_{X,jj\to ii}(t))$ 为符号函数。

2.运动方程

将 t 时刻刚体 ii 在局部坐标系下所受的力和力矩转换到整体坐标系下:

$$\begin{bmatrix} F_{x,jj\to ii}(t) \\ F_{y,jj\to ii}(t) \\ F_{z,jj\to ii}(t) \end{bmatrix}=\sum \boldsymbol{M}_{ii}^{-1}\begin{bmatrix} F_{X,jj\to ii}(t) \\ F_{Y,jj\to ii}(t) \\ F_{Z,jj\to ii}(t) \end{bmatrix} \tag{6-25}$$

$$\begin{bmatrix} T_{x,jj\to ii}(t) \\ T_{y,jj\to ii}(t) \\ T_{z,jj\to ii}(t) \end{bmatrix}=\sum \boldsymbol{M}_{ii}^{-1}\begin{bmatrix} T_{X,jj\to ii}(t) \\ 0 \\ 0 \end{bmatrix}+r_{ii}\sum \boldsymbol{M}_{ii}^{-1}\begin{bmatrix} 0 \\ F_{Y,jj\to ii}(t) \\ F_{Z,jj\to ii}(t) \end{bmatrix} \tag{6-26}$$

式中 $\sum$ 表示对所有与刚体 ii 发生接触的刚体 jj 求和。这样即可求得刚体 ii 在 t 时刻的加速度和角加速度为

$$\boldsymbol{a}_{ii}(t)=\boldsymbol{F}_{\mathrm{col}}(t)/m_{ii} \tag{6-27}$$

$$\boldsymbol{\alpha}_{ii}(t)=\boldsymbol{T}_{\mathrm{col}}(t)/I_{ii} \tag{6-28}$$

由此可得下一时间步长内刚体 ii 的速度和角速度为

$$\boldsymbol{u}_{ii}(t+\Delta t_{\mathrm{DEM}})=\boldsymbol{u}_{ii}(t)+\boldsymbol{a}_{ii}(t)\cdot\Delta t_{\mathrm{DEM}} \tag{6-29}$$

$$\boldsymbol{\omega}_{ii}(t+\Delta t_{\mathrm{DEM}})=\boldsymbol{\omega}_{ii}(t)+\boldsymbol{\alpha}_{ii}(t)\cdot\Delta t_{\mathrm{DEM}} \tag{6-30}$$

由下一时刻的速度和角速度可以求得 $t+\Delta t_{\mathrm{DEM}}$ 时刻刚体 ii 的位移,重新判断接触情况,即可进入下一轮的迭代计算。

3.算法流程

DEM 方法是解决不连续离散刚体颗粒运动的有效方法,而 MPS 方法也是将连续介质离散化处理的一种无网格方法,在 MPS 方法的基础上进行 DEM 方法的耦合会带来很大便利。因此本章在 MPS 方法的基础上开发了 DEM 模型,得到流固耦合分析方法。DEM 模型计算流程图如图 6-3 所示。

6.1.2 MPS 方法与 DEM 的耦合

1.耦合方法

MPS 方法和 DEM 通过物体强迫运动(Passively Moving Solid,PMS)模型[3]耦合在一起,可以计算流固耦合问题。与 6.1.1 节所述的问题相同,在流固耦合计算中,也存在固体颗粒的尺寸远大于流体粒子的情况。因此同样考虑使用多个粒子共同表示一个固体颗粒,固体颗粒的运动方程与式(6-1)一致。流体对固体的作用力通过流体对固体的压力和黏性力体现,具体计算方程如下

$$\boldsymbol{f}_{\mathrm{ls}}=-(\nabla p)_{\mathrm{ls}}+\nabla(\mu\cdot\nabla\boldsymbol{u})_{\mathrm{ls}} \tag{6-31}$$

上式右端第一项为流体对固体的压力,第二项为流体对固体的黏性力。

计算时,DEM 计算所需的时间步长远远小于 MPS 计算所需的时间步长,如果整个计算过程统一使用符合 DEM 计算的时间步长,势必会带来巨大的计算量。引入耦合时间步长方法解决此问题,即在计算流体流动及流体作用力引起的固体粒子运动时,采用 MPS 时间步长 Δt_{MPS},而在一个 Δt_{MPS} 中,如果处于流体之中的固体粒子在运动过程中发生了碰撞,此时则进入 DEM 时间步长 Δt_{DEM} 控制的内迭代过程。直到内迭代步数达到要求,将内迭代最后一步的固体粒子速度及位置作为下一步 MPS 计算时的速度和位置,其中固体粒子的碰撞方程使用 6.1.1 节介绍的离散单元模型进行计算。内迭代过程如下:

$$\boldsymbol{u}_{ii}^{k,n+1}=\boldsymbol{u}_{ii}^{k,n}+\Delta t_{\mathrm{DEM}}\frac{\boldsymbol{F}_{\mathrm{col},ii}^{k,n}}{m_{ii}} \tag{6-32}$$

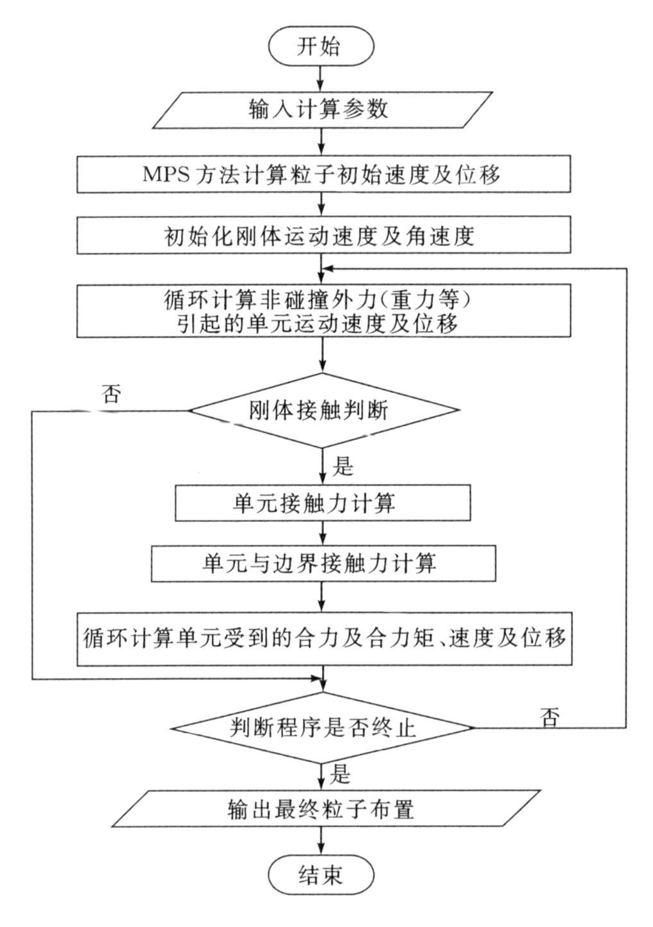

图 6-3　DEM 计算流程图

$$\boldsymbol{\omega}_{ii}^{k,n+1}=\boldsymbol{\omega}_{ii}^{k,n}+\Delta t_{\mathrm{DEM}}\frac{\boldsymbol{T}_{\mathrm{col},ii}^{k,n}}{I_{ii}}\tag{6-33}$$

式中，上标 k、n 分别代表 MPS 时间步数和 DEM 时间步数。在一个 Δt_{MPS} 内，如果固体粒子间发生了碰撞，则进行 DEM 内迭代过程，参与第一步迭代的 $\boldsymbol{u}_{ii}^{k,0}$ 和 $\boldsymbol{\omega}_{ii}^{k,0}$ 由 MPS 方法计算得到，即

$$\boldsymbol{u}_{ii}^{k,0}=\boldsymbol{u}_{ii}=\frac{1}{N}\sum_{i=1}^{N}\boldsymbol{u}_i\tag{6-34}$$

$$\boldsymbol{\omega}_{ii}^{k,0}=\boldsymbol{\omega}_{ii}=\frac{1}{I_{ii}}\sum_{i=1}^{N}m_i(\boldsymbol{r}_i-\boldsymbol{r}_{ii})\times\boldsymbol{u}_i\tag{6-35}$$

在 DEM 内迭代过程中，计算得到刚体在每个 Δt_{DEM} 内的速度及角速度，并更新刚体的位置及转角，以进行下一步的 DEM 计算

$$\boldsymbol{r}_{ii}^{k,n+1}=\boldsymbol{r}_{ii}^{k,n}+\boldsymbol{u}_{ii}^{k,n+1}\cdot\Delta t_{\mathrm{DEM}}\tag{6-36}$$

$$\boldsymbol{\theta}_{ii}^{k,n+1} = \boldsymbol{\theta}_{ii}^{k,n} + \boldsymbol{\omega}_{ii}^{k,n+1} \cdot \Delta t_{\mathrm{DEM}} \tag{6-37}$$

同样,参与第一步内迭代的 $\boldsymbol{r}_{ii}^{n,0}$ 和 $\boldsymbol{\theta}_{ii}^{n,0}$ 也由 MPS 方法计算得到。

在得到刚体单元的速度及位置后,根据下式修正得到组成刚体单元的每个粒子的速度及位置。

$$\boldsymbol{u}_{i}^{k,n+1} = \boldsymbol{u}_{ii}^{k,n+1} + \boldsymbol{\omega}_{ii}^{k,n+1}(\boldsymbol{r}_{i}^{k,n} - \boldsymbol{r}_{ii}^{k,n}) \tag{6-38}$$

$$\boldsymbol{r}_{i}^{k,n+1} = \boldsymbol{r}_{i}^{k,n} + \boldsymbol{u}_{i}^{k,n+1} \cdot \Delta t_{\mathrm{DEM}} \tag{6-39}$$

最终,迭代 $n+1$ 步后,跳出内迭代过程,将第 $n+1$ 步的值当作下一步进行 MPS 计算时的粒子初值,迭代步数 $n+1 = \dfrac{\Delta t_{\mathrm{MPS}}}{\Delta t_{\mathrm{DEM}}}$,即

$$\begin{aligned} \boldsymbol{u}_{i}^{k+1} &= \boldsymbol{u}_{i}^{k,n+1} \\ \boldsymbol{r}_{i}^{k+1} &= \boldsymbol{r}_{i}^{k,n+1} \end{aligned} \tag{6-40}$$

2.算法流程

流固耦合移动粒子半隐式分析方法是在原始 MPS 方法的基础上开发流固耦合模型得到的,因此该方法的算法同样是在原始 MPS 方法使用的半隐式时间推进算法的基础上得到的。算法总体流程图如图 6-4 所示。

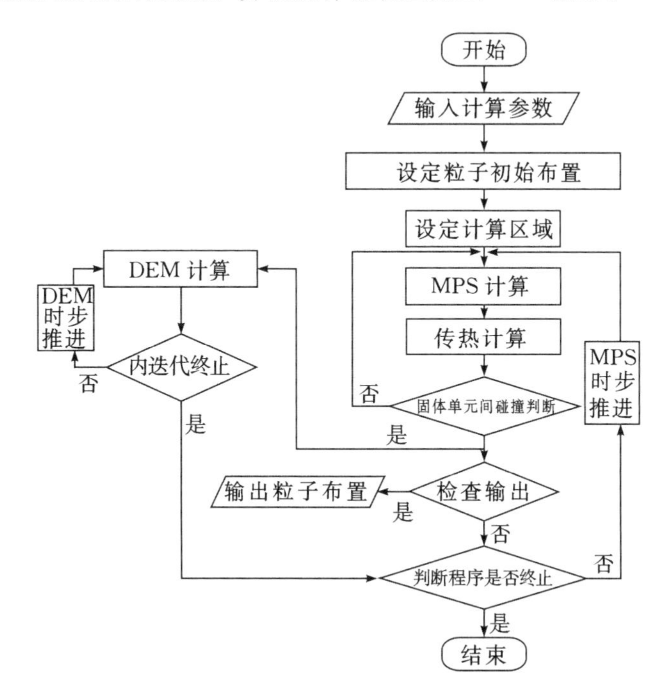

图 6-4 流固耦合移动粒子半隐式方法算法流程图

算法步骤总结如下:

(1)根据具体问题设定粒子初始布置,包括给定粒子速度、位置和压力的初始值:$\boldsymbol{u}_i^0$,$\boldsymbol{r}_i^0$,p_i^0;

(2)计算粒子间的传热过程;

(3)将刚体粒子当作流体粒子,由 N-S 方程计算出流体与刚体之间的作用力,并计算得到刚体粒子的速度和位置:$\boldsymbol{u}_i^{k,0}$,$\boldsymbol{r}_i^{k,0}$;

(4)利用离散单元模型修正刚体单元的速度和重心位置:$\boldsymbol{u}_{ii}^{k,0}$,$\boldsymbol{r}_{ii}^{k,0}$;

(5)进行刚体碰撞判断:若两刚体之间的距离小于两刚体的半径和,即 $D_{ij} < r_{ii} + r_{jj}$ 时,进行 DEM 内迭代过程;

(6)内迭代进行 k 步后,得到刚体在这一 MPS 时间步长内的速度和位置:$\boldsymbol{u}_{ii}^{k,n+1}$,$\boldsymbol{r}_{ii}^{k,n+1}$;

(7)将内迭代的结果作为下一步 MPS 计算的速度和位置:$\boldsymbol{u}_i^{k+1} = \boldsymbol{u}_i^{k,n+1}$,$\boldsymbol{r}_i^{k+1} = \boldsymbol{r}_i^{k,n+1}$;

(8)循环重复此过程直到计算结束。

6.1.3 颗粒接触传热模型

离散单元模型的研究对象是离散固体系统,需要注意,第 3 章所述连续介质传热模型应用于离散固体系统的传热计算时,会忽略系统的离散特性,往往得到的结果与实际值偏差较大。因此需要开发考虑固体离散特性的传热模型——离散颗粒传热模型。由于真实的固体系统是各向异性的,为了更好地描述固体系统的传热过程,需要在固体尺度上对问题进行考察和分析。

对于固体系统的热传递通常有以下六个独立进行的热传递过程:接触面间流体的传热、固体的导热、固体间接触面的导热、固体表面的辐射、邻近空隙的辐射和固体间接触面附近的气膜导热。在离散单元方法的研究中,一般使用颗粒来表示最小的离散单元。本章基于 MPS 方法开发 DEM 模型,为了描述的简洁,且 MPS 方法中粒子对应的同样是最小的离散单元,我们在后续对有关离散单元方法中颗粒的表述,均使用粒子来代替。

通过研究粒子表征元热传导能力的方式来确定颗粒体的有效热传导系数时,使用两个大小相等的粒子构成最简单的表征元来作为研究对象。

在建立粒子接触传热模型时作如下假设[4]:

(1)假定粒子为光滑的理想球形,颗粒间、颗粒与壁面间为完全弹性碰撞;

(2)每个粒子表面都被一层薄的静止气膜覆盖,其厚度 δ 与粒子直径 d 有一固定的对应关系,本模型采用 Delvosalle 的实验[5]推导得出的气膜厚度:$\delta = 0.1d$;

(3)在粒子的内部,热流方向与两粒子中心线方向一致;

(4)选取的计算时间步长足够小,以确保在一个时间步长内粒子的温度变化很小,一个粒子的温度不会影响到未与它接触的粒子。

下面我们分别对这几种不同形式的导热进行论述。

1. 粒子间接触面的导热

采用 Watson 的模型来计算固体间接触面的传热系数 H_c:

$$\frac{H_c}{\lambda_s} \leqslant 2\left(\frac{3F_X r}{4E}\right)^{1/3} = 2a \tag{6-41}$$

式中,λ_s 为物质的导热系数;F_X 为颗粒间的法向接触力;E 为弹性模量;a 为颗粒的接触半径。单位时间通过接触面传递的热量为

$$Q_1 = H_c(T_j - T_i) \tag{6-42}$$

2. 粒子间接触面附近气膜的导热

粒子间接触面附近气膜导热热阻为

$$\frac{1}{R} = -2\pi r\lambda_g\int_\beta^\alpha \frac{\cos\theta \mathrm{d}(\cos\theta)}{l_{ij} - r\cos\theta - \sqrt{r^2 - r^2(1-\cos^2\theta)}} \tag{6-43}$$

式中,α、β 分别是粒子 i 的外表面与粒子 j 的气膜外表面以及粒子 j 的外表面相交所决定的角度。根据余弦定理有:

$$\alpha = \arccos\left(\frac{l_{ij}^2 + r^2 - (r+\delta)^2}{2l_{ij}r}\right) \tag{6-44}$$

$$\beta = \arccos\left(\frac{l_{ij}^2}{2l_{ij}r}\right) \tag{6-45}$$

式中,l_{ij} 是两个粒子球心之间的距离;δ 即为前文所述的气膜厚度。则通过固体间接触面附近气膜传递的热量为

$$Q_2 = (T_j - T_i)/R \tag{6-46}$$

3. 粒子与粒子间的辐射换热

首先,根据灰体辐射定律,灰体表面 i 到灰体表面 j 的辐射换热量为

$$Q_3 = \varepsilon\sigma A_i X_{i,j}\Delta T_{ij}^4 \tag{6-47}$$

式中,ε 为灰体表面 i 的发射率;σ 为斯特潘-玻尔兹曼常数;A_i 为辐射面积;$X_{i,j}$ 为两表面间的辐射角系数。

在上式中,求解的难点是确定系统中粒子间的角系数。按照图 6-5 中角系数的几何定义,角系数的表达式见式(6-48),图中 $\boldsymbol{r}$ 是两个微元面间的距离矢量,$\boldsymbol{n}_1$、$\boldsymbol{n}_2$ 分别是两个表面的单位法向量,β_1、β_2 分别是两个表面法向量与距离矢量的夹角。

$$X_{i,j} = A_i\int_{A_i}\int_{A_j}\frac{\cos\beta_1\cos\beta_2}{\pi r^2}\mathrm{d}A_j\mathrm{d}A_i \tag{6-48}$$

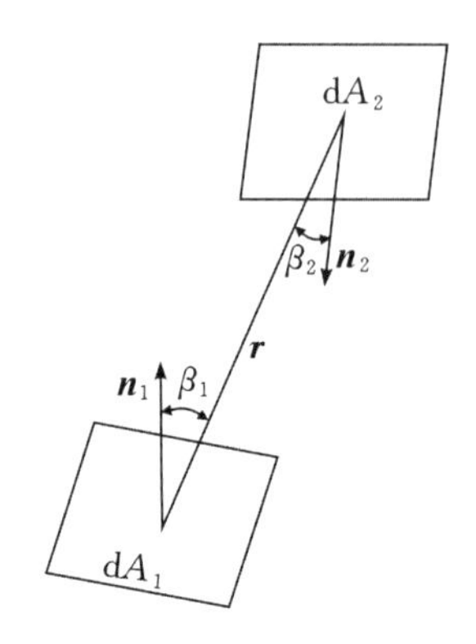

图 6-5　角系数的几何定义

吴浩等人[6]整理出了球坐标系下两小球之间的角系数解析解：

$$X_{i,j}=\frac{4}{\pi h(2+h)}\int_{\arccos\left(\frac{h^2}{4}\right)}^{\frac{\pi}{2}}\frac{2\eta-\sin(2\eta)}{\sqrt{h^2-4\cos^2\eta}}\cdot\sin(2\eta)\mathrm{d}\eta+\frac{h^2}{16}(h-2) \tag{6-49}$$

式中，h 为两球球心距离与小球半径的比值。角系数解析解的计算结果如图6-6 所示。

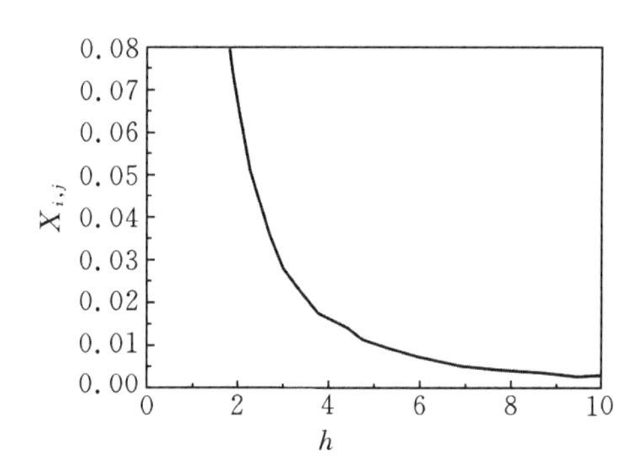

图 6-6　等径小球角系数解析解[6]

在确定了角系数的解析解后，进行角系数的数值计算，并将其运用到随机排列的等径固体系统中，以确定固体系统的角系数关系式。使用数值方法计算角系数时，首先对角系数定义式(6-48)进行离散：

$$X_{i,j}=\frac{1}{\pi A}\sum_{j}\sum_{i}\frac{\cos\beta_1\cos\beta_2}{r^2}\chi_{ij}\Delta A_i\Delta A_j \tag{6-50}$$

式中，χ_{ij} 为穿透率，当两个微元面被其他微元面阻挡时，其值为 0，否则为 1。Walton[7]利用高斯面积分有效提高了计算精度，使用三角形网格对球面进行离散，球面网格划分如图 6-7 所示，共 834 个网格。

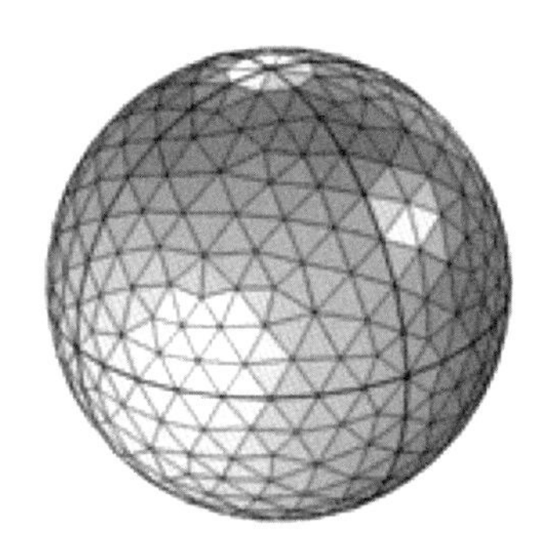

图 6-7　球面的三角网格划分[7]

数值计算得到的结果与解析解的对比如图 6-8 所示。

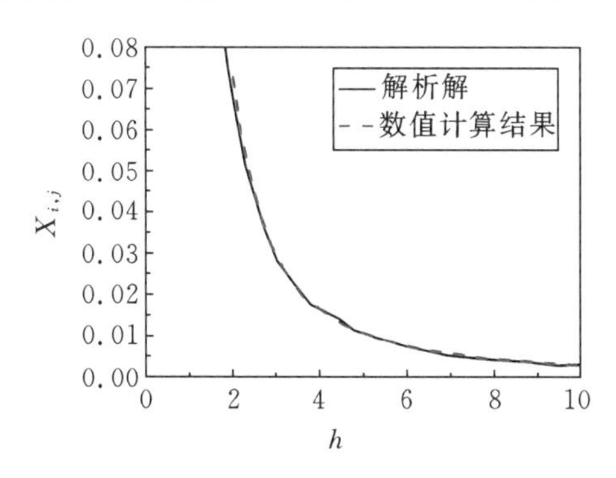

图 6-8　角系数数值计算结果与解析解的对比[7]

由图 6-8 可知，数值结果与解析解符合很好，证明了数值计算角系数的正确性。下一步，我们将此数值计算方法应用于实际固体系统，计算得到固体系统的角系数关系式。

图 6-9 展示了数值计算的随机堆积颗粒系统，参考了 HTTU 实验[8]球床结构参数，利用离散单元法(DEM)进行模拟。模拟结果如图 6-10 所示。

此外，根据吴浩等人[6]的研究，在考虑中心颗粒与周围两层颗粒存在辐射换热时，各颗粒间角系数的加和超过了 0.9989。因此，基本可以忽略中心颗粒与其周围两层之外的颗粒的辐射换热，随后的一个算例也采用了这一假设，这样大大简化了辐射换热的计算。

图 6-9　随机堆积固体颗粒系统示意图[6]

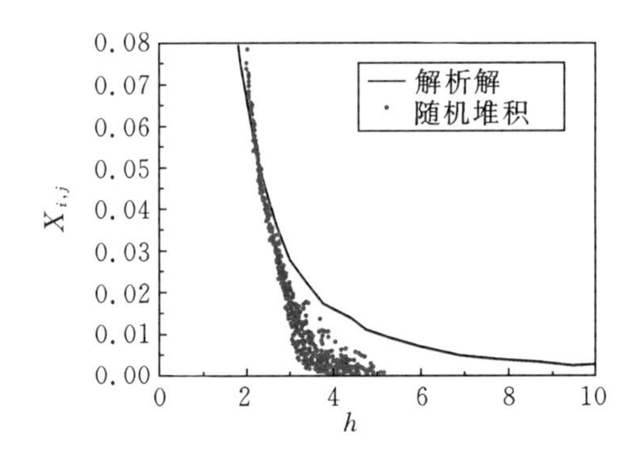

图 6-10　随机堆积固体颗粒系统角系数计算结果与解析解的对比

最终，根据图 6-10 的计算结果，得到了随机堆积固体颗粒系统的角系数计算关系式为

$$X(h) = 0.136\exp(-0.0795h^3) \tag{6-51}$$

两等径小球的辐射换热面积在本模型中等效为小球表面积的二分之一，即

$$A_i = 2\pi r^2 \tag{6-52}$$

6.2　模拟验证及算例分析

本节对流固耦合分析方法进行验证，采用钢球倒塌算例和二维漏斗算例验证 DEM 模型的正确性；采用钢球溃坝倒塌算例和三维水下滑坡算例验证整体耦合方法的正确性。

6.2.1　钢球倒塌算例

1. 模型的建立

图 6-11 为钢球倒塌算例的粒子几何模型。用一个刚体粒子代表一个小钢球，共 238 个小球，每个小球的直径为 1 cm。布置时，第一排布置 10 个小球，第二排布置 9 个小球，以此类推，两排之间采用交叉布置，为整个系统提供向外倒塌的内力，总共布置 25 层小球。容器的长度 $I=25$ cm，初始最右端小球距容器左壁面的距离 $L=10$ cm。

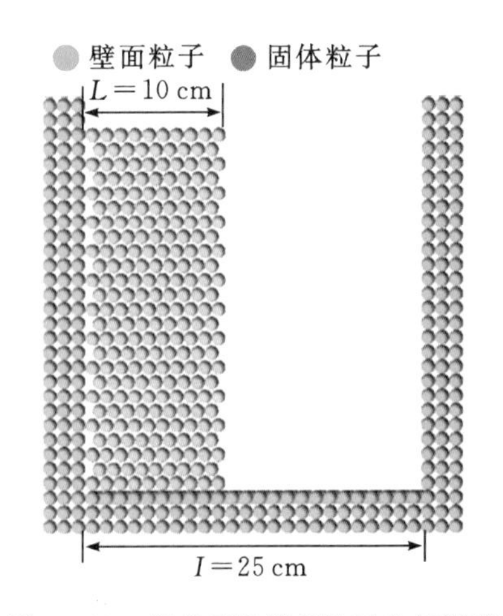

图 6-11　钢球倒塌算例粒子几何模型

图 6-12 展示了钢球倒塌实验装置示意图，实验采用与数值计算相同尺寸

的装置及小球布置方法，小球右端设置挡板阻碍小球的运动，当实验开始时，抽开挡板，观察小球的运动，并用高速摄像机记录。

图 6-12　钢球倒塌实验初始布置

2. 参数的选取

在进行 DEM 计算时，为了保证计算的准确，必须选取合适的关键参数，包括：法向弹性系数 k_E、法向阻尼系数 c_E、切向弹性系数 k_N、切向阻尼系数 c_N、回转弹性系数 k_R、回转阻尼系数 c_R 以及小球的最大静摩擦因子 μ。

其中，各向的弹性系数及阻尼系数对碰撞后小球的运动状态影响较大，但由于 DEM 计算的时间步长非常小，只要两种系数的设置值与真实值在同一量级，便能保证计算结果的收敛，且计算结果与实验值差异并不大，因此并不要求与实际的材料真实值完全一致，这为参数的设置带来了便利。最大静摩擦因子 μ 影响的是两个相互接触的小球之间的相对滑动，这一参数对最终计算结果的影响较大。μ 设置过大，会导致小球间的静摩擦力过大，从而阻碍小球间的相对运动；而 μ 设置过小，则会导致静摩擦力过小，小球间失去约束，计算结果与实验值产生很大偏差。图 6-13 分别展示了 $t=0.4$ s 时刻，$\mu=0.1$ 和 0.3 时的计算结果。图 6-14 为实验得到的 0.4 s 时小球的分布。

壁面粒子　固体粒子

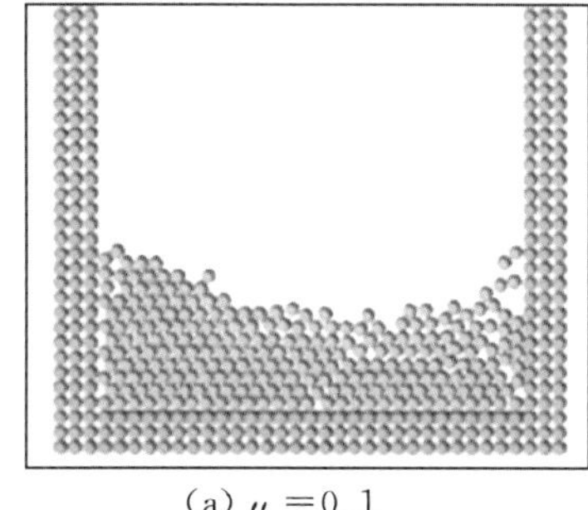

(a) $\mu=0.1$

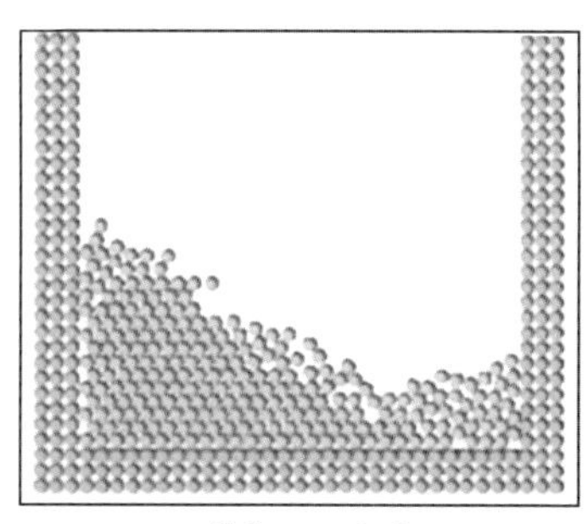

(b) $\mu=0.3$

图 6-13　$t=0.4$ s 时计算结果对比

图 6-14　$t=0.4$ s 时实验结果

由图 6-13 和图 6-14 的对比可以看到，当 $\mu=0.1$ 时，计算结果中小球的坍塌过于快速和剧烈，这是小球间的静摩擦力过小导致的；而 $\mu=0.3$ 时，小球间的静摩擦力又过大，导致小球的倒塌不充分。因此，本研究最终选定的静摩擦因子的值应在 0.1 至 0.3 之间。由于真实值与小球材料和表面粗糙度相关联，本研究中依据经验选取 $\mu=0.2$。

通过文献调研[9]，确定弹性系数和阻尼系数的取值，最终确定的计算参数见表 6-1。小球物性采用不锈钢的物性。

表 6-1　DEM 计算参数选取

参数	取值
法向弹性系数 k_E	10^6 N/m
法向阻尼系数 c_E	100 N/m
切向弹性系数 k_N	10^5 N/m
切向阻尼系数 c_N	10 N/m
回转弹性系数 k_R	1000 N/m
回转阻尼系数 c_R	10 N/m
静摩擦因子 μ	0.2
DEM 时间步长	10^{-7} s

3. 模拟结果

图 6-15 展示了钢球倒塌算例模拟结果与实验结果的对比。由模拟结果可知，在 $t=0.1$ s 时，钢球开始倒塌，以钢球右下角的对角线为分界面，右上角的小球开始向下滑动，而左下角三角形区域内的小球保持不动；$t=0.2$ s 时，左下角三角形区域内的小球仍保持不动，右上角区域的小球进一步下落；$t=0.3$ s 时，小球接触到右壁面；$t=0.4$ s 时，小球倒塌过程结束，最终左半部分小球累积

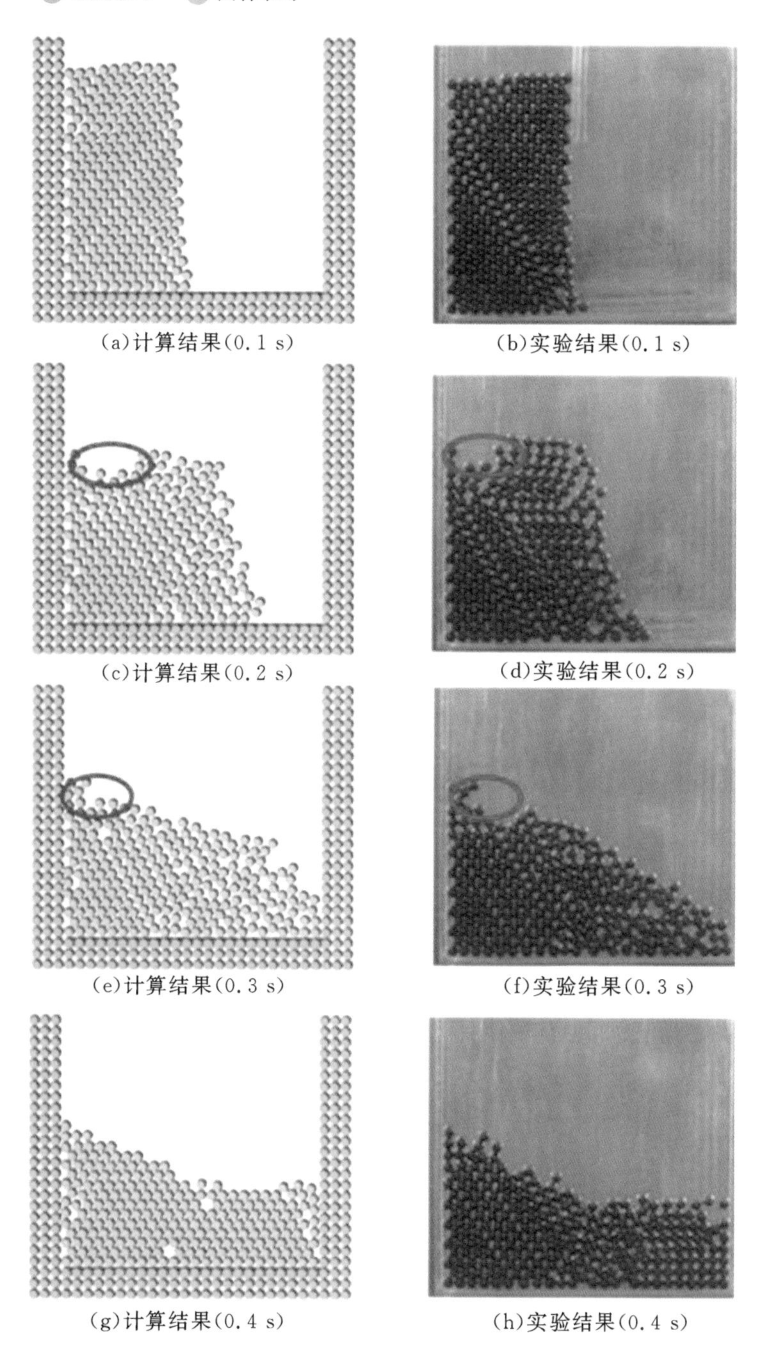

(a)计算结果(0.1 s)

(b)实验结果(0.1 s)

(c)计算结果(0.2 s)

(d)实验结果(0.2 s)

(e)计算结果(0.3 s)

(f)实验结果(0.3 s)

(g)计算结果(0.4 s)

(h)实验结果(0.4 s)

图6-15 钢球倒塌算例计算结果与实验结果对比

高度高于右侧。整体上，模拟结果与实验结果符合较好，能够完整模拟钢球倒塌过程，并且每一时刻的小球分布都与实验符合得较好。在个别小球的计算上，模拟结果和实验结果也显示出了很高的一致性，例如 0.2 s 和 0.3 s 时左侧上端的小球运动状态，实验结果与模拟结果几乎没有误差。

图 6－16 展示了最右端小球 X 方向的无量纲位移随无量纲时间的变化。图 6－17 展示了最右端小球 Y 方向的无量纲位移随无量纲时间的变化。由图可知，模拟结果与实验结果趋势大体相同。在模拟中，小球 X 方向的运动距离要稍大于实验值。经过分析，认为是实验中挡板及容器前后两侧板对小球存在摩擦作用，导致实验中小球运动较滞后于计算值。总体上来说，本方法对钢球倒塌算例的模拟是成功的。

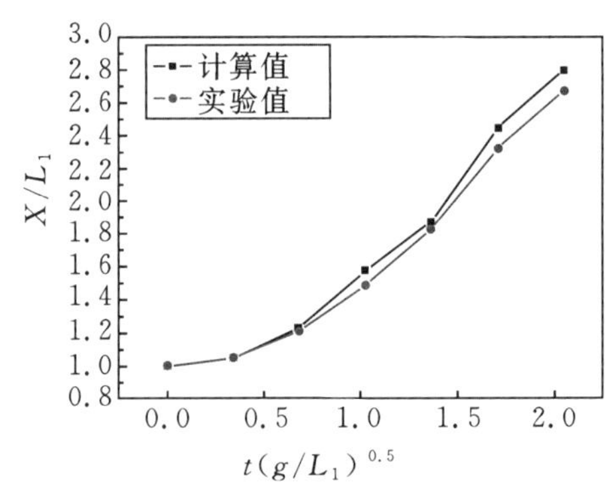

图 6－16　钢球下沿最右端小球 X 方向位移与时间关系

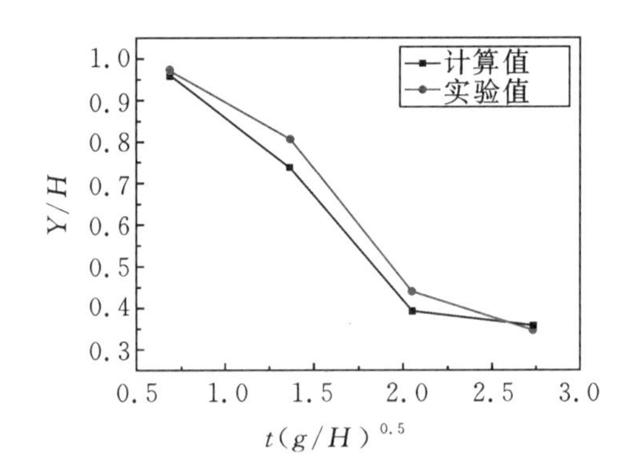

图 6－17　右上角小球 Y 方向位移与时间关系

6.2.2　二维漏斗算例

1. 模型的建立

小球在重力作用下的自由下落及堆积过程是验证 DEM 模型的经典算

例[10-11]，因此本小节采用此算例来验证基于 MPS 方法开发的 DEM 模型的正确性。图 6－18 展示了二维漏斗算例的粒子几何模型。容器的总长 $L=40\ \text{cm}$，其中上层装有高 $H=20\ \text{cm}$ 的直径为 1 cm 的小钢球，小球总数为 790 个，下层空间高度 $h=20\ \text{cm}$，中间挡板处开有长度为 $p=6\ \text{cm}$ 的小孔，钢球通过小孔由上层落入下层，观察小球最终的堆积情况。

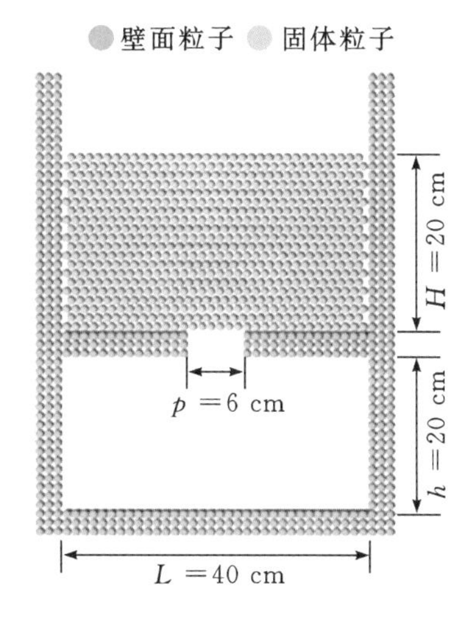

图 6－18　二维漏斗算例粒子几何模型

图 6－19 展示了二维漏斗实验装置图。如图所示，小球初始依然采用交叉布置，并在小球下落的小孔处插入一块小挡板。实验开始时，迅速抽出挡板，观察小球的下落和堆积情况，并用高速摄像机记录该过程。

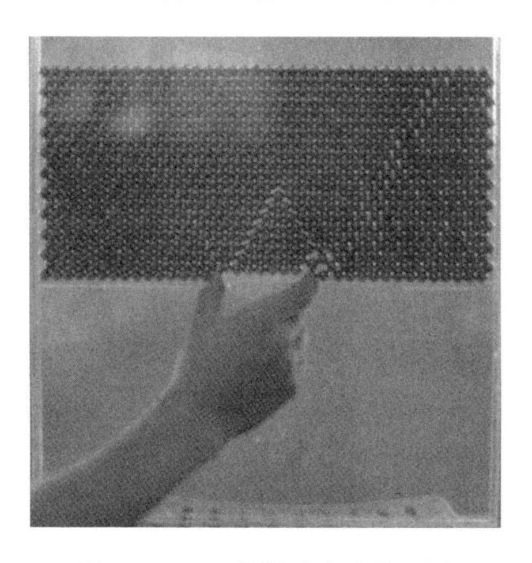

图 6－19　二维漏斗实验装置图

2. 参数的选取

本算例的计算参数同样包括法向弹性系数 k_E、法向阻尼系数 c_E、切向弹性系数 k_N、切向阻尼系数 c_N、回转弹性系数 k_R、回转阻尼系数 c_R 以及小球的最大静摩擦因子 μ。在钢球倒塌算例中，已经对各参数进行了确认，因此，本算例中沿用表 6-1 中的计算参数。小球的物性采用不锈钢的物性计算。

3. 模拟结果

图 6-20 展示了二维漏斗算例模拟结果与实验结果的对比。由图可知，$t=0.2$ s 时，小球开始下落，中间部分的三角形区域内的小球首先滑动，左右两部分对称的直角梯形中的小球保持不动；$t=0.5$ s 时，中间部分三角区域内的小球下落至容器底部，并在底面铺开，呈三角形堆积；$t=1.0$ s 时，中间部分的小球基本全部下落至下层空间，上层仍留有左右两部分未发生运动的直角三角形区域，下落的小球在下部空间中呈等腰三角形形状堆积；$t=2.0$ s 时，上层小球进一步下落，两侧直角三角形内的小球也开始向下滑落；$t=3.0$ s 时，上层向下

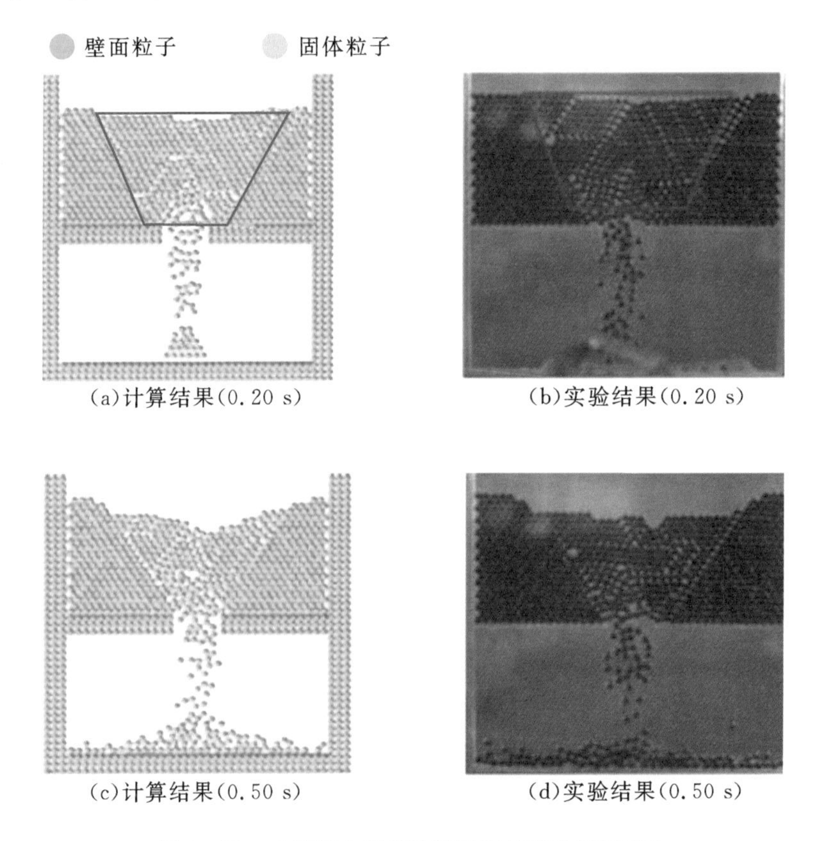

(a)计算结果(0.20 s)　(b)实验结果(0.20 s)

(c)计算结果(0.50 s)　(d)实验结果(0.50 s)

图 6-20　二维漏斗算例计算结果与实验结果对比

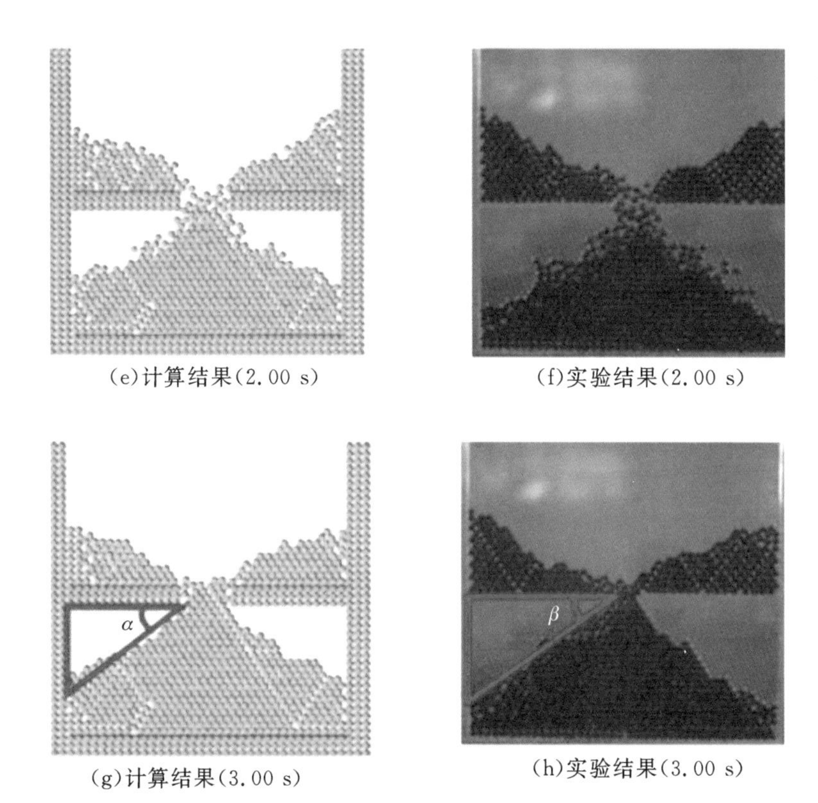

(e)计算结果(2.00 s)

(f)实验结果(2.00 s)

(g)计算结果(3.00 s)

(h)实验结果(3.00 s)

续图 6-20 二维漏斗算例计算结果与实验结果对比

运动的小球与下层堆积起来的小球相接触，堵塞小孔，阻碍小球的下落，小球的下落过程终止，最终小球在下层空间内呈等腰三角形形状堆积。上层空间中还留有一部分未落下的小球。

通过模拟结果与实验结果的比较，可以看出，模拟得到的小球位置分布和实验结果符合较好。实验中也存在类似的运动规律：中间三角形区域先向下运动，随后两侧的直角三角形区域也向下滑动，最后小球在下层空间形成等腰三角形排布。

为了更直观表示模拟结果与实验结果的一致性，对比了 3.0 s 时(即下落过程结束时)下层小球与水平面之间形成的夹角大小，如图 6-20(g)、6-20(h)所示。数值模拟中形成的夹角设为 α，实验结果中的夹角设为 β，通过可视化后处理软件 Photron FASTCAM Viewer[12] 测量得到 $\alpha = 40.56°$，$\beta = 39.59°$，二者相差小于 1°。考虑到实验中的计时误差和计算时相应参数的设置问题带来的计算误差，此误差是可以接受的，也证明了程序中 DEM 模型计算的准确性。

6.2.3　钢球溃坝倒塌算例

1. 模型的建立

钢球溃坝倒塌算例是验证本方法能够计算流固耦合问题的关键算例。该算例的粒子几何模型如图 6-21 所示，容器几何尺寸与钢球倒塌算例中所使用的容器几何模型一致，长度 $l=25$ cm，其中装有 12 cm 高的水柱，水柱中交叉布置 5 层共 28 个钢球，钢球直径为 1 cm，每个钢球由 69 个刚体粒子组成，粒子直径 0.1 cm。该算例还可以进一步验证离散单元模型的正确性。当小球随着溃坝倒塌而运动时，组成钢球的刚体粒子会围绕小球的重心统一运动，而不会散开，从而验证离散单元模型的正确性。

图 6-22 展示了钢球溃坝倒塌实验示意图，实验中采用和数值计算中相同的几何尺寸，实验时先在容器中布置好 5 层小球，用带有密封胶条的挡板将小球挡住，然后向分隔开的隔间中倒入水，直到水柱的高度达到 12 cm 时，停止倒水，待液位平稳后，抽开挡板，小球随水柱一同倒塌，观察此过程，并用高速摄像机记录。

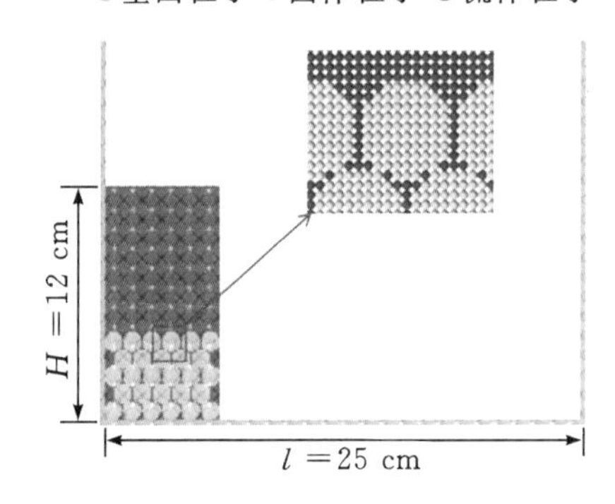

图 6-21　钢球溃坝倒塌算例粒子几何模型

图 6-22　钢球溃坝倒塌实验初始布置

2. 参数的选取

本算例的计算参数同样采用表 6-1 中的参数。小球的物性取不锈钢的物性；流体的物性取水在常温下的物性；DEM 计算的时间步长为 10^{-7} s，MPS 计算的时间步长取为 5×10^{-5} s。其中与 MPS 计算有关的参数与溃坝算例（详见 2.6 节）的参数相同。

3. 模拟结果

由于实验中存在挡板的影响，在抽出挡板时，水柱受到挡板的阻碍，与模拟中液柱直接倒塌的过程并不相同，实验中 0.2 s 时液柱的倒塌形状趋于平稳，因此，在对比时，按照实验中液柱倒塌趋于平稳的时刻，取 0.2 s、0.3 s、0.4 s 进行模拟结果和实验结果的对比。

图6-23展示了钢球溃坝倒塌算例模拟结果与计算结果的对比。由模拟结果可知，$t=0.2$ s时，流体已经运动到容器的右壁面，钢球随着流体的运动发生倒塌，最左侧的小球由于右侧小球的阻挡基本未发生运动，中间部分的小球倒塌形成三角形形状，而右侧的小球随着流体一同向右运动；$t=0.3$ s时，最左

● 壁面粒子 ● 固体粒子 ● 流体粒子

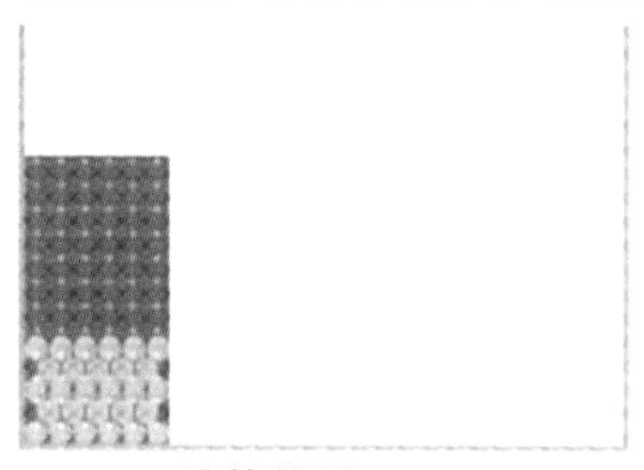

(a)计算结果(0.0 s)

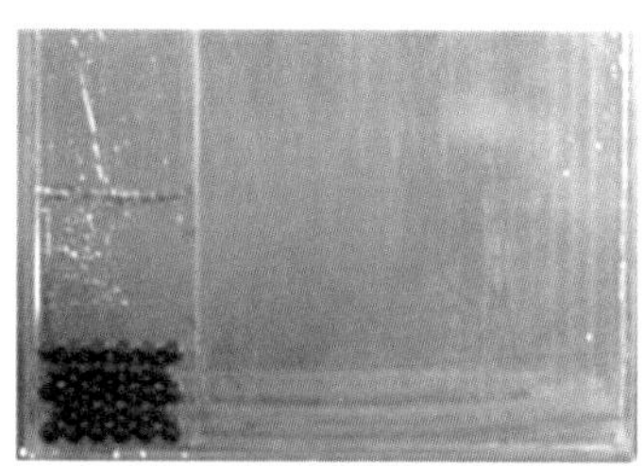

(b)实验结果(0.0 s)

(c)计算结果(0.2 s)

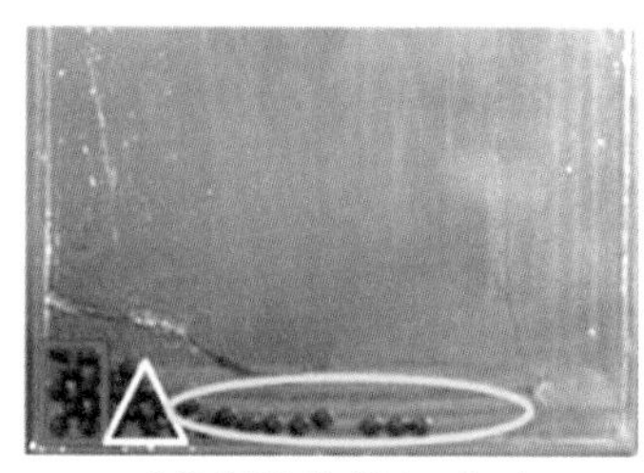

(d)实验结果(0.2 s)

(e)计算结果(0.3 s)

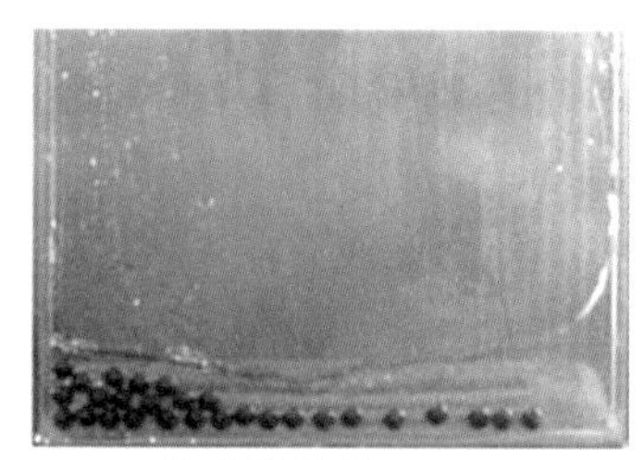

(f)实验结果(0.3 s)

(g)计算结果(0.4 s)

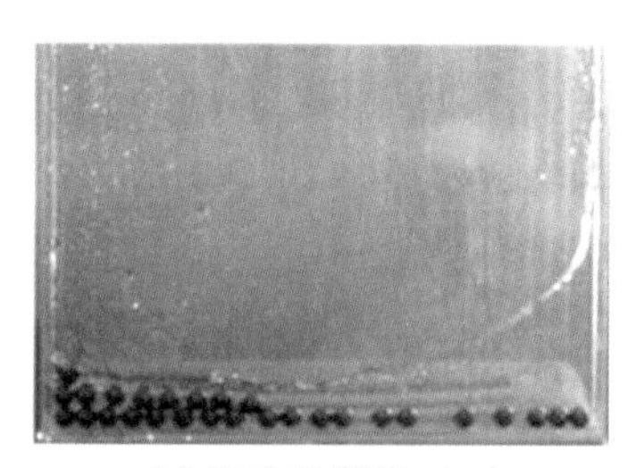

(h)实验结果(0.4 s)

图6-23 钢球溃坝倒塌算例计算结果与实验结果对比

侧小球也随着流体向右运动，整个区域进一步展平，最右侧的小球与右侧壁面发生接触，并且被流体夹带向上运动；$t=0.4$ s 时，小球进一步展平，左侧小球在容器底部形成两层排列，最右侧小球开始下落。此外，通过模拟结果与计算结果的对比可知，模拟结果与实验结果符合较好。以 $t=0.2$ s 时为例，模拟结果和计算结果中同样出现了左侧未运动、呈矩形排列的小球，中心部分呈三角形排列的小球和右侧随流体共同向右运动的小球。关于该时刻各区域的详细划分见图 6-23(c)和图 6-23(d)。

需要注意的是，通过实验结果与模拟结果的对比，可以看出计算得到的小球运动速度要略大于实验中小球的运动速度。通过分析，认为是因为实验中存在挡板的影响，当抽开挡板的瞬间，流体从挡板与容器底部的缝隙中流出，但此时小球并未运动，至少当挡板提升高度大于小球直径时，小球才开始运动，因此实验中小球的运动总是略滞后于流体，这是不可避免的实验误差。也因为这一原因，计算中最右端的小球还出现了被流体夹带向上运动的现象，考虑到小球的质量仅 3 g 左右，出现这一现象也是完全合理的。

图 6-24 和图 6-25 分别展示了钢球质心位置的平均值在 X 方向和 Y 方

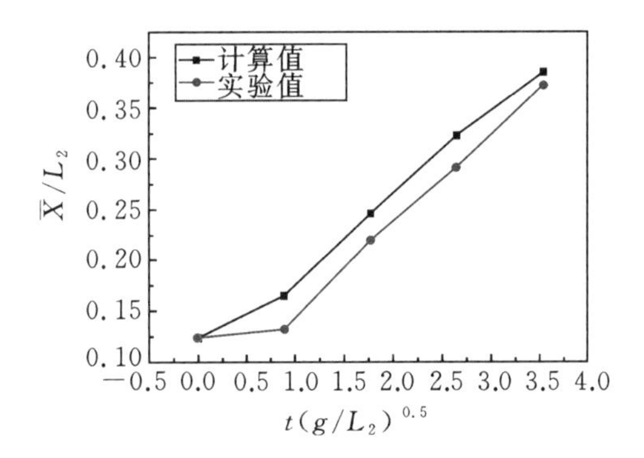

图 6-24　钢球质心位置的平均值在 X 方向无量纲位置随无量纲时间的变化

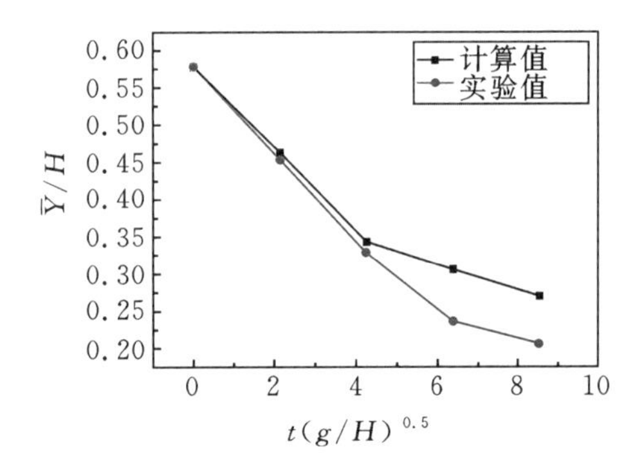

图 6-25　钢球质心位置的平均值在 Y 方向无量纲位置随无量纲时间的变化

向的无量纲位置与无量纲时间的关系。由图可知，模拟结果与实验结果的整体规律基本符合，且均能观察到明显的拐点，最大相对误差为 8.1%。对于流固耦合的固液两相流动，这一误差在接受范围内。至此，通过本算例验证了本方法对于流固耦合问题计算和刚体运动模型的正确性。

6.2.4　三维水下滑坡算例

1. 模型的建立

钢球溃坝倒塌算例对流固耦合分析方法计算二维流固耦合工况的能力进行了验证，本部分使用三维水下滑坡算例对其计算三维流固耦合工况的能力进行验证。本算例中固体颗粒实际尺寸较小，均以离散粒子的形式存在，假设固体粒子的尺寸与流体粒子相同。

图 6－26 展示了 Grilli 等人开展的三维水下滑坡实验[13]的示意图，图 6－27 展示了该算例的粒子几何模型。玻璃粉末组成的水下滑坡位于倾斜角度为 35°的斜坡上，整个滑坡被淹没在水下。其中 h_0 为 0.32 m，l_0 为 0.29 m，斜坡的长度为 0.7 m。粒子的尺寸为 0.004 m，玻璃粉末的密度为 2500 kg/m^3，水的密度为 1000 kg/m^3，水的深度为 0.334 m。实验中，斜坡上的固体颗粒用一块玻璃挡板挡住，在开始实验时抽出挡板，玻璃粉末在重力的作用下沿着斜坡向下流动。整个实验过程通过高速摄像机记录。

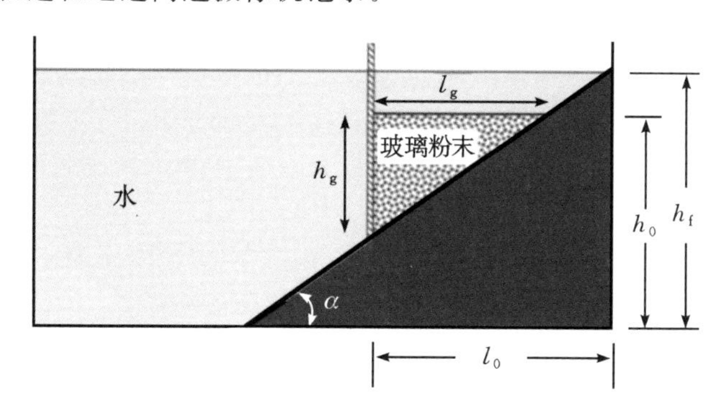

图 6－26　三维水下滑坡算例示意图[13]

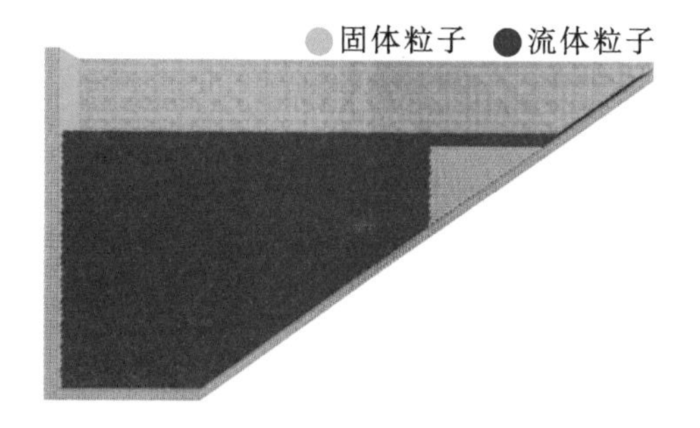

图 6－27　三维水下滑坡算例粒子几何模型

2. 参数的选择

在本算例中，小球的材质为玻璃粉末，DEM 计算参数如表 6－2 所列。流体的物性选取水在常温下的物性，DEM 计算的时间步长为 10^{-5} s，MPS 计算的时间步长取为 10^{-3} s。

表 6－2　水下滑坡 DEM 计算参数选取

法向弹性系数 k_E	10^5 N/m
法向阻尼系数 c_E	50 N/m
切向弹性系数 k_N	10^4 N/m
切向阻尼系数 c_N	10 N/m
回转弹性系数 k_R	800 N/m
回转阻尼系数 c_R	10 N/m
静摩擦因子 μ	0.08
DEM 时间步长	10^{-5} s

3. 模拟结果

图 6－28 展示了典型时刻的模拟结果与实验结果的对比。为更好地观察固体颗粒的运动，模拟结果图中不显示流体粒子，只展示了固体粒子随时间的运动。由图可知，各时刻模拟结果和实验结果符合较好。在 0.02 s 时，运动几乎还没有开始，模拟结果中固体滑坡保持了初始的形状，而实验结果由于挡板

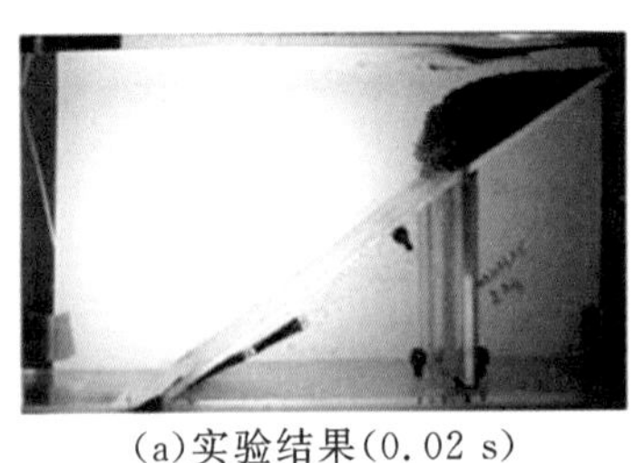

(a)实验结果(0.02 s)

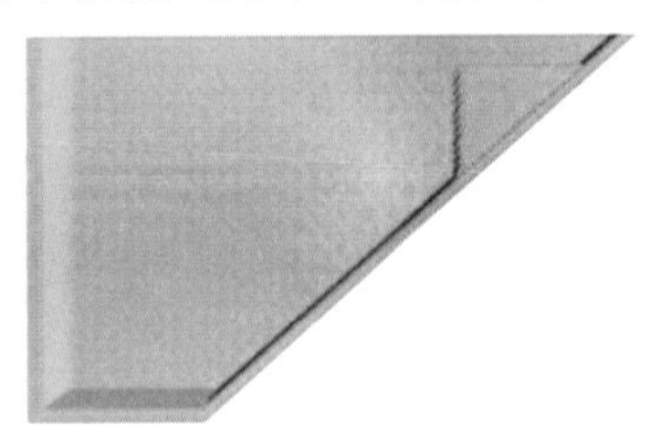

(b)模拟结果(0.02 s)

(c)实验结果(0.17 s)

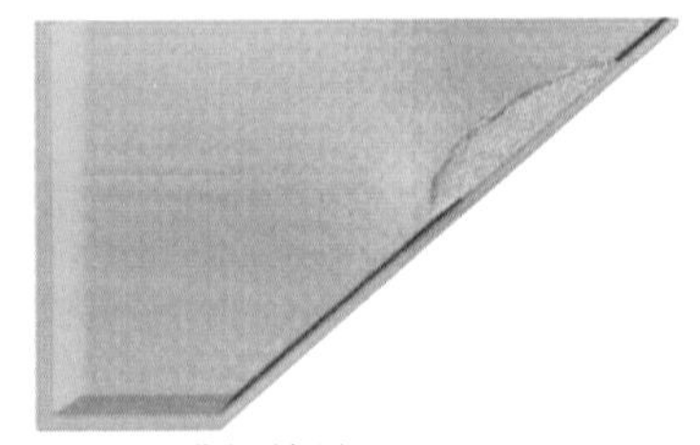

(d)模拟结果(0.17 s)

图 6－28　水下滑坡算例模拟结果与实验结果[13]对比

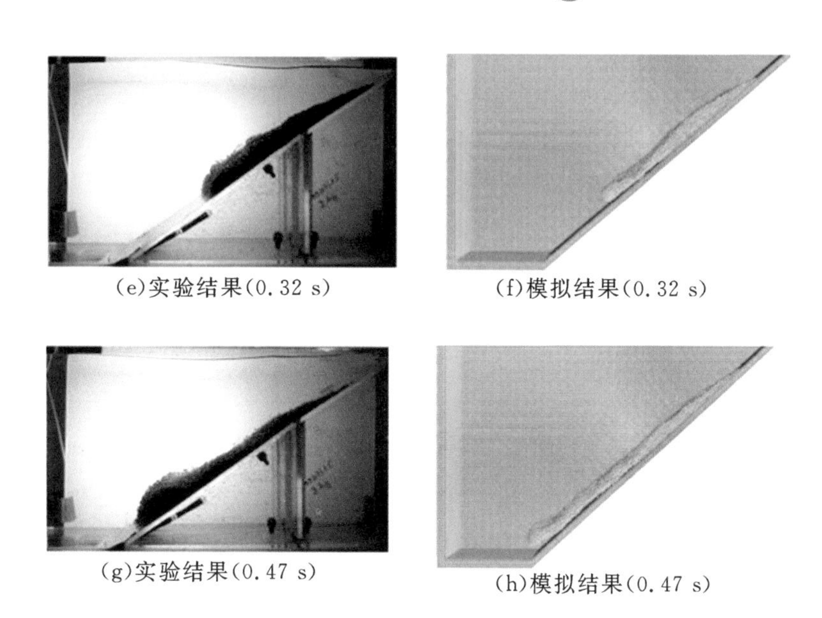

(e)实验结果(0.32 s)　(f)模拟结果(0.32 s)

(g)实验结果(0.47 s)　(h)模拟结果(0.47 s)

续图 6-28　水下滑坡算例模拟结果与实验结果[13]对比

抽出造成的影响,滑坡呈现出一个弧度,但基本保持初始形状。在0.17 s时,模拟结果和实验结果中,滑坡的形状和前沿位置都极为吻合。由后续的0.32 s和0.47 s的结果对比可以看出,虽然滑坡的形状随着时间出现一定的偏差,但最为关键的滑坡前沿位置符合得较好。滑坡前沿位置通过前沿相对初始时刻在斜坡上移动的距离来定量分析,得到结果如图6-29所示。模拟结果和实验结果的趋势符合得较好,在前期由于实验结果受到玻璃挡板移出的影响且选用的前沿移动距离这一参数的变化较小,使得相对误差较大,但在后期稳定后,最大的相对误差仅为8.6%,认为能够验证模型的正确性。

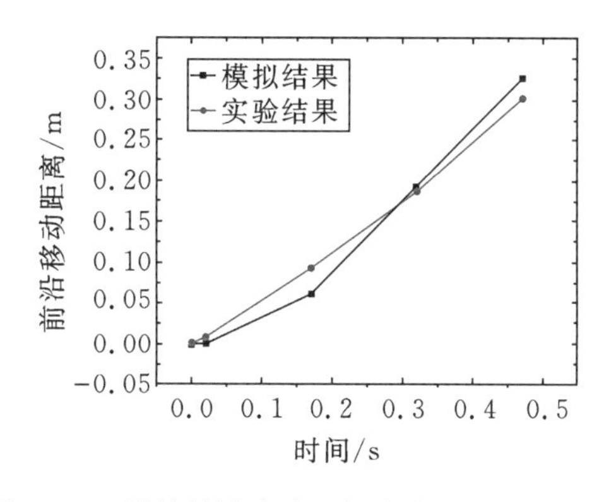

图 6-29　滑坡前沿移动距离随时间的变化曲线图

6.3 颗粒靶流动模拟应用

ADS系统是20世纪核科学技术发展中两大工程(加速器和反应堆)的“结合体”,能够将长寿命高放核废料嬗变成短寿命核废料,同时减小体积,被认为是最有效的核废料处置技术方案,目前世界上尚无建成先例。ADS的基本原理是,首先利用加速器产生的高能质子束轰击重金属靶引起散裂反应,然后以宽能谱的散裂中子作为外中子源驱动和维持次临界堆芯中的核嬗变反应,实现能量输出并获得一定核材料。

在ADS系统的设计中,金属散裂靶的结构设计是关键问题之一。目前国际上主要使用的是固体散裂靶和液态散裂靶两种,固体靶的优势是放射毒性大量被限制在固体中,系统较为简单,但是其功率提升能力受限,寿命和安全性也没有保障;液态靶的优势在于功率提升潜力大,但其放射性毒性不易控制,并且存在液态金属射流不稳定等问题。因此,在此基础上,一种新型的颗粒流靶概念被提出,这种流体化的固体颗粒靶结合了固体靶和液态靶的主要优点,原理上可承受的束流功率高于现有靶型,具有高中子产额、低放射毒性、热容热导率高;无化学腐蚀、低化学毒性等优点[14]。

6.3.1 颗粒靶流动工况几何模型

ADS颗粒流靶系统的示意图见图6-30,本节的研究对象主要针对颗粒流靶系统中的靶区部分,靶区及其中散裂靶的分布示意图见图6-30。

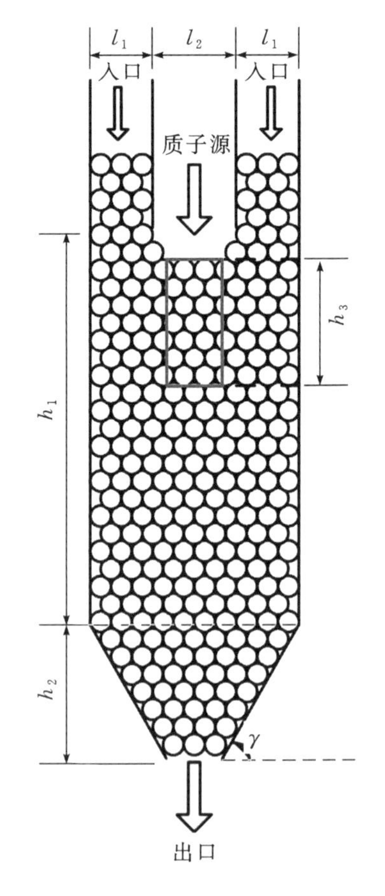

图6-30 ADS颗粒流靶区示意图

如图6-30所示,红色矩形框出的区域代表质子流的作用区域,在计算时以内热源的形式表示;图中靶区中散裂靶在重力作用下呈自由堆积状态,在建立计算模型时,首先对靶区的壁面边界进行几何建模,在入口处设置注入边界条件以模拟颗粒靶注入靶区的过程。

颗粒靶的流动传热工况的粒子几何模型如图6-31所示,在计算这一工况时，如果使用实际尺寸的靶区几何模型，会产生较大的计算量，而这一工况的计算目的是改变不同的颗粒靶流动初始条件，以研究各条件对于颗粒靶流动情况的影响。因此在针对流动工况建模时，对靶区进行模化，其中 $l_1 = 1.875$ cm，$l_2 = 3.75$ cm，$h_1 = 7.5$ cm，$h_2 = 5$ cm，$h_3 = 2.5$ cm，$\gamma = 69.4°$。布置时采用了粒径为 0.003 m 的粒子，并且为了加快颗粒靶注满靶区，在靶区内部初始布置了一定量的颗粒靶，入口处为环形的注入边界。

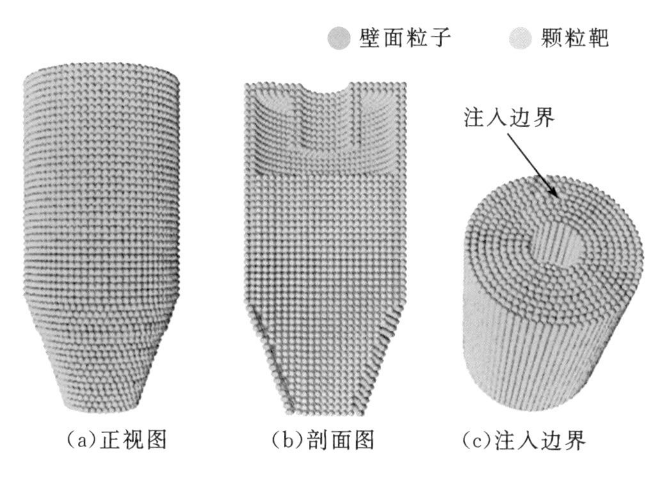

图 6－31　颗粒靶流动工况下的粒子几何模型

在颗粒靶的流动过程中，下部的漏斗部分可以使颗粒靶的流动更加稳定，类似沙漏的流动状态，这使得颗粒流靶同时具有了固体靶和液体靶的优势。在颗粒靶流动的初始条件中，入口处注入速度与靶区的几何形状都会影响颗粒靶的流动，因此，在本小节中设置了如表 6－3 所示的 3 种不同工况，以研究注入速度、靶区圆筒部分高度 h_1 和漏斗部分高度 h_2 对颗粒靶流动的影响。

表 6－3　颗粒靶流动工况设置

工况	靶区形状	注入速度
工况 1	$h_1=0.07$ m，$h_2=0.05$ m	0.12/0.15/0.20 m/s
工况 2	$h_1=0.10$ m，$h_2=0.05$ m	0.12 m/s
工况 3	$h_1=0.07$ m，$h_2=0.06$ m	0.12 m/s

6.3.2　颗粒注入速度对流动换热的影响

本小节主要关注入口颗粒靶的不同速度对流动状态的影响，当入口边界的颗粒靶速度为 0.12 m/s 时，颗粒靶在靶区内的运动状态如图 6－32 所示。由图可知，在 0.15 s 时，靶区中心初始设置的颗粒在重力作用下流出靶区；0.2 s 时，两侧颗粒靶与倾斜的漏斗部分相互作用并向靶区中心流动，此时处于非稳定状态与稳定状态间的一个过渡状态；0.3 s 左右，靶区中心完全填满，颗粒靶的流动达到了稳定状态；从 0.3 s 开始，由于单位时间注入靶区的颗粒靶流量大于单位时间内流出靶区的颗粒靶流量，靶区内颗粒靶的数量逐渐增多，至 2.0 s 时，颗粒靶几乎注满靶区。

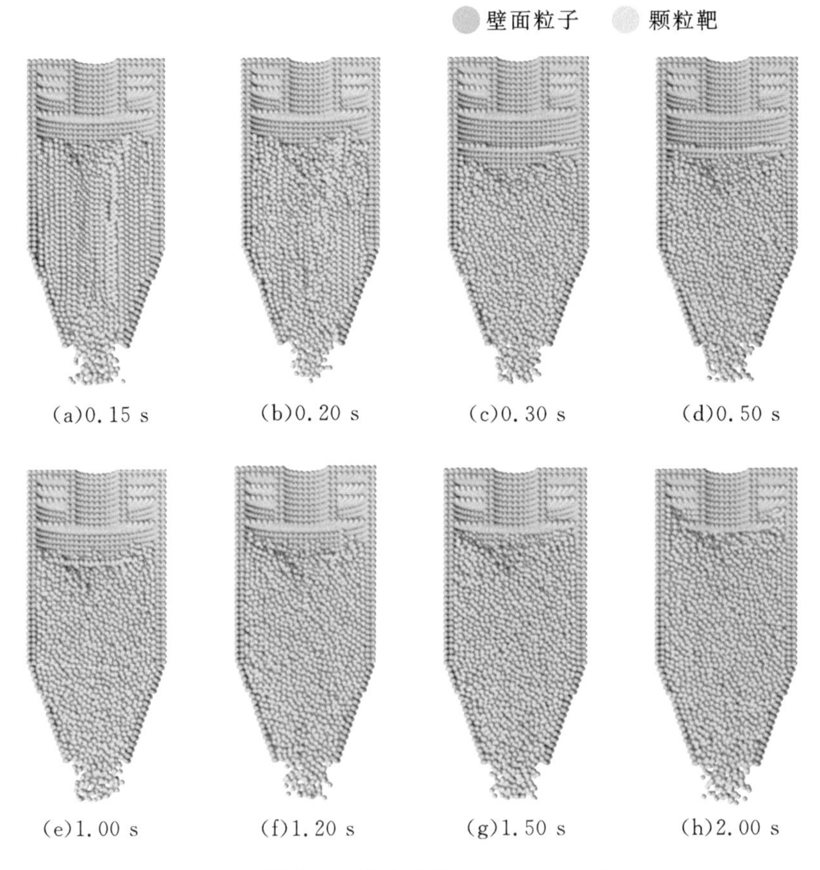

图 6-32　颗粒靶的流动状态(入口速度 0.12 m/s)

图 6-33 展示了入口颗粒靶速度 0.12 m/s 工况下各个时刻的温度分布情况。由图可知，在稳定流动状态下，颗粒靶的最高温度始终保持在 545 K 左右。这是由于在稳定流动中，高温的颗粒靶很快流至下部，上部被新注入的颗粒靶填充。而由前文所述的内热源施加方式，新注入的上部颗粒靶会进入内热源的作用区域，并如此循环往复，最终颗粒靶的温度分布呈现了一定的不连续性。

作为对比，将颗粒靶入口速度改变为 0.15 m/s 与 0.2 m/s，研究不同入口速度对颗粒靶流动的影响。这两种工况的模拟结果中，都出现了颗粒靶进入质

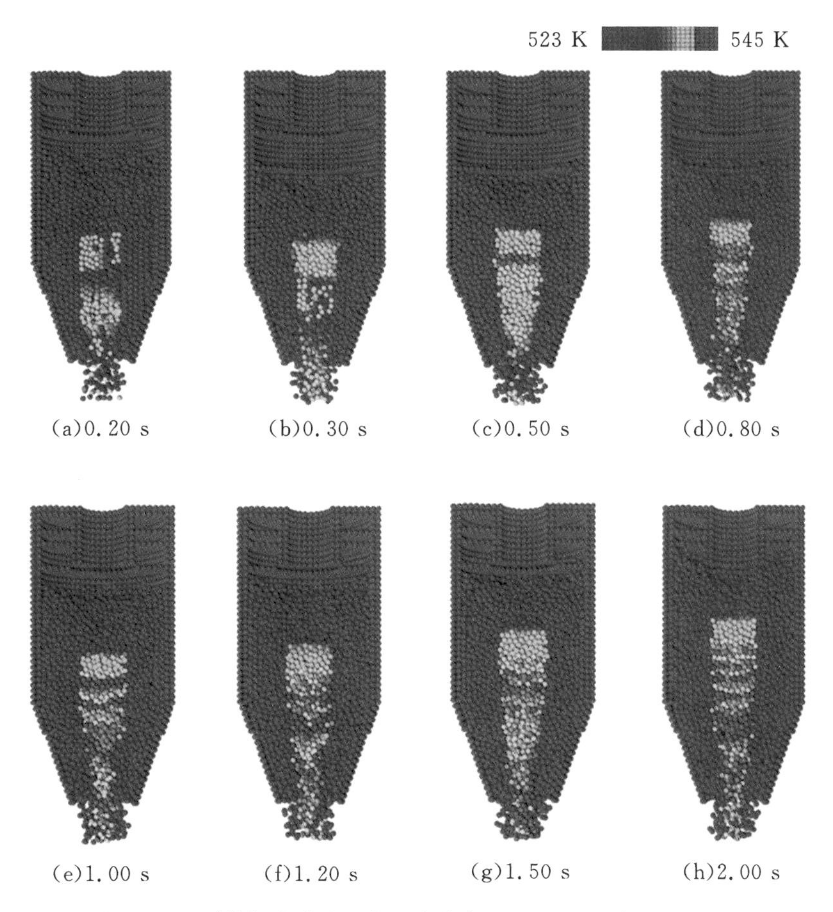

图 6-33　颗粒靶流动过程的温度分布云图(入口速度 0.12 m/s)

子束窗的情况,这是由于注入速度过大,出口流量远小于入口流量所致。在颗粒靶发生挤压侵入质子窗前,不同颗粒靶入口速度的流动情况基本相同,且都可以观察到过渡阶段和稳定阶段。三种工况下的颗粒靶最大速度对比如图 6-34 所示。由图可知,在颗粒靶流出靶区之前的稳定流动阶段,各工况的颗粒靶最大速度几乎相同,平均值均在 0.85 m/s 左右。这说明在颗粒靶速度达到稳定流动后,入口流量将不会影响颗粒靶的运动状态。而当入口流量过大时,颗粒靶会流出靶区,图 6-35 将入口速度 0.2 m/s 的工况单独列出以探究入口流量过大时颗粒靶的运动情况。

如图 6-35 所示,在颗粒靶流出靶区之前,在 0～0.8 s 左右的时间内,颗粒靶最大速度的变化规律与另外两个工况图的变化规律相似,同样存在过渡区域与稳定流动区域。在 1.1 s 左右,由于注入靶区的颗粒靶流量过大,颗粒靶间产

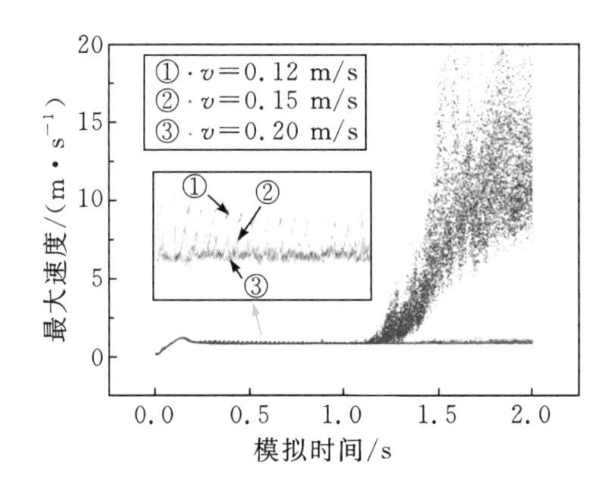

图 6-34　不同入口速度下颗粒靶最大速度对比

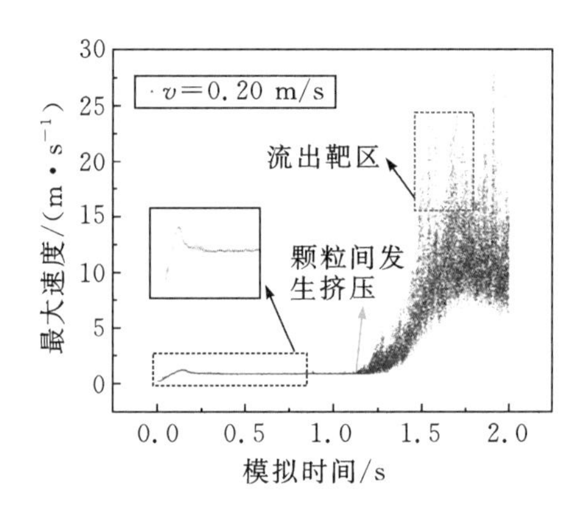

图 6-35　颗粒靶最大速度随时间的变化(入口速度 0.2 m/s)

生了相互挤压,因此最大速度出现了上升,当颗粒靶彻底溢出靶区后,颗粒靶呈自由落体运动,其速度进一步增大。

图 6-36 展示了不同工况下流出靶区的颗粒靶数目变化情况。如图所示,三种工况呈现出相似的变化规律。在过渡阶段之后,流出靶区的颗粒靶数量趋于稳定,并且呈现出有规律的波动。当流出靶区的颗粒靶数趋于稳定时,可以认为靶区内的颗粒靶流动状态达到稳定。不同入口速度下颗粒靶流出靶区数目的变化趋势与最大速度的变化趋势相符,在各自工况的稳定流动状态,流出靶区的颗粒靶数目几乎相等。当颗粒靶之间发生了挤压时,流出靶区的颗粒靶数增多。

图 6-37 展示了不同工况下各个时刻最大温度的变化情况。图中也呈现出了稳定流动状态时最高温度不变的特点。而当颗粒靶流动不再稳定时(v=0.2 m/s 约 1.6 s 时),由于颗粒靶向上溢出靶区而引发温度骤然升高,待高温

的颗粒流出了计算区域后，最高温度又重新下降。

以上分析表明，一旦颗粒靶的流动状况达到稳态，入口处的颗粒靶流量将不会影响靶区内稳定的颗粒靶流动行为，除非入口流量过大，导致颗粒靶溢出靶区。这一特性说明在实际ADS系统的颗粒靶输运过程中，对入口流量并不要求十分精确，只要保证颗粒的入口流量不因过大而导致颗粒靶溢出靶区，都可以保证靶区内稳定流动的颗粒靶达到相似的流动状态。这一特性降低了对颗粒靶提升泵的性能要求。

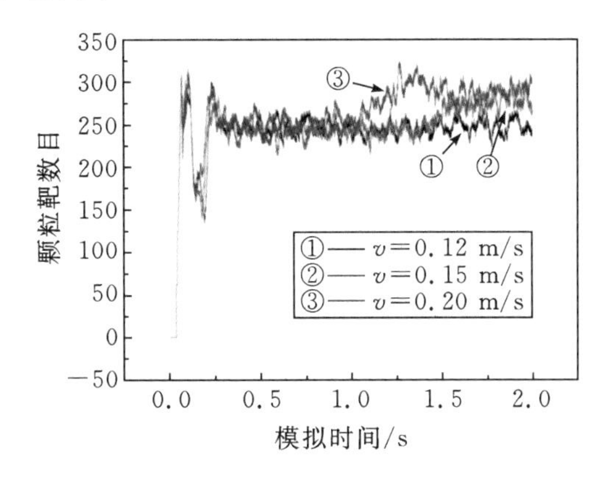

图6-36　不同入口速度下每一时刻流出靶区的颗粒靶数目对比

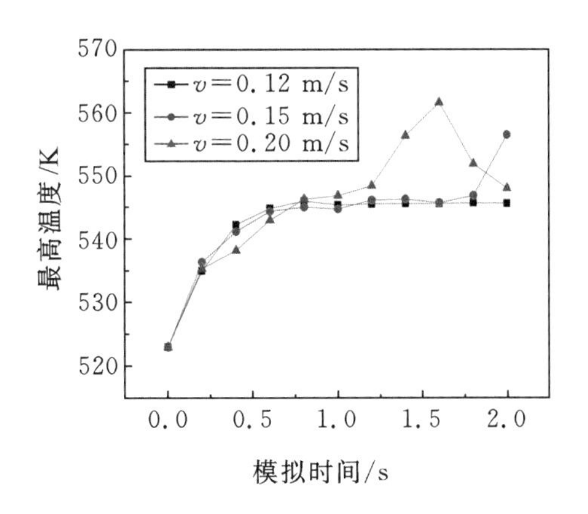

图6-37　不同工况下颗粒靶最高温度随时间变化

6.3.3　靶区圆筒部分高度对流动的影响

为了研究靶区几何形状对颗粒靶流动的影响，本小节改变了靶区圆筒部分的高度，计算工况如表6-3中工况2所示。对两组工况的颗粒靶最大速度与流出靶区的颗粒靶数目进行了定量对比，相关结果分别见图6-38和图6-39。

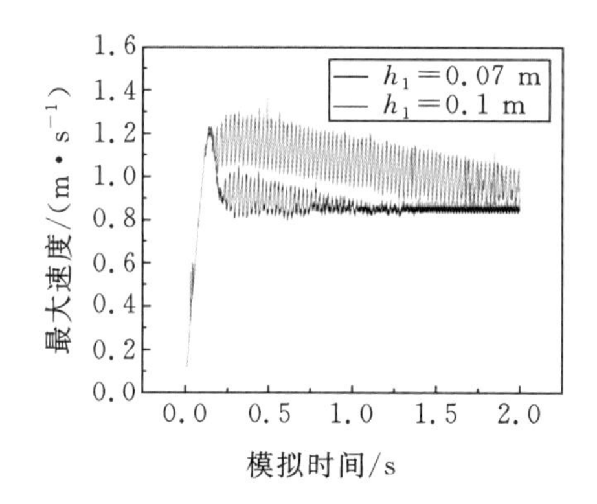

图 6-38　不同圆筒部分高度下颗粒靶最大速度对比

如图 6-38 所示，在增大了 h_1后，在流动到达稳定状态后，颗粒靶的流动速度要明显大于 h_1较小的工况，这是由于增大了圆筒部分的高度，颗粒靶有更长的距离用于加速，因此形成的颗粒靶的最大速度更大。而颗粒靶运动速度的增大，同时也导致了图 6-39 中流出靶区的颗粒靶数目增多的现象。但总体上，增加了靶区圆筒部分的高度后，颗粒靶的流动仍是相对稳定的。

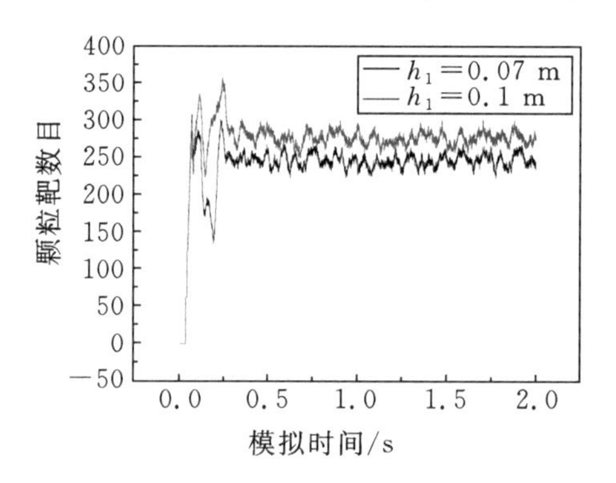

图 6-39　不同圆筒部分高度下每一时刻流出靶区的颗粒靶数目对比

6.3.4　靶区出口面积对流动的影响

本小节通过增加图 6-30 中 h_2的长度实现出口面积的缩小，并未改变漏斗区域的倾斜角度。由于出口面积的缩小，单位时间流出靶区的颗粒靶数量明显降低，远小于单位时间内流入靶区的颗粒数目，因此在工况 3 中发生了颗粒靶溢出靶区的现象。如图 6-40 所示，在颗粒靶溢出靶区之前的稳定阶段，由于出口面积的减小，颗粒靶的速度也略小于出口面积较大的工况。同样由于出口面积的减小，图 6-41 所示的流出靶区的颗粒靶数目也明显小于工况 1 中的值。

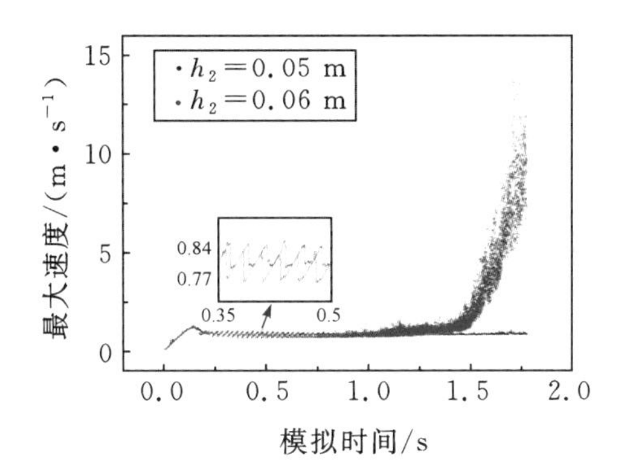

图 6-40　不同出口面积下颗粒靶最大速度对比

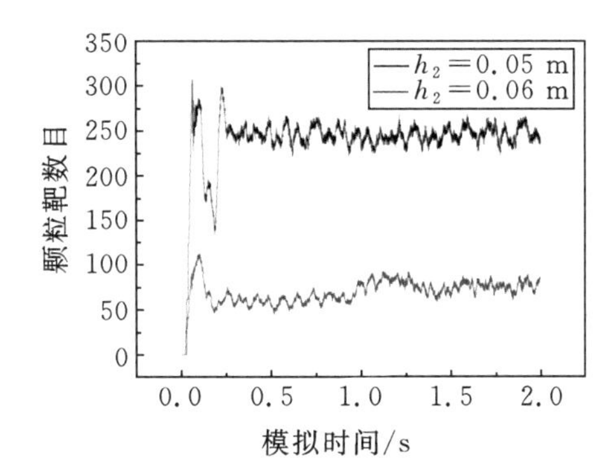

图 6-41　不同出口面积下每一时刻流出靶区的颗粒靶数目对比

参考文献

[1] CUNDALL P A. A computer model for simulating progressive, large-scale movements in block rock systems[R]. Symposium of International Society of Rock Mechanics, Nancy, France, 1971.

[2] 魏群. 岩土工程中散体元的基本原理数值方法及实验研究[D]. 北京:清华大学,1990.

[3] RAMACCIOTTI M, JOURNEAU C, SUDREAU F, et al. Viscosity models for corium melts[J]. Nuclear Engineering and Design, 2001, 204(1-3): 377-389.

[4] 武锦涛，陈纪忠，阳永荣. 移动床中颗粒接触传热的数学模型[J]. 化工学报，2006，57(4): 719-725.

[5] DELVOSALLE C, VANDERSCHUREN J. Gas-to-particle and particle-to-particle heat transfer in fluidized beds of large particles[J]. Chemical Engineering Science, 1985, 40(5): 769-779.

[6] 吴浩，桂南，杨星团，等. 高温球床辐射换热机理研究[J]. 核动力工程，2016，2: 32-37.

[7] WALTON G N. Calculation of Obstructed View Factors by Adaptive Integration [R].

Technical Report NISTIR-6925, Gaithersburg, MD: National institute of standards and technology, 2002.

[8] ROUSSEAU P G, TOIT C G D, ANTWERPEN W V, et al. Separate effects tests to determine the effective thermal conductivity in the PBMR HTTU test facility[J]. Nuclear Engineering and Design, 2014, 271(6): 444 - 458.

[9] ZHANG S, MORITA K, SHIRAKAWA N, et al. Next generation safety analysis methods for SFRs: (4) Development of a computational framework on fluid-solid mixture flow simulations for the COMPASS code[R]. International Conference on Nuclear Engineering, Brussels, Belgium, 2009.

[10] 李霖渊，胡林，许锋，等. 沙漏计时原理二维数值模拟[J]. 大学物理，2008，27(9):47 - 50.

[11] ZHANG Y, WEI Y, ZHENG P, et al. Inclined glass-sand flow and the angle of repose [J]. Acta Physica Sinica, 2016, 65(8): 084502.

[12] YIU M. Photron updates camera viewing software[CP]. Photron photron Fastcam Viewer Software.

[13] GRILLI S T, SHELBY M, KIMMOUN O, et al. Modeling coastal tsunami hazard from submarine mass failures: Effect of slide rheology, experimental validation, and case studies off the US East Coast[J]. Natural Hazards: Journal of the International Society for the Prevention and Mitigation of Natural Hazards, 2017, 86(1): 353 - 391.

[14] YANG L, ZHAN W. New concept for ADS spallation target: Gravity-driven dense granular flow target [J]. Science China Technological Sciences, 2015, 58 (10): 1705 -1711.

>>> MPS 方法研究展望

本书系统介绍了 MPS 方法的控制方程及粒子相互作用模型，并从核函数、梯度模型、边界条件设定等方面介绍了 MPS 方法模型的相关改进。还介绍了抑制压力波动和提高稳定性的方法，即改进 PPE 源项和粒子移位法。对粒子初始布置、时间步长的设定也给出了相关的介绍。

在新方法和新技术上，对 PPE 源项的修正及 PPE 离散系数矩阵的修正，使得计算的压力分布更为合理，而且可压缩性的引入，增强了 PPE 系数矩阵中主对角元的优势，保证了隐式求解压力时的稳定性，也加快了收敛速度。基于 OpenMP 发展了 MPS 的并行算法，使用了 CG 算法作为最优的求解器，使改进后的 MPS 方法具有较高的并行效率。

在应用方面，本书针对具体问题对 MPS 方法进行了适用性改进，开发了传热相变分析程序，对金属熔化过程和核反应堆严重事故进行了模拟分析；开发了气液两相流模拟程序，包括无网格线混合格式移动粒子半隐式方法和多相流移动粒子半隐式方法，并分析了气泡动力学和 Rayleigh - Taylor 不稳定性；开发了共晶反应分析程序，对 Pb - Sn 金属的共晶反应过程进行了验证分析，并对锆水反应和 UO_2/Zr、ZrO_2/Zr 之间的共晶反应及化学消熔进行了模拟；最后还开发了流固耦合分析程序，对钢球倒塌、二维漏斗、钢球溃坝倒塌和三维水下滑坡问题进行了模拟验证，并将其应用于 ADS 颗粒靶流动的模拟研究中。

MPS 方法自从 1996 年提出至今已发展二十余年，但在实际应用中仍存在一些需要研究改进的地方，本书也存在许多不足之处有待进一步完善，未来的研究工作主要包括以下三个方面。

1. MPS 方法计算精度和稳定性的提高

自 MPS 方法提出以来，计算精度和稳定性的提高一直是学者们研究的重点。如本书所述(详见第 2 章)，针对粒子间相互作用模型的精度问题，提出了具有更高数值精度的离散模型(梯度模型、散度模型和拉普拉斯模型)；针对不可压缩模型假设及粒子各向不均匀随机排布而引入的模型误差，提出了改进的压力泊松方程源项和修正矩阵；针对压力波动引起的不稳定性问题，提出了包含混合源项的压力泊松方程和粒子移位法。虽然本书列出了国内外最新的提高精度和稳定性的技术和方法，但由于纯拉格朗日方法的本质，压力波动问题不能完全消除。此外，数值精度的提高，往往伴随着不稳定性的引入，这就要求精度提高的同时必须提出更好的稳定性策略。并且目前的稳定性策略往往是人为地、经验地对粒子的位置或速度进行了一定的修正，虽然能够提高数值稳定性，但依然会引入误差。综上可知，为了进一步提高 MPS 方法的精度和稳定性，仍需做出更多努力，大致可以从以下几个方面展开：开发具备更高精度的离散模型，进一步消除粒子近似和核近似处理过程中引入的误差；优化压力泊松方程形式，减小压力泊松方程推导过程中由于数值近似和不可压缩假设引入的截断误差和模型误差；改进边界条件设置，MPS 方法很难准确再现固体壁面边界和进出口边界，且自由表面的判定也存在一定的误差；提出更精确的稳定性策略，目前最新的稳定性策略虽然能够有效提高数值模拟的稳定性，但策略中修正的幅度往往是经验的。

2. MPS 方法计算速度的提高

MPS 方法采用粒子配点形式实现具体对象的几何建模，模拟采用的粒子大小由具体对象的最小尺寸决定。理论上采用的粒子越小，模拟过程越逼近真实情况(在数值稳定的前提下)。但粒子越小，意味着所需的粒子总数越多，且计算收敛所需的时间步长越小，即所需的计算量增大。在工程应用中，存在大量整体尺寸较大但局部较为精细的对象，这就要求必须采用较小的粒子尺寸和庞大的粒子数量对其进行粒子几何建模。因此，为了能够满足工程应用的要求，需要提高 MPS 方法的计算能力。计算能力的提高可以从程序的并行化方面展开工作，目前国内外主流的 MPS 并行化大规模计算的研究主要包括：CPU 和 GPU 上的并行化。CPU 并行化主要包括 OpenMP 和 MPI。OpenMP 用于共享内存并行系统，通过少量的代码就可以自动实现程序的并行化，但由于其为高层抽象，所以并不适用于复杂的线程间同步和互斥的场合。此外 OpenMP 不能应用于非共享内存系统，如计算机集群。这就决定了该并行化计算能力的上限较低，仅适用于中等或小规模的数值模拟计算中。MPI 是一种跨语言的通信协议，提供信息传递应用接口，能够应用于非共享内存系统，具备高性能、大规模和可移植的特点，是高性能计算的主要模型之一。虽然 MPI 对计算能力提高的上限极高，但相比于 OpenMP，其编码难度大，且数据传递方法和负载均衡策略对程序并行效率的影响极大。因此，要获得更高的 MPI 并行效率，需要对程序框架和通信方式做出大量的改进和研究。随着 GPU 的发展，其在并行计算浮点类型处理方面的能力已经远远超过 CPU。目前主流的 GPU 编程接口包括 CUDA、OpenCL 和 DirectCompute 等。虽然目前 MPS 方法已经实现了 CPU 和 GPU 的并行化，但其并行效率仍存在很大的提升空间。且由于粒子法有别于网格法的节点布置方式，网格法中较为成熟的并行手段很难直接应用于粒子法中。因此，对 MPS 方法并行化的研究依然是实现大规模计算的主要途径之一。此外，除了提高计算能力外，还可以通过减小计算量的方式实现大规模计算。例如，有的学者提出了多分辨率的 MPS 方法，在局部精细部位采用尺寸较小的粒子，其他部位采用尺寸较大的粒子，从而减小粒子总数；还有的学者提出 EMPS，采用显式压力计算模型替代传统的隐式压力迭代求解过程，在保证一定精度条件的前提下大大减小了计算量。

3. MPS 方法应用场景的拓宽

本书介绍了 MPS 方法在传热相变分析、气液两相流模拟、共晶方法分析和流固耦合分析领域的应用。MPS 应用范围的拓宽除了归功于 MPS 方法精度和稳定性的提高外，还归功于大量适用于 MPS 方法的数学物理模型的开发。MPS 具备容易捕捉自由表面、相界面和物质状态变化的优点，应用前景广阔。因此，未来针对不同的应用场景，开发准确的数学物理模型是 MPS 方法研究的重要方向之一。

>>> 索　引